Amazon Web Services 実践入門

舘岡守、今井智明、永淵恭子
間瀬哲也、三浦悟、柳瀬任章
［著］

技術評論社

○ご購入/ご利用の前に必ずお読みください

本書は2015年9月現在の情報をもとにしています。本書の発行後に行われるAWSの仕様変更などによって、本書の内容と異なる場合があります。あらかじめご了承ください。

本書はオープンになっている情報を基に、著者の個人的な見解によって執筆されています。よって、本書の内容については、Amazon Web Services, Inc.、アマゾンデータサービスジャパン株式会社は、一切関係がありません。あらかじめご了承ください。

本書に記載されている内容に基づく設定や運用の結果について、著者、Amazon Web Services, Inc.、アマゾンデータサービスジャパン株式会社、株式会社技術評論社は一切の責任を負いかねます。あらかじめご了承ください。

Amazon Web Services、AWSは、米国その他の諸国における、Amazon.com, Inc.またはその関連会社の商標です。

その他、本書に記載されている会社名、製品名は、一般に各社の登録商標または商標です。本書中では™、©、®などは表示しておりません。

✚ はじめに

　本書は、Amazon Web Services（以下AWS）の入門書として執筆しました。昨今、SaaS（*Software as a Service*）、IaaS（*Infrastructure as a Service*）とさまざまなクラウドサービスがある中でも、世界的にユーザや情報が多いAWSですが、利用を始めるにあたって何をすればよいかわからないのも現実的な問題としてあると考えています。また、本書執筆中でもAWSから数多くの新しいサービスが発表され、今までできなかったことができるようになったりと、状況が目まぐるしく変化しています。その一例として本書を執筆した当初は、マネジメントコンソール（ブラウザ上のメニュー）はすべて英語表記でしたが、執筆中に日本語（正確には多言語）に対応し、おそらく本書が日本語メニューによる初めての解説書になると思います。

　本書は実践的な入門書を特徴としており、その一つとしてAWS Command Line Interface（AWS CLI）での実行例も記載しています。これはAWSの真の魅力であるプログラマブルな操作を知ってもらいたいという想いからです。マネジメントコンソールでの操作も直感的で便利ですが、各リソースをコマンドやAPIで操作することで、人の手を介さない構築や構成変更、障害対応が可能になり、スピードと利便性を兼ね備えたインフラが実現できるのです。

　そんなAWSの魅力を解説する執筆陣には、AWSの最上位コンサルティングパートナーやAWSの導入事例にも掲載されている大規模システムを運用している企業の方に協力していただきました。AWSを使い続けた各企業が長年にわたって経験してきたノウハウが本書に散りばめられているので、ぜひ自分のモノにしていただきたいと思っています。

　紙幅の都合上、すべてのサービスを紹介することはできませんが、本書ではAWSを使ううえでの基本的な考え方から各サービスの特徴までを詳しく解説しているので、AWSの本当の魅力とその使い方の理解が深まると確信しています。システムを支えるインフラの大部分の管理をAWSに任せることで、読者の皆さんがもっと生産的で有用な時間を確保できることを著者一同、心より願っております。

2015年9月
著者を代表して
舘岡 守

謝辞

　本書が店頭に並ぶまでに、実に多くの皆様に協力いただきました。順不同で恐縮ですが、執筆する機会を与えていただいたシャノンの藤倉和明さん、多忙にも関わらず、共に執筆していただいたハンズラボの今井智明さん、cloudpackの三浦悟さん、Sansanの間瀬哲也さん、サーバーワークスの柳瀬任章さん、永淵恭子さん、そして何度も締め切りをぶっちぎった私達を「進捗どうですか？」と叱咤激励して最後まで諦めずに対応してくれた技術評論社の春原正彦さん、本当に皆さんありがとうございました。

　最後ではありますが、休日に執筆している私を生暖かい目で見守ってくれた妻と、共著者を支えていただいたご家族、ご友人、それぞれの会社の皆様に心より感謝致します。本当にありがとうございました。

利用上の注意

✚ マネジメントコンソールについて

　本書は2015年9月現在、東京リージョンでの利用を想定して執筆しています。多くのサービスはメニューが日本語化されていますが、執筆時点でメニューが日本語化されていないサービスがあります。今後のバージョンアップなどによっては、これらのサービスについてもメニューが日本語化されることありますのでご了承ください。

✚ マネジメントコンソールのメニュー表記について

　本文中に以下のような記述があります。

> キーペアの作成 ボタンをクリックすると、キーペアを入力するダイアログが出てきますので、キーペア名: に「my-keypair」と入力して 作成 ボタンを押します(図2.1)。秘密鍵のダウンロードが開始しますので、ファイル名を「my-keypair.pem」としてわかりやすい場所に保存してください。公開鍵はAWSの方で保管して、インスタンスを作成したときに使用します。

　黒の網掛けで囲われている部分は、マネジメントコンソール内において、値が入力可能な項目(例: キーペア名:)、もしくは選択可能な項目やボタン(例: 作成 ボタン)などを示します。また、入力値は「」内に示します(例:「my-keypair.pem」)。

✚ 実行結果について

　実行結果に付随して入力項目を解説した表などがある場合、その中の項目が実行結果の図内に表示されていない場合があります。これは実行結果が画面全体ではなく、画面の一部のみ掲載していることによるものです。

Amazon Web Services実践入門　目次

はじめに iii
謝辞 iv
利用上の注意 v
目次 vi

第1章 AWSの基本知識 1

1.1 AWS（Amazon Web Services）の概要 2

AWSの特徴 3
豊富なサービス 3
柔軟なリソース 3
従量課金 3

1.2 AWSを支える概念と本書で扱うサービス 4

AWSを支える概念 4
リージョン 4
アベイラビリティゾーン 4
エッジロケーション 5

本書で扱うサービス 6

1.3 AWSへのサインアップ 7

サインアップの流れ 7
マネジメントコンソールの起動 8

1.4 まとめ 8

第2章 仮想サーバの作成（EC2基本編） 9

2.1 Amazon EC2（Elastic Compute Cloud）の概要 10

EC2とは 10
インスタンスタイプとは 10
　Column　T2インスタンスの特徴 11

	AMI(Amazon Machine Image)とは	11
	AMIの種類	11
	AMIの仮想化形式	12
	EC2のストレージ	12
	EBS(Elastic Block Store)	12
	インスタンスストア	13

2.2 EC2の起動 — 14

- キーペアの作成 ... 14
- セキュリティグループの作成 ... 15
- 仮想サーバの起動 ... 16
  - AMIの選択 ... 17
  - インスタンスタイプの選択 ... 18
  - インスタンスの詳細設定 ... 18
  - ストレージの追加 ... 20
  - インスタンスのタグ付け ... 21
  - セキュリティグループの設定 ... 21
  - インスタンス作成の確認 ... 22
  - 既存キーペアの選択/新規作成 ... 22
- EIP(Elastic IP Address)の取得と付与 ... 23
  - EIPの取得 ... 24
  - インスタンスへの付与 ... 24

2.3 EC2への接続 — 25

- キーペアを使ったSSH接続 ... 25
  - UNIX系のターミナル経由の場合 ... 25
  - WindowsのTeraTerm経由の場合 ... 26
- Windowsインスタンスからの接続 ... 27

2.4 アプリケーションのインストール — 28

- nginxのインストール ... 28
- MySQLのインストール ... 29
- Webアプリケーションの配置 ... 30

2.5 EC2の停止/削除/再起動(マネジメントコンソール) — 33

- EC2の停止/削除/再起動 ... 33
- インスタンス停止の際に起こること ... 34
- インスタンス停止時のEBS、EIPの挙動 ... 34

2.6 AWS CLIによる操作 — 34

- AWS CLIのインストールとセットアップ ... 35
  - AWS CLIのインストール ... 35

AWS CLIのセットアップ 35
　キーペアの作成 36
　セキュリティグループの作成 36
　EC2の起動 37
　EIPの取得と付与 40
　EC2の停止／削除／再起動 40
　　　EC2の停止 40
　　　EC2の削除 40
　　　EC2の再起動 41
　EC2インスタンスのバックアップ取得 41

2.7 まとめ　44

第3章
仮想サーバの強化（EC2応用編）　45

3.1 バックアップの作成　46
　インスタンスからのAMIの作成 46
　　　AMIの作成 46
　　　作成されたAMIの一覧 47
　EBSのスナップショット 47
　　　EBSボリュームの一覧 47
　　　EBSボリュームのスナップショットの作成 48
　　　作成されたEBSスナップショットの一覧 48
　　　スナップショットからの復元 48
　EC2へのタグ付け 49

3.2 スケールアップ　49
　インスタンスタイプの変更 49
　　　EBS-Backedインスタンスの場合 49
　　　Instance Store-Backedインスタンスの場合 50

3.3 ディスク容量の追加　51
　ボリュームの追加 51
　ルートボリュームの容量の追加 53
　追加ボリュームの容量の追加 54

3.4 I/Oの高速化　56
　EC2のストレージ 56
　プロビジョンドIOPSの設定 57

AMI作成時 57
インスタンス起動時 57
EBSボリューム作成時 57
EBS最適化オプション 58
RAID 58
ボリュームの暖機 60
インスタンスストアの利用 61
ベンチマークの計測 62

3.5 セキュリティの向上 65

セキュリティグループの設定 65
EBSの暗号化 65
セキュリティ強化のための機能 66
IAM(Identity and Access Management) 66
VPC(Virtual Private Cloud) 66
CloudHSM(Cloud Hardware Security Module) 67
サードパーティのセキュリティツール 67

3.6 管理の効率化 68

Linuxの効率的な管理(cloud-init) 68
AWSのアプリケーション管理サービス 69
Elastic Beanstalk 69
OpsWorks 70
CloudFormation 71
3つのアプリケーション管理サービスの比較 72
サードパーティの管理自動化ツール 73

3.7 まとめ 74

第4章 DNSの設定と公開(Route53) 75

4.1 Route 53の概要 76

Route 53とは 76
Route 53における重要概念 77
Hosted Zone 77
Record Set 77
Routing Policy 77
Set ID 77
ヘルスチェック 77

主な機能 ... 78
- レイテンシベースルーティング(Latency Based Routing、LBR) ... 78
- 重み付けラウンロビン(Weighted Round Robin、WRR) ... 79
- DNSフェイルオーバー ... 79
- Geo Routing ... 79
- 各種AWSサービスとの連携 ... 80

4.2 Route 53の基本操作　　80

Hosted Zoneの作成 ... 80
- マネージメントコンソールの場合 ... 80
- AWS CLIの場合 ... 82

Record Setの作成 ... 84
- サポートされているレコードタイプ ... 84
- 既存DNSサーバのゾーンファイルの移行 ... 85
- ゾーンファイルの移行(マネジメントコンソール) ... 86
- ゾーンファイルの移行(AWS CLI) ... 88
- Record Setの登録(マネジメントコンソール) ... 91
- Record Setの登録(AWS CLI) ... 91

4.3 DNSフェイルオーバー　　92

ヘルスチェックの設定 ... 93
- マネジメントコンソールの場合 ... 93
- AWS CLIの場合 ... 94

DNSフェイルオーバーの設定 ... 95
- マネジメントコンソールの場合 ... 95
- AWS CLIの場合 ... 97
- DNSフェイルオーバーの確認 ... 98

4.4 Route 53の利用停止　　100

Record Setの削除 ... 101
- マネジメントコンソールの場合 ... 102
- AWS CLIの場合 ... 102

Hosted Zoneの削除 ... 104
- マネジメントコンソールの場合 ... 104
- AWS CLIの場合 ... 104

4.5 VPCの内部DNSとしての利用　　105

- マネージメントコンソールの場合 ... 106
- AWS CLIの場合 ... 108

4.6 まとめ　　110

第5章 ネットワークの設計と設定(VPC) 111

5.1 Amazon VPC(Virtual Private Cloud)の概要　112

VPCとは 112
仮想プライベートネットワーク 112
仮想ネットワークの設計 114
デフォルトVPC 114

5.2 VPCの作成　115

VPCの作成 115
　マネジメントコンソールの場合 115
　AWS CLIの場合 117
サブネットの作成 117
　マネジメントコンソールの場合 117
　AWS CLIの場合 119
DHCPの設定 120
ネットワークACLの設定 121
　デフォルトのネットワークACL設定 122
　Webサーバを公開する場合のネットワークACL設定 122
インターネットゲートウェイの作成 123
　マネジメントコンソールの場合 123
　AWS CLIの場合 123
VPCへのアタッチ 124
　マネジメントコンソールの場合 124
　AWS CLIの場合 124
ルーティングの設定 124
　マネジメントコンソールの場合 124

5.3 インターネットVPNによるVPCとの接続　126

CGW(Customer GateWay)の作成 127
　マネジメントコンソールの場合 127
　AWS CLIの場合 128
VGW(Virtual GateWay)の作成 129
　マネジメントコンソールの場合 129
　AWS CLIの場合(VGWの作成) 129
　AWS CLIの場合(VGWのVPCへのアタッチ) 130
VPN接続の作成 130
　マネジメントコンソールの場合 130
　AWS CLIの場合 132

インターネットVPNへのルーティング設定 133

5.4 VPC同士の接続　134

VPCピアリングとは 134
　　Column　NATインスタンス 136
VPCピアリングの作成 136
　マネジメントコンソールの場合 136
　AWS CLIの場合 136
　　Column　1つの拠点（グローバルIPアドレス）からVPCに複数VPN接続 137

5.5 まとめ　138

第6章
画像の配信（S3/CloudFront） 139

6.1 Amazon S3（Simple Storage Service）の概要　140

S3とは 140
S3の特徴 141
　99.999999999%の耐久性 141
　セキュリティ対策 141
　ライフサイクル管理機能 142
制限事項 142
アクセス制限 142

6.2 S3の基本操作　144

バケットの作成 144
　マネジメントコンソールの場合 144
　AWS CLIの場合 146
オブジェクトのアップロード 147
　マネジメントコンソールの場合 147
　AWS CLIの場合 148
　　Column　フォルダ？　プレフィックス？ 149
プレフィックスを用いたフィルタ方法（マネジメントコンソール） 149
アクセス制限の設定 149
　マネジメントコンソールの場合 149
　AWS CLIの場合 152
バケットポリシーの設定 155
　マネジメントコンソールの場合 156
　AWS CLIの場合 157

6.3 EC2からのデータ移行　160
静的コンテンツをディレクトリごとに移行 ... 160
Movable Typeの静的コンテンツのS3への移行 ... 161

6.4 移行したコンテンツの公開　163
独自ドメインの静的ウェブサイトホスティングの設定 ... 164
マネジメントコンソールの場合 ... 164
AWS CLIの場合 ... 165

6.5 アクセスログの取得　168
アクセスログ取得の設定 ... 168
マネジメントコンソールの場合 ... 168
AWS CLIの場合 ... 169

6.6 CloudFrontによる配信の高速化　170
CloudFrontとは ... 170
S3とCloudFrontの連携 ... 171
マネジメントコンソールの場合 ... 171
AWS CLIの場合 ... 176

6.7 S3のコンテンツ配信以外での利用　180
ログファイルの保存 ... 181
logrotateによるローテートされたログをS3にアーカイブ ... 181
FluentdでログをS3に定期的にアップロード ... 182
ライフサイクルの設定 ... 184
マネジメントコンソールの場合 ... 184
AWS CLIの場合 ... 186

6.8 まとめ　187

第7章 DBの運用（RDS） ... 189

7.1 Amazon RDS（Relational Database Service）の概要　190
利用可能なエンジン ... 190
リージョンとアベイラビリティゾーン ... 191
各種設定グループ ... 192

7.2 DBインスタンスの起動と接続　192

RDS用セキュリティグループの作成 192
　　DBパラメータグループの作成 193
　　　　マネジメントコンソールの場合 193
　　　　AWS CLIの場合 194
　　DBオプショングループの作成 195
　　　　マネジメントコンソールの場合 195
　　　　AWS CLIの場合 195
　　DBサブネットグループの作成 196
　　　　マネジメントコンソールの場合 196
　　　　AWS CLIの場合 197
　　DBインスタンスの起動 198
　　　　マネジメントコンソールの場合 198
　　　　AWS CLIの場合 200
　　クライアントからRDSインスタンスへの接続 203

7.3　既存のDBからのデータ移行　　204

7.4　RDSの設定（マネジメントコンソール）　　205

　　セキュリティグループの設定 205
　　DBパラメータグループの設定 206
　　DBオプショングループの設定 207
　　タイムゾーンの設定 207

7.5　RDSインスタンスの操作　　209

　　RDSインスタンスタイプの変更 209
　　　　マネジメントコンソールの場合 209
　　　　AWS CLIの場合 210
　　RDSインスタンスの再起動 213
　　　　マネジメントコンソールの場合 213
　　　　AWS CLIの場合 213
　　RDSインスタンスの削除 215
　　　　マネジメントコンソールの場合 215
　　　　AWS CLIの場合 216

7.6　DBの冗長化　　218

　　マルチAZ配置の作成（マネジメントコンソール） 218
　　リードレプリカの作成 221
　　　　マネジメントコンソールの場合 221
　　　　AWS CLIの場合 222
　　リードレプリカのマスタへの昇格 224
　　　　マネジメントコンソールの場合 224
　　　　AWS CLIの場合 225

7.7 I/Oの高速化 — 227
- プロビジョンドIOPSとは — 227
- プロビジョンドIOPSの作成（マネジメントコンソール） — 228

7.8 バックアップ — 228
- スナップショットの作成 — 229
  - マネジメントコンソールの場合 — 229
  - AWS CLIの場合 — 229
- リージョン間スナップショットのコピー — 230
  - マネジメントコンソールの場合 — 230
  - AWS CLIの場合 — 231
- スナップショットの復元 — 232
  - マネジメントコンソールの場合 — 232
  - AWS CLIの場合 — 233
- 特定時点への復元 — 235
  - マネジメントコンソールの場合 — 235
  - AWS CLIの場合 — 236
- 自動バックアップ（マネジメントコンソール） — 239

7.9 RDSの運用 — 239
- DBのアップグレード（マネジメントコンソール） — 239
- DBログの確認 — 240
  - マネジメントコンソールの場合 — 240
  - AWS CLIの場合 — 241

7.10 本番リリースに向けて — 243
- メンテナンスウィンドウ — 243

7.11 まとめ — 244

第8章 Webサーバの負荷分散（ELB） — 245

8.1 ELB（Elastic Load Balancing）の概要 — 246
- ELBとは — 246
- スケールアウトとロードバランシング — 246
- ELBの特徴 — 247
  - リージョンごとの構成 — 247
  - アベイラビリティゾーンをまたがる構成 — 247

ELB自身のスケールアウト／スケールイン 247
安全性の確保 248
名前解決 248
EC2インスタンスのヘルスチェック 248

8.2 ELBの作成　248

ELBの作成（マネジメントコンソール） 249
ロードバランサーの定義 249
セキュリティグループの割り当て 250
セキュリティ設定の構成 251
ヘルスチェックの設定 251
EC2インスタンスの追加 253
タグの追加 254
設定の確認 254
ELBの削除 255

ELBの作成（AWS CLI） 255
ELBの作成 256
ヘルスチェックの設定 256
ELB動作モードの設定 257
EC2インスタンスの登録／除外 258
ELBの削除 258

Column　その他のELB関連コマンド 259

ELB情報の見方 259

8.3 ELBの設定変更　260

マネジメントコンソールによる設定変更 260
ELBへのEC2インスタンスの登録と除外 260
SSL Terminationの使用 260
SSL証明書の運用 261

AWS CLIによる設定変更 262
SSL Terminationリスナーの追加 262
SSLサーバ証明書の割り当てとHTTPSのリスナーの追加 262
HTTPSリスナーのSSLサーバ証明書の変更 263
作成済みリスナーの削除 263
既存のSSLサーバ証明書の削除 264

8.4 Webサーバとの連携　264

KeepAliveの設定 264
ELBのヘルスチェック 265
クライアント情報の取得（クライアントIPアドレス、接続先ポート） 265
Cookieによる維持設定 266

8.5 ELB運用のポイント ... 267
- カスタムドメインを使用するときの注意点 ... 267
- 暖機運転 ... 268
- アイドルセッション ... 268
- ELBアクセスログの取得 ... 269

8.6 まとめ ... 269

第9章 モニタリングとWebサーバのスケーリング（CloudWatch/Auto Scaling） ... 271

9.1 AWSにおけるモニタリングとスケーリングの概要 ... 272
- CloudWatch ... 272
- Auto Scaling ... 273

9.2 CloudWatchとAuto Scalingの利用 ... 273
- CloudWatchへのアクセス ... 273
  - EC2の場合 ... 274
  - RDSの場合 ... 275
- Auto ScalingとCloudWatchの組み合わせ ... 276
  - 起動設定 ... 277
  - Auto Scalingグループ ... 277
  - スケーリングポリシー ... 277
  - CloudWatchアラーム ... 278

9.3 Auto Scalingの作成（マネジメントコンソール） ... 278
- 起動設定の作成 ... 278
- Auto Scalingグループの設定 ... 281
  - Auto Scalingグループの設定内容 ... 281
  - スケールアウト／スケールインの設定 ... 282
  - スケーリングポリシーの設定 ... 284
  - SNS通知の設定 ... 285
  - タグの設定 ... 285
  - 設定の確認 ... 286

9.4 Auto Scalingの運用（マネジメントコンソール） ... 287
- Auto Scalingの動作確認 ... 288
- Auto Scalingの削除 ... 289

　　　　CloudWatchアラームの削除 290
　　　　Auto Scalingグループの削除 290
　　　　起動設定の削除 290
　　運用におけるその他の注意点 291
　　　　アプリケーションをデプロイするときの注意点 291
　　　　ログファイルの取り扱い 292
　　　　Column　LifeCycleHookの利用 292

9.5　Auto Scalingの作成と削除（AWS CLI）　　293

　　起動設定の作成 293
　　Auto Scalingグループの作成 294
　　スケーリングポリシーの作成 295
　　CloudWatchアラームの登録 295
　　イベントの通知設定 296
　　設定の削除 297
　　　　イベント通知設定の削除 297
　　　　CloudWatchアラームの削除 297
　　　　Auto Scalingグループの削除 298
　　　　起動設定の削除 298
　　　　Column　Auto Scaling関連のその他のコマンド 299

9.6　その他のAuto Scalingの運用　　299

　　スケジュールアクションの設定 299
　　スタンバイの設定 300
　　　　EC2インスタンスのスタンバイ設定 301
　　　　スタンバイから実行中に切り戻す 301
　　デタッチ／アタッチの設定 301
　　　　デタッチの設定 302
　　　　アタッチの設定 302

9.7　まとめ　　303

第10章
アクセス権限の管理（IAM）　　305

10.1　IAM（Identity and Access Management）の概要　　306
　　IAMとは 306

10.2　IAMユーザとIAMグループの作成　　306

IAMユーザの作成 307
　　グループの作成 307
　　　　グループへのユーザ追加 308

10.3 IAM権限の管理　　309

　　権限の種類 309
　　　　ユーザベースの権限 309
　　　　リソースベースの権限 309
　　ポリシー 310
　　　　Action 310
　　　　Effect 310
　　　　Resource 310
　　AWS管理ポリシー 311
　　AWS Policy Generatorの利用 311
　　　　AWS Policy Generatorの選択 311
　　　　ステートメントの追加 312
　　　　ポリシーの生成 313

10.4 サインイン　　315

　　パスワードポリシーの設定 315
　　パスワードの設定 317
　　IAMユーザのサインイン 318
　　MFAの有効化 319
　　　　Column　CloudTrail 322

10.5 APIアクセス権限の管理　　322

　　アクセスキーの設定 322

10.6 ロールの管理　　323

　　ロールの作成 323
　　EC2インスタンスへのロール付与 325
　　ロールによるAWS CLIの利用 325
　　　　Column　そのほかのIAM機能 326

10.7 まとめ　　326

第11章 ビリング（Billing） ... 327

11.1 料金の考え方 ... 328
- AWSの料金の基本 ... 328
- データ転送量課金モデルの例 ... 329
- 従量課金モデル料金の種別 ... 330
  - オンデマンドインスタンス ... 330
  - リザーブドインスタンス ... 330
    - Column　リザーブドインスタンスの売買 ... 331
  - スポットインスタンス ... 331
- ボリュームディスカウント ... 331

11.2 請求 ... 332
- 請求レポートの取得 ... 332
- 一括請求（Consolidated Billing） ... 332

11.3 料金確認／料金試算ツール ... 333
- 請求とコスト管理（マネジメントコンソール） ... 333
  - Trusted Advisor（マネジメントコンソール） ... 333
  - Salesforce ... 334
  - Which Instance? ... 334
  - Cloudability ... 335
  - Simple Monthly Calculator ... 335
  - AWS Total Cost of Ownership（TCO）Calculator ... 335

11.4 サポートとフォーラム ... 336
- AWSサポート ... 336
- AWS Forums ... 336
- JAWS-UG ... 337
- E-JAWS ... 337
- 契約と公開情報 ... 337

11.5 まとめ ... 338

索引 ... 339

著者プロフィール ... 347

第1章 AWSの基礎知識

第1章 AWSの基礎知識

　AWS（*Amazon Web Services*）は世界で最も利用されているクラウドサービスです。本章では、このAWSの全体像と本書で扱うサービスについて簡単に紹介します。

1.1 AWS（Amazon Web Services）の概要

　AWS[注1]はAmazon.comによって提供されている、Web経由で利用可能なクラウドコンピューティングプラットフォームです。

　AWSは、仮想サーバを提供するEC2や非常に高い耐久性を持つWebストレージのS3などをサービス単位で提供しています。2004年11月にサービスを一般に公開し始めてから、2015年9月現在では、50個近くのサービスが提供されるまでに成長しています（**図1.1**）。本書では、数あるサービスの中でも基本的かつ重要なサービスについて、実践的な使い方と合わせて解説しています。

　本章では、最初にAWSの特徴、次に本書で取り扱うサービス、最後にAWSを使い始めるための準備としてサインアップの手順について解説します。

図1.1　AWSサービスの全体図

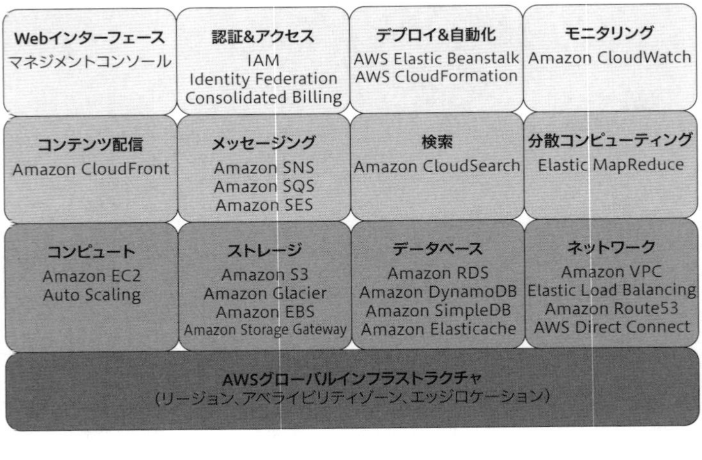

Webインターフェース	認証&アクセス	デプロイ&自動化	モニタリング
マネジメントコンソール	IAM Identity Federation Consolidated Billing	AWS Elastic Beanstalk AWS CloudFormation	Amazon CloudWatch
コンテンツ配信	**メッセージング**	**検索**	**分散コンピューティング**
Amazon CloudFront	Amazon SNS Amazon SQS Amazon SES	Amazon CloudSearch	Elastic MapReduce
コンピュート	**ストレージ**	**データベース**	**ネットワーク**
Amazon EC2 Auto Scaling	Amazon S3 Amazon Glacier Amazon EBS Amazon Storage Gateway	Amazon RDS Amazon DynamoDB Amazon SimpleDB Amazon Elasticache	Amazon VPC Elastic Load Balancing Amazon Route53 AWS Direct Connect

AWSグローバルインフラストラクチャ
（リージョン、アベイラビリティゾーン、エッジロケーション）

注1　http://aws.amazon.com/

AWSの特徴

AWSがユーザに最も支持されている理由として、以下の3つが挙げられます。

- 豊富なサービス
- 柔軟なリソース
- 従量課金

✚ 豊富なサービス

　AWSでは仮想サーバが利用できるコンピュートサービス（EC2）のほかに、DNSサービス（Route 53）やコンテンツ配信サービス（Cloud Front）など多岐に渡るサービスが提供されています。その中には、インフラやパッチなどの管理をAWSが代わりに行ってくれるフルマネージドサービスと呼ばれるものがあります。先述したDNSサービスとコンテンツ配信サービスは、フルマネージドサービスにあたります。フルマネージドサービスをうまく組み合わせることにより、高負荷に耐えうる、信頼性の高いシステムを少ない手間で運用できます。

✚ 柔軟なリソース

　AWSのリソースは、必要なときに必要な分だけ調達が可能です。「必要な分だけ」とは、サーバの数やスペックを柔軟に調達できることを意味します。

　たとえば、あなたがECサイトを運用しているとします。そのECサイトでバーゲンセールなどを開催すると、通常の数倍、数十倍のアクセスが集中することがあります。このような場合、通常のリソースだけでは、ECサイトへのアクセスをさばくことはできませんが、AWSを利用していれば、そのバーゲンセールの期間だけアクセス数に応じてサーバ数を増やしたり、サーバのスペックを増強するなどの対応が可能です。しかも、バーゲンセールが終了し、追加したリソースが不要になった場合は、そのリソースをいつでも処分することができます。

✚ 従量課金

　基本的にAWSのコストモデルは、使った分だけ支払う従量課金モデルです。必要なときにかつ使った分だけ料金を支払えばよいため、費用対効果に優れています。前述したECサイトの例でも、バーゲンセールで追加したリソースについては、使った分だけ支払えばよいことになります。

第1章 AWSの基礎知識

1.2 AWSを支える概念と本書で扱うサービス

　本書で取り扱うサービスを説明する前に、AWSを支える重要な概念であるリージョン、アベイラビリティゾーン、エッジロケーションについて説明します。そのあとに本書で取り扱う各サービスについて説明します。

AWSを支える概念

▪ リージョン

　AWSの全体に関わる概念としてまずリージョンがあります。リージョンとは、AWSの各サービスが提供されている地域のことです。たとえば、東京（Tokyoリージョン）やアメリカ東海岸（US Eastリージョン）など、2015年9月現在、世界中に11のリージョンが存在します（図1.2）。

図1.2　世界各地のリージョン

　また、リージョンによって利用可能なサービスが異なるため、使いたいリージョンでサービスが利用可能になっているかどうかを確認する必要があります。最新機能は基本的にまずアメリカのリージョンで利用可能になり、徐々にそのほかのリージョンでも利用可能になります。

▪ アベイラビリティゾーン

　次に、アベイラビリティゾーンという概念があります。アベイラビリティゾ

ーンは、独立したデータセンターに当てはまり、どのリージョンにも必ず2つ以上存在します（図1.3）。これは耐障害性のためのもので、1つのアベイラビリティゾーンが天災や障害によって利用不可能な状況になっても、それ以外のアベイラビリティゾーンでシステムが稼働できるように設計されています。これによってAWSの耐障害性が確保され、ユーザも安定したシステムを簡単に構築することができるのです。

図1.3 アベイラビリティゾーン

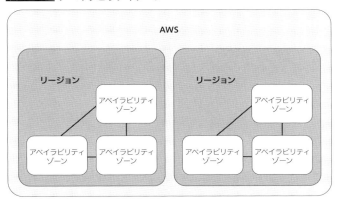

また、アベイラビリティゾーン間は高速回線で接続されているため、たとえばDBのマスタとスレーブでアベイラビリティゾーンを分けたとしても、マスタの更新をスレーブに反映する際に大幅な遅延なく同期書き込みが実現できます。

エッジロケーション

最後はエッジロケーションという概念です。エッジロケーションは、コンテンツ配信サービスのCloudFrontやDNSサーバサービスのRoute53を提供する場所のことです。2015年9月現在、世界中で53のエッジロケーションが存在し、日本では東京に2つ、大阪に1つの計3つのエッジロケーションが存在しています（図1.4）。

第1章 AWSの基礎知識

図1.4 日本におけるエッジロケーション

たとえば、CloudFrontでコンテンツを配信する際、エッジロケーションがユーザに近いところに存在していることによって、高速通信が実現できるようになります。

本書で扱うサービス

冒頭で解説しましたが、AWSには数多くのサービスが提供されています。本書ではすべてのサービスを扱うことができないため、システム構築に必須でかつ重要なサービスについて解説していきます。本書で扱うサービスは、**表1.1**の通りです。

表1.1 本書で扱うAWSのサービス

サービス	概要	章
EC2	サーバを自在に調達できるサービス	2～3章
Route53	SLA100%のDNSサービス	4章
VPC	独自の論理的な仮想ネットワークを構築できるサービス	5章
S3	非常に高い耐久性を持つWebストレージサービス	6章
CloudFront	世界中に高速にコンテンツを配信できるサービス	6章
RDS	OSやパッチなどの管理が不要なリレーショナルデータベースサービス	7章
ELB	自動で拡張と縮小を行う耐障害性の高いロードバランサーサービス	8章
CloudWatch	さまざまなAWSサービスの監視やモニタリングをするサービス	9章
IAM	ユーザとユーザ権限を管理するサービス	10章
Billing	AWSのコストの管理や分析をするサービス	11章

1.3 AWSへのサインアップ

　AWSを利用するにはアカウントを作成する必要があります。本節では、アカウントの作成手順を簡単に解説します。アカウントを作成する際、メールアドレス、クレジットカード、電話番号などが必要になりますので、あらかじめ用意しておいてください。

サインアップの流れ

　AWSへのサインアップは、以下の手順で行います。

❶ブラウザでhttps://console.aws.amazon.com/にアクセスする

❷サインイン、またはAWSアカウントを作成画面で、Eメールまたは携帯番号に自分のメールアドレスを入力し、「新規ユーザです」を選択して、サインイン（セキュリティシステムを使う）ボタンをクリックする

❸ログイン認証情報画面で名前、メールアドレス、パスワードを入力し、アカウントの作成ボタンをクリックする

❹連絡先情報画面でフルネーム、会社名、電話番号、セキュリティチェックなどを

第1章 AWSの基礎知識

入力し、アカウントを作成して続行ボタンをクリックする

❺ 支払情報画面でクレジットカード番号などを入力し、次へボタンをクリックする

❻ 本人確認画面で電話番号を入力する。しばらくするとその電話にAWSから自動音声機能により電話がかかってくるので、画面に表示されたPINコードを電話で入力する（図1.5）。本人確認が終了したら続行してサポートプランを選択ボタンをクリックする

❼ サポートプラン画面でベーシック（無料）プランを選択する

図1.5　本人確認画面でのPIN入力

以上でサインアップは完了です。

マネジメントコンソールの起動

サインアップが完了すると、「アマゾン ウェブ サービスへようこそ」画面が開きます。マネジメントコンソールを起動ボタンをクリックすると、サインイン画面を開きますので、先ほど登録したメールアドレスと設定したパスワードを入力するとサインインできます。

1.4 まとめ

本章では、AWSの概要と本書で扱うサービスについて説明しました。また、AWSを使い始めるにあたって必要なアカウントの作成も行いました。以降の章をどんどん読み進めて、AWSを使い倒しましょう。

第2章
仮想サーバの作成
（EC2基本編）

第2章　仮想サーバの作成（EC2基本編）

本章では、Amazon EC2（*Elastic Compute Cloud*、以下EC2）を利用して実際に仮想サーバを作成し、簡単なWebアプリケーションを構築するところまでを解説します。EC2の概要と仮想サーバを作成するために必要な事前準備について解説し、次にマネジメントコンソールを使って作成した仮想サーバに接続できるところまでを確認します。また、Webアプリケーションに必要なパッケージのインストールとアプリケーションの配備を行って、ブラウザからアクセスできるようにします。最後にはEC2の各操作について解説します。

2.1 Amazon EC2（Elastic Compute Cloud）の概要

EC2とは

EC2は、仮想サーバを必要なときに必要なだけ調達でき、使った分だけ料金を支払えばよいサービスです。アプリケーションの規模や負荷に合わせて、スペックを高くしたり、仮想サーバの台数を増やせるという柔軟性を持っています。

たとえば、提供しているWebサービスのキャンペーンやセールなどで一時的にアクセス数の増加が見込める場合、そのピーク時だけサーバを増強し、ピークが過ぎたらサーバを縮小するといったことが可能です。費用的には通常時の費用に加え、一時的に増強した分が追加されるだけですので、最小の投資で最大の効果を得ることができます。

この優れた特徴を持つEC2を利用する前に、いくつかの概念を理解しておく必要がありますので、本節では順番に解説します。

インスタンスタイプとは

インスタンスタイプは、サーバのスペックを定義するものです。インスタンスタイプの違いにより、主にCPU、メモリ、ストレージ、ネットワーク帯域が変わります。具体的には、1CPU／1GBメモリを持つt2.microから40CPU／160GBメモリを持つm4.10xlargeまで、多様な用途に合わせたインスタンスタイプが提供されています。最近では、最新のハードウェアで構成される新世代

Amazon EC2(Elastic Compute Cloud)の概要 **2.1**

のインスタンスタイプも導入されました。

　また、インスタンスタイプによって利用料金も変わります。EC2の利用料金は、インスタンスタイプごとの時間単価に利用時間を掛けたものです。基本的にはインスタンスのスペックが高くなるにつれて、インスタンスの時間単価も高くなります。課金については、**11章**で解説していますので参照してください。

Column
T2インスタンスの特徴

　T2インスタンスは、CPUパフォーマンスに特徴があります。

　従来のEC2インスタンスは、CPUパフォーマンスがインスタンスタイプによって決められたレベルのものが提供されていましたが、T2インスタンスではベースレベルのパフォーマンスを提供しながら、バースト[注a]する機能を提供しています。

　バーストの可否は、CPUクレジットを持っているかどうかによって決定されます。**9章**で解説するCloudWatchで、CPUクレジットの使用状況と残高をモニタリングできます。

注a　CPUパフォーマンスを最大化することです。

AMI(Amazon Machine Image)とは

　AMI(*Amazon Machine Image*)には、仮想サーバの起動に必要な情報が入っています。その中には、OSや通常のデータ(ディレクトリやファイル)とブロックデバイスマッピングという特殊な情報があります。ブロックデバイスマッピングとは、インスタンスに接続するブロックデバイスと、OSから見えるデバイス名を定義するものです。AWSで利用可能なブロックデバイスについては、後述する「EC2のストレージ」を参照してください。

➕ AMIの種類

　AMIには、EC2の開始当初からあるInstance Store-Backedと後から追加されたEBS-Backedの2種類があります。

　インスタンスストアとEBS(*Elastic Block Store*)は、AWSで利用可能なストレージの種類です。これらの違いについては、後述の「EC2のストレージ」で解説しますが、大きな違いとしてインスタンスの生存期間が挙げられます。

第2章 仮想サーバの作成（EC2基本編）

インスタンスストアは、インスタンスの生存期間に依存し、インスタンスを停止、または削除するとなくなります。それに対し、EBSは作成して削除するまで生存しているため、インスタンスの生存期間よりも長く存在します。EC2の開始当初はEBSがなかったため、Instance Store-Backedが使われていましたが、現在はEBS-Backedが主流になっています。

✚ AMIの仮想化形式

AMIには、準仮想化（*Para Virtual*、以下PV）とハードウェア仮想マシン（*Hardware Virtual Machine*、以下HVM）の2種類の仮想化形式があります。

PVはEC2開始当初から提供されていました。HVMは2013年ごろから提供され、現在はこちらが主流になっています。その理由として、AWSがHVMを使うことを推奨していること、新世代のインスタンスタイプではHVM必須のものがあることが挙げられます。かつてはPVのほうが良いパフォーマンスが出るために利用されていましたが、HVMでも同様のパフォーマンスが出せるようになったため、このような変化が生まれています。

EC2のストレージ

EC2では2種類のブロックデバイスがストレージとして使えます。

✚ EBS（Elastic Block Store）

1つ目は、EBSと呼ばれる高い可用性と耐久性を持つストレージです。EBSはボリュームという単位で表現されるため、EBSボリュームと呼ばれています。

EBSボリュームを作成するには、EBSボリュームタイプと容量を指定します。EBSボリュームタイプによってパフォーマンスが異なるため、システムの役割や用途から必要なパフォーマンスを計算して選択することが重要です。パフォーマンスについては、IOPS（*Input/Output Per Second*）という単位が使われます。

EBSボリュームタイプの種類は、**表2.1**の通りです。

2.1 Amazon EC2（Elastic Compute Cloud）の概要

表2.1 EBSボリュームタイプの種類

タイプ	ハードウェア	容量	IOPSのパフォーマンス	用途
General Purpose (GP2)	SSD (*Solid State Drive*、フラッシュドライブ)	1GiB 〜16TiB	1GiBごとに3IOPSの性能を得られる。1TiB以下の場合、最大3,000IOPSまでバーストする。1TiB以上の場合、最大10,000IOPSまでの性能を得られる。3.334TiB以上は10,000IOPSになる	ルートボリュームや中小規模のデータベース
プロビジョンドIOPS（PIOPS）	SSD	10GiB 〜16TiB	最大20,000IOPSを一貫して利用できる。IOPSは作成時に指定する。IOPSと容量には30:1の制約があるため、20,000IOPSのボリュームを作成する場合は、667GiB以上の容量を持つ必要がある	高負荷なデータベース
Magnetic	磁気ディスク	1GiB 〜1TiB	最大数百IOPSまでバーストする。平均は100IOPS	読み書き速度やアクセス頻度が低い場合やコストを低くしたい場合

✚ インスタンスストア

2つ目は、インスタンスストアと呼ばれるインスタンス専用の一時的なストレージです。「インスタンス専用」とは、ほかのインスタンスへ付け替えることができないという意味です。また「一時的な」とは、インスタンスを起動している間のみ利用できるという意味で、インスタンスの停止（stop）や削除（terminate）をすると復元できなくなります。そのため、インスタンスストアにはデータベースのファイルなど、なくなってはいけないものを置かないようにしましょう。

ただ、直接インスタンスにつながっていて、インスタンスタイプによってはSSDが利用できる関係で、EBSよりも高いパフォーマンスが期待できます。計算時の一時ファイル置き場や再生成可能なファイルなどを、インスタンスストアで使うことでメリットを得ることができます。

インスタンスストアもEBSと同様に、ボリュームという単位で表現されます。インスタンスストアは、インスタンスタイプによって利用できるかどうかが決まっており、ボリューム数と容量もそれぞれ異なります。

EBSとインスタンスストアの比較は**表2.2**の通りです。

第2章 仮想サーバの作成（EC2基本編）

表2.2　EBSとインスタンスストアの比較

ストレージタイプ	永続性	耐久性	パフォーマンス	用途	費用
EBS	高い（スナップショット利用時）	99.5～99.999%	ランダムアクセスに強い	OSやDBなどの永続性と耐久性が必要なストレージ	有料
インスタンスストア	低い	EBSより低い	シーケンシャルアクセスに強い	一時ファイル、キャッシュ、スワップなど、失われても問題がないストレージ	無料

2.2 EC2の起動

ここでは、EC2を起動させるまでの手順について解説します。

キーペアの作成

　EC を起動する前に、まずキーペアを作成します。キーペアはインスタンスへの接続に使用します。Linux/UNIXインスタンスの場合、SSH接続の公開鍵認証に使用します。Windowsインスタンスの場合は、リモートデスクトップ接続での管理者パスワードを取得する際に使用します。

　さっそく、マネジメントコンソールから作成する手順を解説します。EC2のマネジメントコンソールの左側メニューから キーペア をクリックします。

　キーペアの作成 ボタンをクリックすると、キーペアを入力するダイアログが出てきますので、キーペア名：に「my-keypair」と入力して 作成 ボタンを押します（図2.1）。秘密鍵のダウンロードが開始しますので、ファイル名を「my-keypair.pem」としてわかりやすい場所に保存してください。公開鍵はAWSの方で保管して、インスタンスを作成したときに使用します。

図2.1　キーペアの作成

セキュリティグループの作成

次にセキュリティグループの作成を行います。セキュリティグループは、EC2の外側にあるファイアウォールのようなもので、通信の入出力制御を行うために用意されています。基本的にサーバへ入ってくる通信（インバウンド）のポートはすべて閉じられていて、必要なものだけを開けるしくみになっています。反対に、サーバから出ていく通信（アウトバウンド）のポートはすべて開いています。

それでは、セキュリティグループを作成するために、マネジメントコンソールの左側メニューから セキュリティグループ のリンクを開きます。デフォルトで作成されているセキュリティグループが表示されますが、今回は専用のセキュリティグループを作成しましょう。

セキュリティグループの作成 ボタンをクリックしてダイアログを開きます。 セキュリティグループ名 に「my-security-group」、 説明 に「my-security-group」を入力して、VPCは選択されているもののままにします。

画面の下部に インバウンド タブが表示されているので、本書のサンプルで使用するSSH、Webサーバ用のHTTP、Ruby on Rails（以下Rails）を使ったアプリケーションサーバ用としてポート3000を開けるように設定します。

まず、 ルールの追加 ボタンを3回押してルールを3行追加します（図2.2）。

1行目にSSHの設定として、 タイプ を「SSH」、 送信元 を「任意の場所」とします。ただし、「任意の場所」にするとどこからでも接続ができるため、セキュリティ的にはお勧めできない設定です。そこで 送信元 で「マイIP」を選択して、現在アクセスしている自分のIPアドレスのみを許可する方法もあります。

2行目はHTTPの設定として、 タイプ を「HTTP」、 送信元 を「任意の場所」とします。3行目はアプリケーションサーバであるRailsの設定として、 タイプ を「カスタムTCPルール」、 ポート範囲 を「3000」、 送信元 を「任意の場所」とします。

第2章 仮想サーバの作成（EC2基本編）

図2.2 セキュリティグループの作成

次に **アウトバウンド** タブを選択するとすべての通信が許可されていますが、これはこのままにして **作成** ボタンをクリックすると、セキュリティグループが作成できます。そしてセキュリティグループの一覧で、my-security-groupが作成されたことが確認できます。

仮想サーバの起動

ここまでで、キーペアとセキュリティグループを作成し、EC2を起動する準備が整いました。今回は**表2.3**の構成でEC2を起動します。

表2.3 本章で作成するインスタンスの構成

ステップ	項目	設定値
ステップ1	AMI	Amazon Linux AMI 2015.03(HVM),SSD Volume Type-ami-cbf90ecb
ステップ2	インスタンスタイプ	t2.micro
ステップ3	インスタンス数	1
ステップ3	購入のオプション	チェックなし
ステップ3	ネットワーク	デフォルト
ステップ3	サブネット	優先順位なし（アベイラビリティゾーンのデフォルトサブネット）
ステップ3	自動割り当てパブリックIP	サブネット設定を使用（有効）
ステップ3	IAMロール	なし
ステップ3	シャットダウン動作	停止

2.2 EC2の起動

ステップ	項目	設定値
ステップ3	削除保護の有効化	（チェックなし）
ステップ3	モニタリング	（チェックなし）
ステップ3	テナンシー	共有テナンシー（マルチテナント ハードウェア）
ステップ3	eth0（プライマリIP）	（空欄）
ステップ3	ユーザーデータ	テキストで
ステップ3	ユーザーデータ（テキスト欄）	（空欄）
ステップ3	ユーザーデータ（入力はすでにbase64でエンコード済み）	（チェックなし）
ステップ4	サイズ	8
ステップ4	ボリュームタイプ	汎用（SSD）
ステップ4	合わせて削除	（チェックあり）
ステップ5	キー	Name
ステップ5	値	my-instance
ステップ6	セキュリティグループの割り当て	既存のセキュリティグループを選択する
ステップ6	セキュリティグループ名	my-security-group

それでは、マネジメントコンソールの左側メニューから インスタンス を選択し、 インスタンスの作成 ボタンをクリックして、各項目を設定していきましょう。

✚ AMIの選択

ステップ1では、利用するAMIを選択します。今回はAWSが無料で提供しているAmazon Linux AMIを使用します。これはCentOSベースで、AWSによってメンテナンスされているLinuxです。AWSの各サービスと連携するためのコマンドラインツールやライブラリなどのパッケージが入っており、すぐに利用できます。セキュリティアップデートも随時行われており、安全に使い続けられるものになっています。

一覧の一番上のAmazon Linux AMIの右側にある 選択 ボタンをクリックして次に進みます（図2.3）。

第2章 仮想サーバの作成（EC2基本編）

図2.3 AMIの選択

＋インスタンスタイプの選択

ステップ2では、利用するインスタンスタイプを選択します（**図2.4**）。今回は無料利用枠に対応した「t2.micro」を使用します。一番パフォーマンスが低いインスタンスタイプですが、パッケージのインストールや、アプリケーションの動作確認程度には十分の構成です。

図2.4 インスタンスタイプの選択

次の手順：インスタンスの詳細の設定 ボタンをクリックして次に進みます。

＋インスタンスの詳細設定

ステップ3では、インスタンスの詳細を設定します（**図2.5**）。

2.2 EC2の起動

図2.5　インスタンスの詳細設定

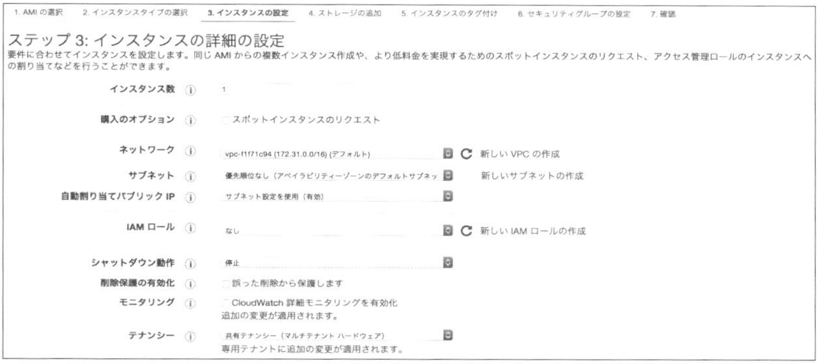

ステップ 3: インスタンスの詳細の設定
要件に合わせてインスタンスを設定します。同じ AMI からの複数インスタンス作成や、より低料金を実現するためのスポットインスタンスのリクエスト、アクセス管理ロールのインスタンスへの割り当てなどを行うことができます。

- インスタンス数: 1
- 購入のオプション: □ スポットインスタンスのリクエスト
- ネットワーク: vpc-f1f71c94 (172.31.0.0/16)(デフォルト)　新しい VPC の作成
- サブネット: 優先順位なし(アベイラビリティーゾーンのデフォルトサブネット)　新しいサブネットの作成
- 自動割り当てパブリック IP: サブネット設定を使用(有効)
- IAM ロール: なし　新しい IAM ロールの作成
- シャットダウン動作: 停止
- 削除保護の有効化: □ 誤った削除から保護します
- モニタリング: □ CloudWatch 詳細モニタリングを有効化
  追加の料金が適用されます。
- テナンシー: 共有テナンシー(マルチテナント ハードウェア)
  専用テナントに追加の変更が適用されます。

インスタンス数では、起動するインスタンス数を指定します。ここでは「1」にします。**購入のオプション**は、より安価に利用できるスポットインスタンスにするかどうかを指定できますが、ここではオンデマンドインスタンスにするためチェックはなしにします。

ネットワークでは、どのネットワークに作るかを指定します。ここではデフォルトで作成されている VPC を選択します。

サブネットは、ネットワークで指定した中のどのサブネットに作るかを指定します。ここでは、「優先順位なし(アベイラビリティゾーンのデフォルトサブネット)」を選択します。

自動割り当てパブリックIPは、インターネット経由でアクセス可能にするグローバル IP アドレスを付けるかを指定できます。ここでは「サブネット設定を使用(有効)」を選択します。

IAMロールでは、あらかじめ作成したロールを指定することで、インスタンスに安全に認証情報を配備し、結果的に権限を付与できます。ここでは「なし」を選択します。

シャットダウン動作は、インスタンスをシャットダウンしたときにまた起動できるように停止状態で残すか、削除するかを指定します。ここでは「停止」を選択します。

削除保護の有効化は、インスタンスを削除できないように保護するかを指定します。ここではチェックをなしにします。

モニタリングは、CloudWatch による監視をより詳細化(1分間隔)するかを指定します。ここではチェックをなしにします。

テナンシーは、共有化されているハードウェアを利用するか、または、専有

第2章　仮想サーバの作成（EC2基本編）

のハードウェアを利用するかを指定します。ここでは「共有テナンシー（マルチテナント ハードウェア）」を選択します。

ネットワークインターフェイス では、ENI（*Elastic Network Interface*）と呼ばれる仮想的な NIC（*Network Interface Card*）を設定します。1つのインスタンスに最大2つの ENI が接続可能ですが、利用可能なネットワーク帯域が拡張されるわけではないので注意してください。ここでは「eth0」のみを付けて、**プライマリIP** は空欄にして自動的に IP アドレスを決定するようにします。

高度な詳細 では、ユーザデータと呼ばれるインスタンスの起動時に実行されるスクリプトを設定します。スクリプトを設定することで、インスタンスに接続しなくてもパッケージの最新アップデートや追加パッケージのインストールなどが可能になります。ここでは空欄にします。

次の手順：ストレージの追加 ボタンを押して次に進みます。

■ ストレージの追加

ステップ4では、インスタンスに接続するストレージを設定できます（**図2.6**）。**タイプ** が「ルート」になっているものは、OSが入っているストレージです。ここでは追加ストレージを設定せずに、ルートのみを設定します。

図2.6　ストレージの追加

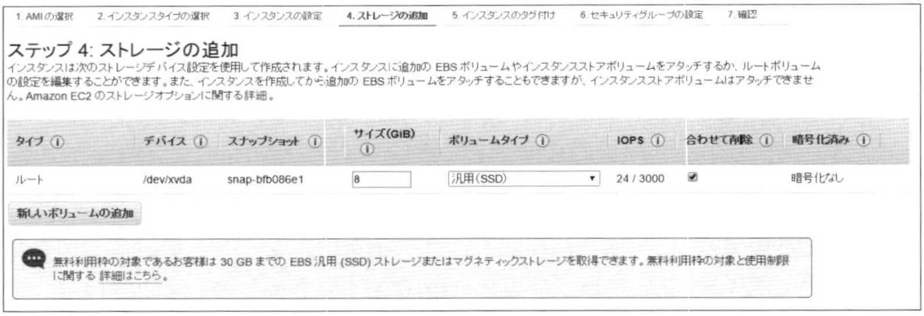

デバイス では、OSから見えるデバイス名を設定します。これはタイプがEBSかインスタンスストアの場合に選択可能で、ルートの場合は選択できません。

スナップショット では、ストレージの中身となるスナップショットを指定します。これはタイプがEBSの場合に指定可能で、ルートの場合は自動で設定されます。

ボリュームタイプ では、タイプがルートかEBSの場合にEBSボリュームタイプを指定します。ここでは「汎用(SSD)」を選択します。

IOPS では、ボリュームタイプがプロビジョンド IOPS[注1] の場合にそのパフォーマンスを指定します。ここでは汎用（SSD）を使うので設定しません。

合わせて削除 では、インスタンスを削除した場合に EBS も削除するかどうかを指定します。ここでは消し忘れによる課金を防ぐためにチェックをありにします。

次の手順：インスタンスのタグ付け を押して次に進みます。

✤ インスタンスのタグ付け

ステップ5では、インスタンスに付与するタグを設定します（**図2.7**）。「Name」という **キー** でインスタンスに名前を付けられるため、**値** に「my-instance」と入力します。

図2.7 インスタンスのタグ付け

次の手順：セキュリティグループの設定 ボタンを押して次に進みます。

✤ セキュリティグループの設定

ステップ6では、インスタンスにセキュリティグループを設定します。**セキュリティグループの割り当て** で「既存のセキュリティグループを選択する」を選択し、先ほどで作成した「my-security-group」を選択します。**確認と作成** ボタンをクリックして次に進みます（**図2.8**）。

注1　詳細はp.227を参照してください。

図2.8 セキュリティグループの設定

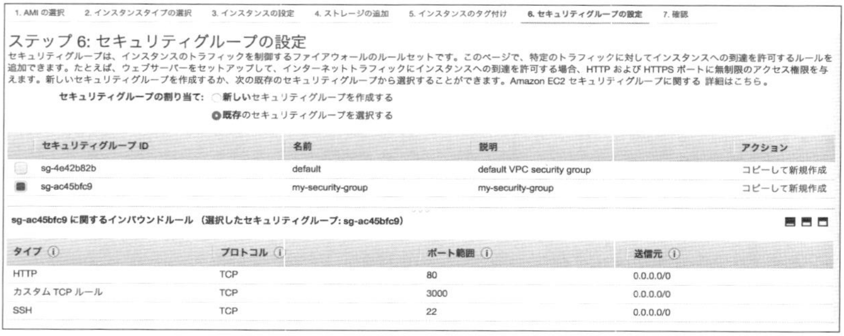
1. AMI の選択
2. インスタンスタイプの選択
3. インスタンスの設定
4. ストレージの追加
5. インスタンスのタグ付け
6. セキュリティグループの設定
7. 確認
ステップ 6: セキュリティグループの設定
セキュリティグループは、インスタンスのトラフィックを制御するファイアウォールのルールセットです。このページで、特定のトラフィックに対してインスタンスへの到達を許可するルールを追加できます。たとえば、ウェブサーバーをセットアップして、インターネットトラフィックにインスタンスへの到達を許可する場合、HTTP および HTTPS ポートに無制限のアクセス権限を与えます。新しいセキュリティグループを作成するか、次の既存のセキュリティグループから選択することができます。Amazon EC2 セキュリティグループに関する 詳細はこちら。
セキュリティグループの割り当て:
新しいセキュリティグループを作成する
既存のセキュリティグループを選択する
セキュリティグループ ID
名前
説明
アクション
sg-4e42b82b
default
default VPC security group
コピーして新規作成
sg-ac45bfc9
my-security-group
my-security-group
コピーして新規作成
sg-ac45bfc9 に関するインバウンドルール (選択したセキュリティグループ: sg-ac45bfc9)
タイプ
プロトコル
ポート範囲
送信元
HTTP
TCP
80
0.0.0.0/0
カスタム TCP ルール
TCP
3000
0.0.0.0/0
SSH
TCP
22
0.0.0.0/0

✚ インスタンス作成の確認

ステップ7では、ここまで設定してきた内容を確認します(**図2.9**)。**AMIの編集**などをクリックすることでその設定画面に戻ることもできます。設定に問題がなければ、**作成**を押して次に進みます。

図2.9 インスタンス作成の確認

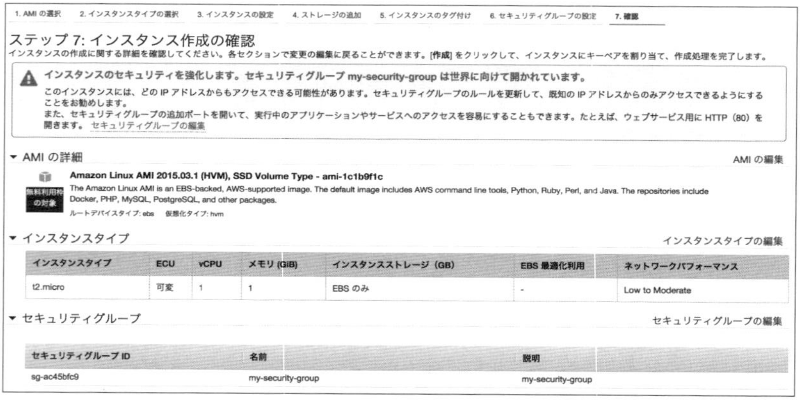
1. AMI の選択
2. インスタンスタイプの選択
3. インスタンスの設定
4. ストレージの追加
5. インスタンスのタグ付け
6. セキュリティグループの設定
7. 確認
ステップ 7: インスタンス作成の確認
インスタンスの作成に関する詳細を確認してください。各セクションで変更の編集に戻ることができます。[作成] をクリックして、インスタンスにキーペアを割り当て、作成処理を完了します。
インスタンスのセキュリティを強化します。セキュリティグループ my-security-group は世界に向けて開かれています。
このインスタンスには、どの IP アドレスからもアクセスできる可能性があります。セキュリティグループのルールを更新して、既知の IP アドレスからのみアクセスできるようにすることをお勧めします。
また、セキュリティグループの追加ポートを開いて、実行中のアプリケーションやサービスへのアクセスを容易にすることもできます。たとえば、ウェブサービス用に HTTP (80) を開きます。 セキュリティグループの編集
AMI の詳細
AMI の編集
Amazon Linux AMI 2015.03.1 (HVM), SSD Volume Type - ami-1c1b9f1c
無料利用枠の対象
The Amazon Linux AMI is an EBS-backed, AWS-supported image. The default image includes AWS command line tools, Python, Ruby, Perl, and Java. The repositories include Docker, PHP, MySQL, PostgreSQL, and other packages.
ルートデバイスタイプ: ebs 仮想化タイプ: hvm
インスタンスタイプ
インスタンスタイプの編集
インスタンスタイプ
ECU
vCPU
メモリ (GiB)
インスタンスストレージ (GB)
EBS 最適化利用
ネットワークパフォーマンス
t2.micro
可変
1
1
EBS のみ
-
Low to Moderate
セキュリティグループ
セキュリティグループの編集
セキュリティグループ ID
名前
説明
sg-ac45bfc9
my-security-group
my-security-group

✚ 既存キーペアの選択／新規作成

最後にインスタンスの接続に使用するキーペアを指定します(**図2.10**)。上のドロップダウンを「既存キーペアの選択」、**キーペアの選択**で先ほど作成した「my-keypair」を選択します。その下にある確認項目でチェックを入れ、**インスタンスの作成**ボタンをクリックするとインスタンスが起動します。

EC2の起動 **2.2**

図2.10　既存キーペアの選択／新規作成

「インスタンスの作成」と表示された画面が出てくれば、インスタンスの起動に成功しています。 インスタンスの表示 ボタンを押して、インスタンス一覧の画面に移動します（**図2.11**）。my-instanceが表示されているのが確認できます。インスタンスの状態が「running」、ステータスチェックが「2／2 OK」になればインスタンスへの接続が可能です。待っている間に先に進んで、EIP（*Elastic IP Address*）の作成と付与を行いましょう。

図2.11　インスタンスの表示

EIP（Elastic IP Address）の取得と付与

　EIPは、インターネット経由でアクセス可能な固定グローバルIPアドレスが取得でき、インスタンスに付与できるサービスです。いったんEIPを取得すると、自分で削除するまでそのIPアドレスを保持できます。

23

第2章 仮想サーバの作成（EC2基本編）

インスタンスの起動設定を行っている際に、同様の効果を持つPublic IPアドレスがありますが、これはインスタンスを停止と起動するたびに変わってしまいます。そうなるといろいろと不便なことがありますので、それを補うためのサービスとしてEIPは提供されています。

➕ EIPの取得

EIPを取得するには、マネジメントコンソールの左側メニューから Elastic IP をクリックします。 新しいアドレスの割り当て ボタンをクリックし、ダイアログ内の 関連付ける ボタンを押します。

すると、表示されるダイアログに「新しいアドレスのリクエストが成功しました」というメッセージと割り当てられたIPアドレスが表示されます。ダイアログを閉じると一覧画面にも表示されます（**図2.12**）。

図2.12　EIPの割り当て

➕ インスタンスへの付与

EIPの取得ができたので、インスタンスへの付与を行います。該当のEIPを選択状態にしたうえで、 アクション - アドレスの関連付け をクリックします。すると、 インスタンス 、もしくは ネットワークインターフェイス に接続するかを指定するダイアログが出ます。インスタンスのテキストボックスにインスタンス名の「my」まで入力すると、サジェッションが出てきますのでその中の「my-instance」を選択し、 関連付ける ボタンをクリックします。

一覧画面に戻ると画面下部に該当のEIP、接続しているインスタンスの情報

が入っています。これでインスタンスにEIPを付与できているはずです。

EIPをインスタンスから取り外したい場合は、 アドレスの解放 で行います。

注意点として、EIPをインスタンスに付与していない状態で保持していると、わずかながら課金されます。使用していない、再利用する予定のないEIPは解放することを推奨します。EIPを解放するには、インスタンスやENIから取り外した状態にしたうえで、 アドレスの関連付けの解除 ボタンを押すと解放できます。

2.3 EC2への接続

ここまででインスタンスを起動して接続する準備ができました。キーペアを使用して接続してみましょう。

キーペアを使ったSSH接続

✚ UNIX系のターミナル経由の場合

クライアントがMacやLinuxの場合、ターミナル上でSSHコマンドを使うことによって、インスタンスに接続できます。

以下はコマンドとオプションの実行例です。

```
$ ssh -i my-keypair.pem ec2-user@xxx.xxx.xxx.xxx
```

-iオプションは秘密鍵があるパスを指定します。また、秘密鍵のパーミッションは「600」である必要がありますので注意してください。ec2-userは、インスタンスにログインするユーザ名です。Amazon Linuxでは、デフォルトでec2-userというユーザが作成されており、最初はec2-userでSSH公開鍵認証をする必要があります。インスタンスのEIPを指定します（上記ではxxx.xxx.xxx.xxx）。各設定項目については環境に合わせて正しく設定してください。

SSHコマンドによってAWSに接続でき、以下のようなメッセージが表示されたでしょうか。

```
$ ssh -i my-keypair.pem ec2-user@xxx.xxx.xxx.xxx
       __|  __|_  )
       _|  (     /   Amazon Linux AMI
```

第2章 仮想サーバの作成(EC2基本編)

```
       __|  __|_  )
       _|  (     /
      ___|\___|___|

https://aws.amazon.com/amazon-linux-ami/2015.03-release-notes/
No packages needed for security; 1 packages available
Run "sudo yum update" to apply all updates.
```

　試しにパッケージの更新をしてみましょう。コマンドは以下の通りです。「完了しました!」と出力されれば更新は完了です。

```
$ sudo yum -y update
読み込んだプラグイン:priorities, update-motd, upgrade-helper
amzn-main/latest
amzn-updates/latest
依存性の解決をしています
依存性の解決をしています
--> トランザクションの確認を実行しています。
(略)
完了しました!
```

✚ WindowsのTeraTerm経由の場合

　クライアントがWindowsの場合、サーバに接続するにはTeraTermやPuTTYを利用します。本書では、TeraTermを使った接続方法を紹介します。

　TeraTermは無償のソフトウェアですので、ダウンロードサイトを探してダウンロードし、インストールまで行ってください。インストールができたら、ttermpro.exeを実行します。

　図2.13はttermpro.exeを実行して表示された画面です。ホストにEIPを入力してOKボタンを押すと接続が始まります。

図2.13　TeraTerm実行時の様子

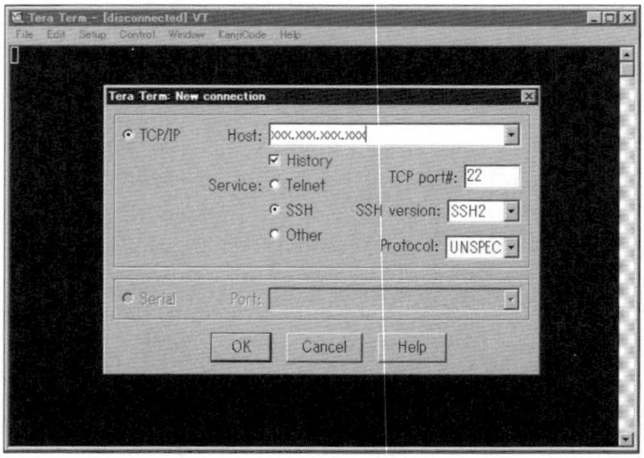

TeraTermで初めて接続するサーバは接続してよいか確認画面が表示されます。Continueボタンを押して接続を続けます。

サーバに接続ができると、今度は認証を行う画面が表示されます。ユーザ名に「ec2-user」、パスフレーズは空欄のままで「RSA/DSA/ECDSA/ED25519鍵を使う」を選択して、Private key fileボタンをクリックし、my-keypair.pemを選択して、OKボタンをクリックします。

認証が通って、図2.14のような画面が表示されればTeraTermによる接続は完了です。

図2.14　TeraTermによるEC2への接続

Windowsインスタンスからの接続

Windowsのインスタンスを起動する場合は、基本的な手順は同じですが、2つの違いがあります。

1つ目は、接続方法がリモートデスクトップになりますので、セキュリティグループでリモートデスクトップのポートを開ける必要があります。これはセキュリティグループのタイプでRDP（*Remote Desktop Protocol*）として用意されていますので、それを利用してセキュリティグループを作成してください。

2つ目は、接続する際の認証方法がSSH公開鍵認証ではなくリモートデスクトップのパスワード認証になるため、管理者パスワードを取得する必要があります。管理者パスワードの取得は、インスタンス一覧の画面から行えます。

該当のインスタンスの上で右クリックメニューを表示して、 Windowsパスワードの取得 をクリックします。インスタンスを起動してすぐには取得できないことがありますので、その場合はしばらく待ってから試してくだ

第2章 仮想サーバの作成（EC2基本編）

さい。

パスワードの取得準備ができると、インスタンスを起動するときに設定したキーペアの秘密鍵を要求されますので、秘密鍵をアップロードするか、エディタなどで開いてテキストボックスに貼り付けて、 パスワードの暗号化 ボタンを押します。

図2.15のような画面が表示されて、IPアドレス、ユーザ名、パスワードが取得できたでしょうか。これらの情報を使って、リモートデスクトップで接続しましょう。

図2.15　Windowsパスワードの取得

2.4 アプリケーションのインストール

これまででインスタンスをカスタマイズするところまで行いました。Webサーバ、データベースサーバ、そして、アプリケーションサーバをインストールして稼働することを確認します。

nginxのインストール

利用するWebサーバとしてnginxをインストールします。パッケージとして用意されているので、以下のコマンドで簡単にインストールできます。また、起動はserviceコマンドで行います。

```
$ sudo yum -y install nginx
略
インストール:
  nginx.x86_64 1:1.6.2-1.23.amzn1

依存性関連をインストールしました:
  GeoIP.x86_64 0:1.4.8-1.5.amzn1           gd.x86_64 0:2.0.35-11.10.amzn1
  gperftools-libs.x86_64 0:2.0-11.5.amzn1  libXpm.x86_64 0:3.5.10-2.9.amz
n1       libunwind.x86_64 0:1.1-2.1.amzn1

完了しました!
$ sudo service nginx start
Starting nginx:                                            [  OK  ]
```

 nginxのインストールと起動ができれば、Webサーバにアクセスできるはずです。ブラウザを開いて、該当インスタンスのEIP (例:http://xxx.xxx.xxx.xxx/)を入力して開いてみましょう。**図2.16**のようなページがブラウザで表示できていれば、Webサーバのインストールは完了です。

図2.16 nginxのインストール完了

MySQLのインストール

 次にアプリケーションサーバと連携するデータベースサーバとしてMySQLをインストールします。MySQLもパッケージが用意されていますので、以下のコマンドでインストールを実行します。

```
$ sudo yum -y install mysql-server
略
インストール:
  mysql-server.noarch 0:5.5-1.6.amzn1

依存性関連をインストールしました:
略
完了しました!
```

インストールが完了したら、以下のように起動を実行します。

```
$ sudo service mysqld start
Initializing MySQL database:  Installing MySQL system tables...
OK
Filling help tables...
OK
(略)
Please report any problems at http://bugs.mysql.com/

                                                           [  OK  ]
Starting mysqld:                                           [  OK  ]
```

試しにデータベースに接続して、データベースの一覧を取得してみましょう。コマンドを実行して以下のように表示されればMySQLのインストールと起動は完了です。

```
$ mysql -u root
Welcome to the MySQL monitor.  Commands end with ; or \g.
Your MySQL connection id is 2
Server version: 5.5.42 MySQL Community Server (GPL)
(略)
mysql> show databases;
+--------------------+
| Database           |
+--------------------+
| information_schema |
| mysql              |
| performance_schema |
| test               |
+--------------------+
4 rows in set (0.00 sec)
```

Webアプリケーションの配置

最後にアプリケーションのインストールを行います。本書では、Railsを使って、先ほど構築したMySQLと連携する簡単なCRUD（Create：生成、Read：読み取り、Update：更新、Delete：削除）アプリケーションを実行します。

Railsを使うにはビルドができる環境が必要なため、ビルドに使うパッケージをインストールします。

```
$ sudo yum -y groupinstall 'Development Tools'
```

2.4 アプリケーションのインストール

RubyとMySQLのライブラリも必要になるため、インストールを実行します。

```
$ sudo yum -y install ruby-devel mysql-devel
```

RailsではJavaScriptランタイムとしてNode.jsが必要になります。デフォルトのリポジトリでは提供されていないため、EPEL(*Extra Packages for Enterprise Linux*)からインストールを行います。

```
$ sudo yum -y --enablerepo=epel install nodejs
```

Rails自体のインストールを行ったあとに、確認のためにRailsのバージョンを表示してみましょう。

```
$ gem install rails io-console --no-rdoc --no-ri
略
$ rails -v
Rails 4.2.4
```

Railsのインストールと動作確認ができたら、以下のコマンドを実行してアプリケーションを作成します。データベースをMySQLに指定して、今回使用しないものは省くオプションを指定しています。

```
$ rails new my-app --database=mysql --skip-git --skip-javascript --skip-spring --skip-test-unit   実際は1行
```

アプリケーションが作成できたら、データベースとマイグレーションファイルを作成します。

```
$ cd my-app
$ rake db:create
$ rake db:migrate
```

これでアプリケーションサーバを起動する準備ができました。以下のコマンドで起動できます。

```
$ rails server -b 0.0.0.0
=> Booting WEBrick
=> Rails 4.2.4 application starting in development on http://0.0.0.0:3000
=> Run `rails server -h` for more startup options
略
```

第2章 仮想サーバの作成(EC2基本編)

ブラウザからアクセスし、図2.17のようなページが表示されればインストールと起動が無事行われていることが確認できます。なお、ポート番号を3000にする必要がありますので注意してください(例:http://xxx.xxx.xxx.xxx:3000/)。

図2.17 Railsインストールの完了

次に、データベースとの連携を確認するために、簡単なCRUD機能を付けてみましょう。その前に、必要なgemをBundler経由でインストールします。

```
$ echo "gem 'io-console'" >> Gemfile
$ bundle install
```

CRUD機能を付加するには、Railsが持つ生成機能を使用します。今回は書籍モデルを作成して、名前と価格を持たせてみます。生成が成功したら、マイグレーションを行ってからアプリケーションサーバを起動します。

```
$ rails generate scaffold book name:string price:decimal
$ rake db:migrate
$ rails server -b 0.0.0.0
```

確認方法は先ほどアクセスしたURLにbooks/を追加します(例:http://xxx.xxx.xxx.xxx:3000/books/)。図2.18のような一覧画面が表示されたでしょうか。

図2.18 書籍一覧画面

Listing books
Name Price
New Book

試しにレコードを登録してみましょう。New Bookリンクをクリックします。名前と価格を入れる画面が表示されますので、適当に入力してCreate Bookボタンを押します（**図2.19**）。

図2.19 新規書籍の登録

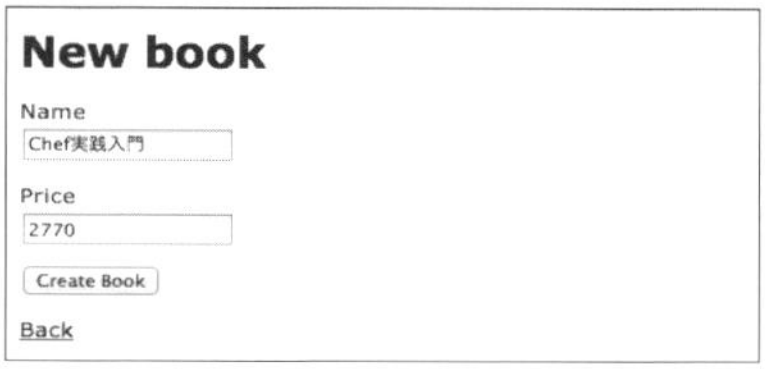

書籍が登録されましたので、Backリンクをクリックして一覧に戻ります。**図2.20**のように登録した内容が表示されているでしょうか。

図2.20 追加後の書籍一覧

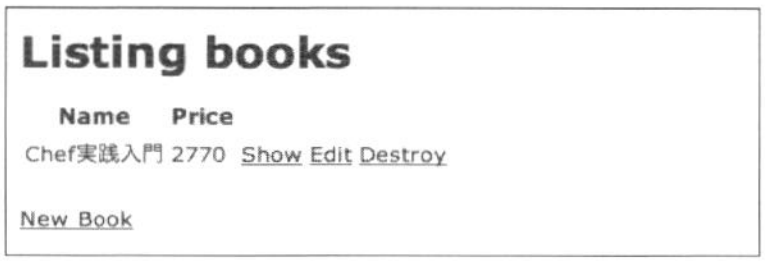

このようにEC2を使うことで、簡単にすばやくアプリケーションを公開できることがわかりました。

2.5 EC2の停止／削除／再起動（マネジメントコンソール）

EC2の起動以外の操作として、停止／削除／再起動について解説します。また、それぞれの操作を行った際に起こっていることについても解説します。

EC2の停止／削除／再起動

インスタンスの停止を行うには、左側メニューの`インスタンス`を選択し、該当するインスタンスの上で右クリックで表示されるメニューで`インスタンスの状態`-`停止`を選択します。すると確認ダイアログが表示されるので、`停止する`ボタ

ンを押します。削除と再起動も同様に、このメニューで操作します。

インスタンス停止の際に起こること

　OSからのシャットダウンや、マネジメントコンソールから停止すると、インスタンスが物理サーバ上からなくなります。再度起動することで、停止前とは別のAWS上の物理サーバ上でインスタンスが起動します。

　この特性を利用すれば、AWSの物理サーバの障害が発生した際に停止と再起動を行うことで、インスタンスが動作するハードウェアが変更され、それにより復旧させることができます。この停止と再起動の組み合わせと、マネジメントコンソールでの再起動は動作が異なりますので注意してください。マネジメントコンソールによる再起動は、OSからの再起動と同じ効果で、物理サーバは変わらずインスタンスストアのデータも引き続き利用できます。

インスタンス停止時のEBS、EIPの挙動

　インスタンスを停止した際に、EBSとEIPは、設定によって残るか残らないかが変わります。

　EBSの場合は、残るか残らないかは、インスタンス起動時に設定できます。設定方法はストレージの設定画面で、EBSの 合わせて削除 にチェックを付けるかどうかです。チェックを付けると削除され、チェックを付けないと削除されません。

　EIPの場合は、表示されているチェックボックスにチェックを付けるかどうかで変わります。インスタンス削除時の画面で、アタッチされたEIPを解放すると表示される項目で、 Elastic IPを解放 にチェックを付けると解放され、チェックを付けないと保持されます。

　EBSと稼働しているインスタンスに付けていないEIPは課金されますので、常に必要なものだけ利用することで費用が抑えられます。

2.6 AWS CLIによる操作

　これまではマネジメントコンソールによる設定の手順を解説してきました。

2.6 AWS CLIによる操作

本節では、AWS CLI（*Command Line Interface*）と呼ばれるAWSのコマンドラインツールによる操作について解説します。2.2で行ったいくつかの手順をAWS CLIから行ってみましょう。

■ AWS CLIのインストールとセットアップ

AWSにはマネジメントコンソール以外に以下のようなインターフェースがあります。

- AWS API
- 各種言語のSDK
- AWS CLI

AWS APIはすべての基礎となるAWSのWebサービスAPIで、SDK（*Software Development Kit*）やAWS CLIでは、間接的にこのWebサービスAPIを使用します。本書ではAWS CLIを利用しています。

✚ AWS CLIのインストール

AWS CLIをインストールして設定を行います。本書ではLinux環境をクライアントとします。基本的にはPythonのpipを利用してインストールします。pipは環境によってはyumやapt-getでインストールすることも可能です。

```
$ sudo easy_install pip
$ sudo pip install awscli
$ aws --version
aws-cli/1.8.2
```

✚ AWS CLIのセットアップ

インストールが完了したら設定を行います。AWS CLIやSDKなど、AWSにプログラムからアクセスする際には、アクセスキーとシークレットキーが必要です。ルートアカウントの場合はマネジメントコンソール右上の自分のアカウントの下にある 認証情報 から、IAMの場合は、IAMの画面左メニューの ユーザ から認証情報を作成し、ダウンロードしてください。ダウンロードした情報は、以降マネジメントコンソールでは参照できないため、大切に保管してください。

認証情報を設定するにはいくつか方法がありますが、今回はAWS CLI経由で設定します。configureコマンドを使用します。

第2章 仮想サーバの作成（EC2基本編）

```
$ aws configure
AWS Access Key ID [None]: あなたのアクセスキー
AWS Secret Access Key [None]: あなたのシークレットキー
Default region name [None]: ap-northeast-1
Default output format [None]:
```

また、AWS CLIのコマンドやオプションを補完する機能が提供されていますので利用すると便利です。bashを例とした場合、以下のコマンドを実行します。

```
$ complete -C aws_completer aws
```

上記のコマンドを.bashrcに記述すると、ログイン時に自動的に実行されますので、毎回入力する手間が省けます。

これで設定が完了です。

キーペアの作成

キーペアを作成するには、ec2 create-key-pairコマンドを使用します。オプションには、キー名を指定します。

```
$ aws ec2 create-key-pair --key-name my-keypair-from-cli
{
    "KeyMaterial": "-----BEGIN RSA PRIVATE KEY-----..........-----END RSA PRIVATE KEY-----",
    "KeyName": "my-keypair-from-cli",
    "KeyFingerprint": "xx:xx:xx:xx:xx:xx:xx:xx:xx:xx:xx:xx:xx:xx:xx:xx:xx:xx:xx:xx"
}
```

キーペアが正常に作成されると、秘密鍵がKeyMaterialの値に出力されます。「-----BEGIN RSA PRIVATE KEY-----」から「-----END RSA PRIVATE KEY-----」までをファイルに保存すれば秘密鍵として利用できます。

セキュリティグループの作成

セキュリティグループをAWS CLIから作成する場合、セキュリティグループ自体の作成とルールの作成は別になります。

まずは、セキュリティグループ自体を作成します。セキュリティグループを作成するには、ec2 create-security-groupコマンドを使用します。オプションにはグループ名と説明を指定します。

AWS CLIによる操作 2.6

```
$ aws ec2 create-security-group --group-name my-security-group-from-cli \
--description my-security-group-from-cli
{
    "GroupId": "sg-7cdf9f19"
}
```

　セキュリティグループを作成すると、セキュリティグループIDが発行されるので、これを利用してセキュリティグループにルールを追加します。インバウンドのルールにマネジメントコンソールから作成したものと同じものを追加します。インバウンドのルールを追加するには、ec2 authorize-security-group-ingressコマンドを使用します。オプションには、セキュリティグループID、プロトコル、ポート番号、そして、CIDRを指定します。

```
$ aws ec2 authorize-security-group-ingress --group-id sg-7cdf9f19 \
--protocol tcp --port 22 --cidr 0.0.0.0/0
$ aws ec2 authorize-security-group-ingress --group-id sg-7cdf9f19 \
--protocol tcp --port 80 --cidr 0.0.0.0/0
$ aws ec2 authorize-security-group-ingress --group-id sg-7cdf9f19 \
--protocol tcp --port 3000 --cidr 0.0.0.0/0
```

　アウトバウンドのルールはデフォルトですべて許可されているので、そのままでけっこうです。

EC2の起動

　EC2を起動するには、ec2 run-instancesコマンドを使用します。オプションには、AMI ID、インスタンスタイプ、セキュリティグループID、キー名、サブネットIDが必要です。AMI IDとサブネットIDの調べ方は、起動しているEC2インスタンスが残っていれば **説明** タブから調べられます。EC2インスタンスが残っていなければ、マネジメントコンソールからEC2インスタンスを起動するときのステップ1でAMI IDを、ステップ3でサブネットIDを調べられます。

```
$ aws ec2 run-instances --image-id ami-1c1b9f1c --instance-type t2.micro \
--security-group-ids sg-7cdf9f19 --key-name my-keypair-from-cli \
--subnet-id subnet-b0b856c7
{
    "OwnerId": "XXXXXXXXXXXX",
    "ReservationId": "r-371604c4",
    "Groups": [],
```

37

```
        "Instances": [
            {
                "Monitoring": {
                    "State": "disabled"
                },
                "PublicDnsName": "",
                "RootDeviceType": "ebs",
                "State": {
                    "Code": 0,
                    "Name": "pending"
                },
                "EbsOptimized": false,
                "LaunchTime": "2015-09-06T16:38:03.000Z",
                "PrivateIpAddress": "172.31.12.122",
                "ProductCodes": [],
                "VpcId": "vpc-f1f71c94",
                "StateTransitionReason": "",
                "InstanceId": "i-da101f78",
                "ImageId": "ami-1c1b9f1c",
                "PrivateDnsName": "ip-172-31-12-122.ap-northeast-1.compute.internal",
                "KeyName": "my-keypair-from-cli",
                "SecurityGroups": [
                    {
                        "GroupName": "my-security-group-from-cli",
                        "GroupId": "sg-7cdf9f19"
                    }
                ],
                "ClientToken": "",
                "SubnetId": "subnet-b0b856c7",
                "InstanceType": "t2.micro",
                "NetworkInterfaces": [
                    {
                        "Status": "in-use",
                        "MacAddress": "06:ad:d8:c1:74:bd",
                        "SourceDestCheck": true,
                        "VpcId": "vpc-f1f71c94",
                        "Description": "",
                        "NetworkInterfaceId": "eni-f694ae80",
                        "PrivateIpAddresses": [
                            {
                                "PrivateDnsName": "ip-172-31-12-122.ap-northeast-1.compute.internal",
                                "Primary": true,
                                "PrivateIpAddress": "172.31.12.122"
                            }
```

2.6 AWS CLIによる操作

```
                ],
                "PrivateDnsName": "ip-172-31-12-122.ap-northeast-1.comput
e.internal",
                "Attachment": {
                    "Status": "attaching",
                    "DeviceIndex": 0,
                    "DeleteOnTermination": true,
                    "AttachmentId": "eni-attach-e3c3defb",
                    "AttachTime": "2015-09-06T16:38:03.000Z"
                },
                "Groups": [
                    {
                        "GroupName": "my-security-group-from-cli",
                        "GroupId": "sg-7cdf9f19"
                    }
                ],
                "SubnetId": "subnet-b0b856c7",
                "OwnerId": "XXXXXXXXXXXX",
                "PrivateIpAddress": "172.31.12.122"
            }
        ],
        "SourceDestCheck": true,
        "Placement": {
            "Tenancy": "default",
            "GroupName": "",
            "AvailabilityZone": "ap-northeast-1a"
        },
        "Hypervisor": "xen",
        "BlockDeviceMappings": [],
        "Architecture": "x86_64",
        "StateReason": {
            "Message": "pending",
            "Code": "pending"
        },
        "RootDeviceName": "/dev/xvda",
        "VirtualizationType": "hvm",
        "AmiLaunchIndex": 0
    }
  ]
}
```

　AWS CLIからEC2インスタンスを起動すると、インスタンス名の付与を別で行う必要があります。タグを作成する処理がありますので、そちらを実行することでインスタンス名が付けられます。

　タグを作成するには、ec2 create-tagsコマンドを使用します。オプションに

は、リソース(ここではインスタンスID)とタグのキーと値を指定します。

```
$ aws ec2 create-tags --resources i-da101f78 --tags Key=Name,Value=my-instance
```

EIPの取得と付与

EIPを取得するには、ec2 allocate-addressコマンドを使用します。

```
$ aws ec2 allocate-address
{
    "PublicIp": "54.65.135.69",
    "Domain": "vpc",
    "AllocationId": "eipalloc-ea06ed8f"
}
```

取得したEIPをインスタンスに付与するには、ec2 associate-addressコマンドを使用します。オプションには、アロケーションIDとインスタンスIDを指定します。

```
$ aws ec2 associate-address --allocation-id eipalloc-ea06ed8f \
--instance-id i-da101f78
{
    "AssociationId": "eipassoc-58e36a3d"
}
```

EC2の停止／削除／再起動

✚ EC2の停止

EC2を停止するには、ec2 stop-instancesコマンドを使用します。オプションには、インスタンスIDを指定します。

```
$ aws ec2 stop-instances --instance-ids i-da101f78
```

✚ EC2の削除

EC2を削除するには、ec2 terminate-instancesコマンドを使用します。オプションには、インスタンスIDを指定します。

```
$ aws ec2 terminate-instances --instance-ids i-da101f78
```

2.6 AWS CLIによる操作

✚ EC2の再起動

EC2を再起動するには、ec2 reboot-instancesコマンドを使用します。オプションには、インスタンスIDを指定します。

```
$ aws ec2 reboot-instances --instance-ids i-da101f78
```

EC2インスタンスのバックアップ取得

最後に追加になりますが、EC2を運用する上で必要なバックアップの取得を、AMIを作成する方法で行ってみましょう。まずは、インスタンスにバックアップ取得対象と設定するタグを付与します。

```
$ aws ec2 create-tags --resources i-da101f78 --tags Key=backup,Value=1
```

その後に上記のタグが付与されたインスタンス情報を取得して、そのインスタンスIDに対してec2 create-imageコマンドを実行することで、AMIを作成します。

タグのキーにbackupと設定されているEC2インスタンスの情報を取得するには、ec2 describe-instancesコマンドを使用します。検索条件はfiltersオプションで設定します。

```
$ aws ec2 describe-instances --filters Name=tag-key,Values=backup
{
    "Reservations": [
        {
            "OwnerId": "XXXXXXXXXXXX",
            "ReservationId": "r-371604c4",
            "Groups": [],
            "Instances": [
                {
                    "Monitoring": {
                        "State": "disabled"
                    },
                    "PublicDnsName": "",
                    "RootDeviceType": "ebs",
                    "State": {
                        "Code": 16,
                        "Name": "running"
                    },
                    "EbsOptimized": false,
```

第2章 仮想サーバの作成（EC2基本編）

```
                "LaunchTime": "2015-09-06T16:38:03.000Z",
           略
                "VirtualizationType": "hvm",
                "Tags": [
                    {
                        "Value": "1",
                        "Key": "backup"
                    },
                    {
                        "Value": "myinstance",
                        "Key": "Name"
                    }
                ],
                "AmiLaunchIndex": 0
            }
        ]
    }
]
}
```

　取得結果にはインスタンスのすべての情報が含まれているので、インスタンスIDとNameタグの値と、backupタグの値だけに絞ります。結果の項目のフィルタや整形にはqueryオプションを使用します。queryオプションでは、JMESPath[注2]という形式で抽出条件を指定します。

```
$ aws ec2 describe-instances --filters Name=tag-key,Values=backup \
--query 'Reservations[*].Instances[*].[InstanceId,to_
string(Tags[?Key==`backup`].Value),to_string(Tags[?Key==`Name`].Value)]'

[
    [
        [
            "i-da101f78",
            "[\"1\"]",
            "[\"my-instance\"]"
        ]
    ]
]
```

　項目が絞られたので、これをJSON（*JavaScript Object Notation*）形式ではなく、テキスト形式で出力してみます。

```
$ aws ec2 describe-instances --filters Name=tag-key,Values=backup \
```

注2　http://jmespath.readthedocs.org/

```
--query 'Reservations[*].Instances[*].[InstanceId,to_string(Tags[?Key==`backu
p`].Value),to_string(Tags[?Key==`Name`].Value)]' \
--output text

i-da101f78        ["1"]      ["my-instance"]
```

次に[""]の部分を取り除き、カンマ区切りにしてみると、以下のように整形出力されるようになりました。

```
$ aws ec2 describe-instances --filters Name=tag-key,Values=backup \
--query 'Reservations[*].Instances[*].[InstanceId,to_
string(Tags[?Key==`backup`]. Value),to_string(Tags[?Key==`Name`].Value)]'
--output text | tr -d "[" | tr -d "]" | tr -d "\"" | awk '{print $1","$2","$3
}'

i-da101f78,1,my-instance
```

これをループしてAMIを作成するためのec2 create-imageコマンドを呼び出すと、**リスト2.1**のようなスクリプトになります。

リスト2.1 スクリプト例(~/backup.sh)

```
#!/bin/sh

instances=$(aws ec2 describe-instances --filters Name=tag-key,Values=backup
--query 'Reservations[*].Instances[*].[InstanceId,to_
string(Tags[?Key==`backup`]. Value),to_string(Tags[?Key==`Name`].Value)]'
--output text | tr -d "[" | tr -d "]" | tr -d "\"" | awk '{print
$1","$2","$3}')

for instance in $instances
do
  parts=$(echo $instance | sed -e "s/,/ /g")
  columns=($parts)
  instance_id=${columns[0]}
  name=${columns[2]}
  aws ec2 create-image --instance-id $instance_id --no-reboot \
  --name ${name}_`date +"%Y%m%d%H%M%S"`
done
```

リスト2.1では、Nameタグの値に日付を付けたものをAMIの名前として設定しています。これをcronなどで毎日実行すると、日時バックアップの完成です。単体で実行すると、AMI一覧で作成されたAMIが確認できます。

また本書では割愛しますが、必要に応じてbackupタグの値の数字を世代管理に利用することも可能です。

第2章 仮想サーバの作成（EC2基本編）

2.7 まとめ

　本章では、EC2を起動するための前準備と、実際にEC2を起動してサンプルアプリケーションを動かすところまで説明しました。オンプレミスと比較して、断然速く、簡単にサーバの調達ができることを実感していただけたのではないでしょうか。また、コマンドラインツールによる操作も行いました。一度コマンドラインツールを使って構築作業をしておくと、そのコマンドラインは繰り返し利用できるため大変便利です。積極的に使っていきましょう。次章では、EC2をもっと使いこなすために必要な内容について説明します。

第3章
仮想サーバの強化
(EC2応用編)

第3章 仮想サーバの強化（EC2応用編）

2章では、EC2による仮想サーバを作成やWebアプリケーションの作成などについて解説しました。本章では、応用編としてバックアップの作成、スケールアップ、容量追加などについて解説します。

3.1 バックアップの作成

インスタンスからのAMIの作成

EC2インスタンスを削除する際、 合わせて削除 にチェックを入れた場合は、EBSのデータがすべて消えてしまいます。そのため、EC2やEBSにはバックアップのしくみが用意されています。

EC2のインスタンスでは、インスタンスの現在の状態を元にAMIを作成することで、インスタンスのバックアップを取ることができます。これによってEC2のインスタンスとアタッチされているEBSのデータを1つのAMIにパッケージ化できます。

✚ AMIの作成

画面左メニューで インスタンス をクリックし、一覧にてAMIを作成したいインスタンスを選択し、 アクション - イメージ - イメージの作成 を選択します。すると、AMI作成のための設定ダイアログが表示されます（図3.1）。

図3.1 AMIの作成

[イメージ名]にAMI名を入力します。AMI名は自分のAMIの中で一意な名前である必要があるため、ほかと重複しない名前を入力してください。通常はAMIが作成された際、インスタンスは再起動されますが、再起動せず即座にAMIを作成したい場合は、[再起動しない]にチェックを入れます[注1]。

　EBSがアタッチされているインスタンスの場合、アタッチ済みのEBSの一覧が表示され、ここでAMIにするときのEBSボリュームの設定を変更できます。[合わせて削除]にチェックがない場合、このEBSボリュームはインスタンスを削除して消滅してもボリュームが残ったままになり、ボリューム分の課金が発生し続けることになります。注意してください。

✚ 作成されたAMIの一覧

　[イメージの作成]ボタンをクリックするとAMIの作成が開始します。作成後に[イメージ]-[AMI]を選択すると、AMIの一覧が確認できます。デフォルトでは、自分の作成したAMIが表示されていますが、フィルタを変更することで一般公開されているAMIなどを検索することもできます。

　AMI一覧には作成中のAMIが表示され、[ステータス]が「pending」になります。これが「available」に変わると作成完了です。

　これでAMIの作成が完了しました。次回からインスタンスの起動時に、今回作成した自分のAMIが使用可能になります。

　このように、AMIを定期的に作成することで、不慮の事故があった場合でも直近のAMIから復帰できるため、AMIによるインスタンスバックアップの作成は、EC2の運用に欠かすことのできない機能の一つです。

EBSのスナップショット

✚ EBSボリュームの一覧

　画面左メニューからELASTIC BLOCK STOREの下にある[ボリューム]を選択すると、EBSのボリューム一覧が表示されます(図3.2)。この一覧には、EBS-BackedインスタンスのルートボリュームやEC2にアタッチされた追加のEBS、どこにもアタッチされていないEBSなどが表示されます。

注1　ただし、稼働しながらAMIの作成を行うことにより、システム的に不整合を起こす可能性があるため注意が必要です。

第3章 仮想サーバの強化（EC2応用編）

図3.2 EBSボリュームの一覧

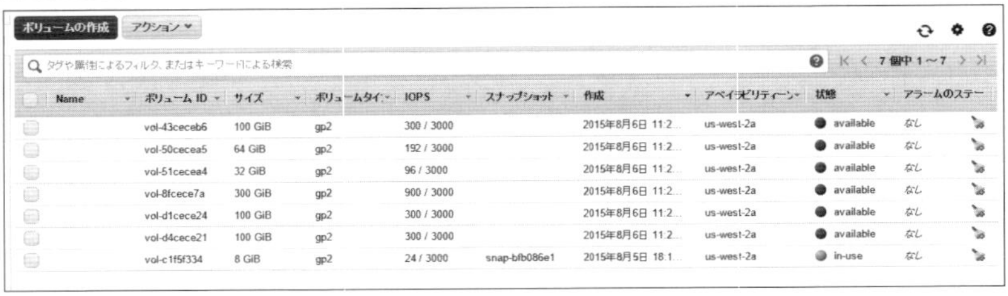

✚ EBSボリュームのスナップショットの作成

　AMIはEBSボリュームも含めたインスタンスのすべてをアーカイブしますが、EBSボリュームを単体でアーカイブすることが可能です。ここで任意のボリュームを選択し、`アクション`-`スナップショットの作成`を選択すると、スナップショット作成のためのダイアログが表示されます（図3.3）。`Name`にスナップショットの名前を入力します。

図3.3 EBSボリュームのスナップショットの作成

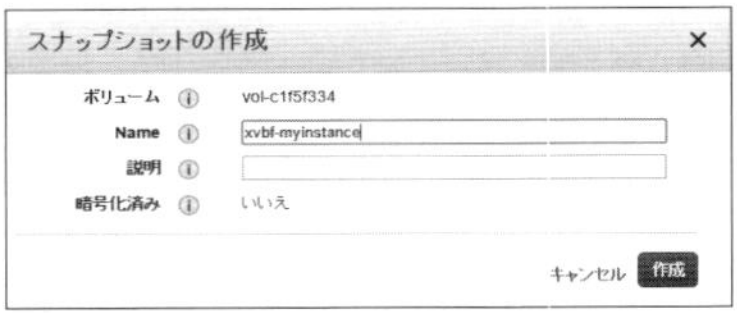

✚ 作成されたEBSスナップショットの一覧

　`作成`ボタンをクリックすると、「スナップショットの作成開始」というメッセージが表示され、スナップショットの作成が開始されます。スナップショットの一覧は画面左メニューのELASTIC BLOCK STOREの下にある`スナップショット`で確認できます。先ほど作成したスナップショットも表示されており、`ステータス`の項で「pending」が「completed」になると作成完了です。

✚ スナップショットからの復元

　スナップショットはEBSボリュームのスナップショットだけではなく、先ほど作成したAMIもEBS部分はスナップショットを元に作成されます。任意のスナップショットを選択し、`アクション`-`ボリュームの作成`や`アクション`-`イメージの作成`を選択することで、スナップショットからEBSボリュームやAMIを作成することも可能です。

EC2へのタグ付け

　EC2をはじめ、AWSのリソースの多くにタグを付けることができます。タグはキーと値の組み合わせで設定します。タグを付けることによって、プログラムなどからのアクセス時に操作対象となるリソースをフィルタしたり、メタデータとして利用できます。

　EC2のインスタンスにタグを付けるには、インスタンスを選択した状態で、「タグ」タブをクリックします。すでに、「Name」という名前のタグが付いています。このタグには起動時に入力したインスタンス名が自動的にセットされています。

　追加で別のタグをセットするには、「タグの追加/編集」ボタンをクリックし、「タグの作成」ボタンをクリックします。すると新規に「キー」や「値」の入力欄が現れるので自由な組み合わせで入力します。

3.2　スケールアップ

インスタンスタイプの変更

　インスタンスを運用していると、Webアクセスや計算処理の負荷増大に応じて、インスタンスを増強する必要が出てきます。インスタンスをスケープアップするには、インスタンスタイプの変更を行います。

✚ EBS-Backedインスタンスの場合

　ここでは、ルートデバイスがEBSであるEBS-Backedインスタンスのインスタンスタイプを変更します。インスタンスタイプを変更するには、インスタンスを一度停止します。この際にEC2-Classic環境[注2]では、パブリックIPなどがリセットされますので注意が必要です。

　インスタンスが停止すると、「アクション」-「インスタンスの設定」-「インスタンスタイプの変更」が選択できますのでクリックします。するとサイズ変更用のダイアログが表示されるので、「インスタンスタイプ」で変更するインスタン

注2　VPCが登場する前のしくみのことです。

スタイプを選択します（**図3.4**）。なお、選択可能なインスタンスタイプは現在のインスタンスの仮想化形式によって異なります。

図3.4 インスタンスタイプの変更

図3.4では「m3.medium」に変更しています。変更後に アクション - インスタンスタイプの状態 - 開始 を選択すると、m3.mediumに変更されたインスタンスが起動します。

Instance Store-Backedインスタンスの場合

ルートデバイスがインスタンスストアであるInstance Store-Backedインスタンスでは、EBS-Backedインスタンスとは異なる方法でAMIを作成し、EIPを付け替えるなどして新たに起動したインスタンスと古いインスタンスを入れ替えます（**図3.5**）。その具体的な方法はやや複雑なため、詳細はAWSのドキュメントを参照してください。

図3.5 Instance Store-BackedインスタンスのAMI作成

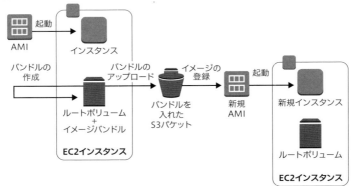

50

3.3 ディスク容量の追加

ボリュームの追加

　EC2インスタンスでは、インスタンス作成後にEBSボリュームを追加できるので、データ領域が足りなくなった場合や、新しいデータ領域を使用することになった場合、その場でボリュームを調達し、インスタンスに追加することが容易にできます。

　それでは、稼働中のインスタンスにEBSボリュームを1つ追加してみましょう。画面左メニューの **ボリューム** を選択し、**ボリュームの作成** ボタンをクリックすると、ボリュームの設定画面が表示されます。ここでアベイラビリティゾーンを追加したいインスタンスと同じにして **作成** ボタンをクリックすると、新しいボリュームが作成されます。

　インスタンスにアタッチされていないボリュームは、ステータスが「available」の状態です。

　次に、このボリュームを選択して **アクション** - **ボリュームのアタッチ** を選択すると、ボリュームアタッチ用のダイアログが表示されます（**図3.6**）。ここで、**インスタンス** 入力欄の中をクリックするとアタッチ可能なインスタンスの一覧が表示されますので、目的のインスタンスを選択します。**デバイス** 欄では、インスタンス内のどのデバイスとして認識させるかを入力しますが、基本はそのままで問題ありません。**アタッチ** ボタンをクリックします。アタッチされると **状態** は「in-use」に変わります。

図3.6　ボリュームのアタッチ設定

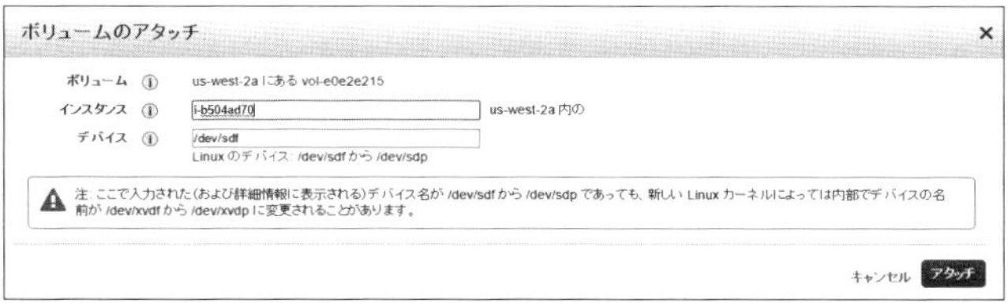

　インスタンス一覧画面において、アタッチしたインスタンスを選択した状態では、画面の下部に **ブロックデバイス** として、先ほど新たにアタッチされたデ

バイスのパスが表示されていることがわかります。今回の例では「/dev/sdf」にアタッチされているはずです。

アタッチが済んだら、このインスタンスにSSHでログインします。/dev/sdfにデバイスが存在することを確認します。

```
$ ls -l /dev/ | grep sdf
lrwxrwxrwx 1 root root      4 8月  4 10:33 sdf -> xvdf
```

次に、このボリュームを初期化します。今回はファイルシステムはXFSでフォーマットします。

```
$ sudo yum install -y xfsprogs
$ sudo mkfs.xfs /dev/sdf

meta-data=/dev/sdf              isize=256    agcount=4, agsize=3276800 blks
         =                      sectsz=512   attr=2, projid32bit=1
         =                      crc=0
data     =                      bsize=4096   blocks=13107200, imaxpct=25
(略)
```

次に、デバイスのマウントポイントを用意してマウントします。

```
$ sudo mkdir -p /mnt/ebs/0
$ sudo mount -t xfs /dev/sdf /mnt/ebs/0
$ df -h

Filesystem      Size  Used Avail Use% Mounted on
/dev/xvda1      7.8G  1.1G  6.6G  15% /
devtmpfs        1.9G   60K  1.9G   1% /dev
tmpfs           1.9G     0  1.9G   0% /dev/shm
/dev/xvdf        50G   33M   50G   1% /mnt/ebs/0
```

無事マウントされているようです。このままでは、インスタンスを停止するなどして再起動したときにマウントが外れてしまうので、fstabで自動マウントの設定を行います。

```
$ sudo echo "/dev/sdf  /mnt/ebs/0  xfs  defaults  0  0" >> /etc/fstab
```

これでfstabに記載されました。また、確認用にファイルも作成しておきます。

```
$ sudo echo TEST > /mnt/ebs/0/test.txt
```

インスタンスの停止、起動後に再度このインスタンスにSSHでログインし、

3.3 ディスク容量の追加

ファイルシステム一覧を確認してみます。

```
$ df -h
Filesystem      Size  Used Avail Use% Mounted on
/dev/xvda1      7.8G  1.1G  6.6G  15% /
devtmpfs        1.9G   60K  1.9G   1% /dev
tmpfs           1.9G     0  1.9G   0% /dev/shm
/dev/xvdf        50G   33M   50G   1% /mnt/ebs/0
```

ファイルも存在しています。

```
$ cat /mnt/ebs/0/test.txt
TEST
```

このように必要になったときにボリュームを追加することも簡単にできます。

ルートボリュームの容量の追加

ルートデバイスボリュームの容量を拡張する最も簡単な手段はAMIを作成し、起動時にルートボリュームの容量を変更する方法です。まず、**3.1**と同じ方法でインスタンスのAMIを作成します。

次に、作成されたAMIを起動します。作成されたAMIを元に新しいインスタンスを起動しますが、その際、ルートボリュームの容量を拡張したい容量に変更します。ここでは「18GB」に設定してみましょう（**図3.7**）。

図3.7 ルートボリュームの容量の追加

そのほかの設定は元のインスタンスと同じにして、AMIの作成を完了します。そして新たに起動したインスタンスでデバイス情報を確認してみます。

```
$ df -h
Filesystem      Size  Used Avail Use% Mounted on
/dev/xvda1       18G  1.1G   17G   7% /    ←ルートデバイス
```

第3章　仮想サーバの強化（EC2応用編）

```
devtmpfs         1.9G   60K  1.9G   1% /dev
tmpfs            1.9G    0   1.9G   0% /dev/shm
/dev/xvdf         50G   33M   50G   1% /mnt/ebs/0
```

　これでルートデバイスのサイズが変更されていることが確認できます。AMIや元々のインスタンスの設定によっては、起動しただけではデバイスサイズの変更が反映されない場合があります。その場合は、以下のようにresize2fsコマンドで変更を反映する必要があります。

```
$ df -h
Filesystem      Size  Used Avail Use% Mounted on
/dev/xvda1      7.8G  1.1G  6.6G  15% /   （変更されていない）
（略）

$ sudo resize2fs /dev/xvde1
resize2fs 1.41.12 (17-May-2010)
（略）
$ df -h
Filesystem      Size  Used Avail Use% Mounted on
/dev/xvda1       18G  1.1G   17G   7% /   （変更されている）
（略）
```

　このあとにIPアドレスを付け替える、ELB（*Elastic Load Balancing*）に接続するなどして、旧インスタンスと新規インスタンスを入れ替えれば、ルートデバイスの拡張は完了です。EIPについては**2章**、ELBについては**8章**で解説しています。

追加ボリュームの容量の追加

　ルートデバイス以外のEBSボリュームを拡張する場合は、ボリュームを切り離して入れ替えます。まず、EC2インスタンスを停止し、対象のボリュームのスナップショットを取ります。

　次に、作成されたスナップショットを選択し、**アクション**→**ボリュームの作成**をクリックして表示されたダイアログで、作成するボリュームの設定を行います。**サイズ**で拡張したいサイズ、**アベイラビリティゾーン**でEC2インスタンスが配置されているアベイラビリティゾーンを選択します。それらを設定して**作成**ボタンをクリックすると、ボリュームを作成できます。

　次に、対象のインスタンスにアタッチされている拡張したい元のボリュームを選択し、**アクション**→**ボリュームのデタッチ**をクリックしてインスタンスから切り離します。

3.3 ディスク容量の追加

　そして新規作成したボリュームを選択し、**アクション**-**ボリュームのアタッチ**をクリックしてダイアログを表示します。**インスタンス**の中を選択すると候補が表示されるので、対象のインスタンスを選択します。**デバイス**では、元のボリュームのマッピング先と同じ場所を入力します。最後に**アタッチ**ボタンをクリックします。

　インスタンスに新しく拡張されたボリュームが付け直されたので、以下のようにインスタンスをスタートします。

```
$ df -h
Filesystem      Size  Used Avail Use% Mounted on
/dev/xvda1       18G  1.1G   17G   7% /
devtmpfs        1.9G   60K  1.9G   1% /dev
tmpfs           1.9G     0  1.9G   0% /dev/shm
/dev/xvdf        50G   33M   50G   1% /mnt/ebs/0

$ sudo resize2fs /dev/xvdf
resize2fs 1.42.8 (20-Jun-2013)
resize2fs: Bad magic number in super-block while trying to open /dev/xvdf
Couldn't find valid filesystem superblock.
```

　前項と同様に、このままではサイズ変更が反映されないので、通常resize2fsコマンドで反映させますが、ファイルシステムがXFSの場合は失敗するため、代わりにxfs_growfsコマンドを利用します。

```
$ sudo xfs_growfs /mnt/ebs/0
meta-data=/dev/xvdf              isize=256    agcount=4, agsize=3276800 blks
         =                       sectsz=512   attr=2, projid32bit=1
         =                       crc=0
(略)
$ df -h
Filesystem      Size  Used Avail Use% Mounted on
/dev/xvda1       18G  1.1G   17G   7% /
devtmpfs        1.9G   60K  1.9G   1% /dev
tmpfs           1.9G     0  1.9G   0% /dev/shm
/dev/xvdf       100G   33M  100G   1% /mnt/ebs/0    ←サイズが変更された
```

第3章 仮想サーバの強化（EC2応用編）

3.4 I/Oの高速化

EC2のストレージ

2章でも解説しましたが、EC2のストレージボリュームには、インスタンスストアとEBSの2つに大きく区分されます。どちらも任意のファイルシステムを使用できるブロックレベルのボリュームで、それぞれ**表3.1**に挙げる特徴があります。

表3.1 EC2のストレージの種類

ストレージ	説明
インスタンスストア	EC2のホストに物理的に配置されたストレージで、停止するとデータが失われる。スワップ領域や一時ファイル、キャッシュデータの保持に向いている
EBS	EC2のホストにネットワーク接続されたストレージで、永続性がある。スナップショット機能があり、取得したスナップショットからボリュームを再作成できる。EC2へのアタッチ／デタッチが容易に可能で、複数のEBSを1つのインスタンスに接続できる

このような特徴を持つため、主に扱うデータはEBSボリュームを使用することが多くなります。EBSの場合、ボリュームの種類は**表3.2**の3つのタイプに分かれます。

表3.2 EC2のボリュームの種類

ボリューム	説明
SSD	最もよく使われていると思われるボリュームタイプ。パフォーマンスはストレージ容量に比例する
SSD（プロビジョンドIOPS）	データベースなど高いI/Oが必要な場合に向いている。パフォーマンスの下限をある程度の範囲で指定できる
マグネティック	磁気ディスク。低いI/Oでも問題ない場合に使用する

それぞれのボリュームのストレージタイプを要件に合わせて選択します。そして、これらのストレージ、主にEBSを使用した際にパフォーマンスをアップ

I/Oの高速化 **3.4**

する方法を次項から紹介します。

プロビジョンドIOPSの設定

EBSでは基本的に、IOPSの最低値や最大値はストレージ容量によって異なり、そのパフォーマンスはユーザがコントロールすることは難しいため、あらかじめ必要なIOPSがわかっている場合は、プロビジョンドIOPSのボリュームを使用できます。

プロビジョンドIOPSのボリュームではIOPSを指定することにより、ほぼ常にパフォーマンスのレベルを満たすことができるようになります。

プロビジョンドIOPSのボリュームを設定する場面は以下の3つがあります。

- AMI作成時
- インスタンス起動時
- EBSボリューム作成時

╋ AMI作成時

ルートボリューム、追加ボリュームにかかわらず、プロビジョンドIOPSを適用したいインスタンスを選択し、**アクション** - **イメージ** - **イメージの作成** をクリックします。イメージの作成のダイアログにインスタンスボリュームの欄にルートボリュームと追加ボリュームが表示されており、ボリュームタイプのカラムで「プロビジョンドIOPS(SSD)」を選択できます。

これにより、このAMIから起動するインスタンスではプロビジョンドIOPSのボリュームで起動できます。

╋ インスタンス起動時

インスタンスの起動時にも指定できます。先ほど、作成したAMIを選択して、**作成** ボタンをクリックすると、インスタンス起動のストレージ設定画面では、ボリュームタイプ保存時に指定した内容になっています。ここを変更することで、もともとのAMIの設定からプロビジョンドIOPSに変更してインスタンスを起動することが可能です。

╋ EBSボリューム作成時

前項で行った、EBSボリュームを作成する際にも、ボリュームの作成ダイアログで **タイプ** を変更し、「プロビジョンドIOPS」を選択することが可能です。

第3章　仮想サーバの強化（EC2応用編）

　また、前述のようにボリュームを切り替える際にボリュームタイプを「プロビジョンドIOPS」に変更することで、容量を増やすだけではなく、I/O性能も同時にアップさせることが可能です。
　このように、いつでも即座にプロビジョンドIOPSに変更することで、容易にI/Oパフォーマンスの向上を図ることが可能です。

EBS最適化オプション

　EC2のインスタンスとEBSボリュームは、ネットワークを介して接続されていますが、そのネットワークでは、EBSへのアクセス以外のアクセスにも使用されます。EBS最適化を行うと、EC2とEBSの間のネットワーク帯域を専有することでEBSへのアクセスを最大化し、パフォーマンスの向上と安定を図ることができます。
　EBS最適化は、EC2インスタンスの起動オプションとして用意されています。特にプロビジョンドIOPSを使用するときはネットワークがネックになる場合が多いので、このオプションと併用するようにしましょう。
　EBS最適化オプションは、比較的大きなサイズのインスタンスで使用できます。どのインスタンスタイプで使用できるかは、EC2コンソールでインスタンスタイプ選択時に確認することができます。
　EBS最適化オプションが使用できるインスタンスタイプの場合、インスタンスの詳細の設定画面で EBS最適化インスタンス にチェックを入れることで最適化されたインスタンスが起動されることになります。

RAID

　EBSでは、1つのボリュームにおける容量やIOPSには限界があります。それを超えたパフォーマンスを求める場合、RAID（*Redundant Arrays of Inexpensive Disks*）が有効な手段となります。ここでは、I/Oパフォーマンスの向上の観点からRAID 0を使用するケースを紹介します。
　EBSでRAID 0を組むには、まず使用したいEBSボリュームを複数台アタッチします。新規インスタンスの場合は、ストレージ設定画面で必要な台数だけ追加します。ここで重要なことは、RAIDを組むEBSの設定をすべて同じにすることです。差異があった場合は、RAIDボリュームのパフォーマンスが十分に発揮されない可能性があります。
　ここでは例として25GBのSSDのEBSを4台でストライピングしてみます

3.4 I/Oの高速化

（図3.8）。

図3.8 RAID 0の構成

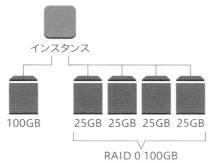

以降は通常のサーバで組む場合と同様ですが、mdadmコマンドがバージョン1.2以上の場合はデバイス名が変わることがあるので、フォーマットとマウントにラベルを使う必要があります。今回はXFSでフォーマットします。

```
$ sudo yum install mdadm -y

$ ls -l /dev/
total 0
...
lrwxrwxrwx 1 root root          4 Aug 18 08:48 sdg -> xvdg
lrwxrwxrwx 1 root root          4 Aug 18 08:48 sdh -> xvdh
lrwxrwxrwx 1 root root          4 Aug 18 08:49 sdi -> xvdi
lrwxrwxrwx 1 root root          4 Aug 18 08:49 sdj -> xvdj
...

$ sudo mdadm --create --verbose /dev/md0 --level=0 --name=0 \
--raid-devices=4 /dev/sd[ghij]
mdadm: chunk size defaults to 512K
mdadm: Defaulting to version 1.2 metadata
mdadm: array /dev/md0 started.

$ sudo mkfs.xfs -L MYRAID /dev/md0
log stripe unit (524288 bytes) is too large (maximum is 256KiB)
log stripe unit adjusted to 32KiB
meta-data=/dev/md0               isize=256    agcount=16, agsize=1638272 blks
         =                       sectsz=512   attr=2, projid32bit=1
略
```

第3章 仮想サーバの強化（EC2応用編）

```
$ sudo mkdir -p /mnt/ebs/1

$ sudo mount LABEL=MYRAID /mnt/ebs/1

$ df -h
Filesystem      Size  Used Avail Use% Mounted on
/dev/xvda1       18G  1.1G   17G   7% /
devtmpfs        1.9G   84K  1.9G   1% /dev
tmpfs           1.9G     0  1.9G   0% /dev/shm
/dev/xvdf       100G   33M  100G   1% /mnt/ebs/0
/dev/md0        100G   33M  100G   1% /mnt/ebs/1
```

　/mnt/ebs/1に合計200GBのRAID領域が確保されたことが確認できました。このインスタンスの起動時に、RAIDボリュームの状態で自動マウントしたい場合は、RAIDの設定ファイルとfstabに設定を行う必要があります。

```
$ sudo echo DEVICE /dev/sdg /dev/sdh /dev/sdi /dev/sdj | tee /etc/mdadm.conf

$ sudo mdadm --detail --scan | tee -a /etc/mdadm.conf

$ sudo echo "LABEL=MYRAID /mnt/ebs/1 xfs noatime 0 0" | tee -a /etc/fstab
```

　これで停止、起動を行ったり、作成したAMIからインスタンスを起動した際にも、自動でRAIDボリュームがマウントされるようになります。
　また、EBSは内部でハードウェア冗長性を保っているため、RAID 0が一般的に選択されることが多く、RAID 5やRAID 6は十分なパフォーマンスが出ない場合があるため推奨されていません。

ボリュームの暖機

　EBSのボリュームでは、そのブロックが初めてアクセスされる前に一度内部で準備処理（暖機）が行われます。その間パフォーマンスが低下することになるため、プロダクションリリースやベンチマークの前にはあらかじめボリュームのすべてのブロックに対して読み書きを実行しましょう。この準備処理を済ませておくことで、最初からベストパフォーマンスで稼働させることができます。
　新規にアタッチした空のボリューム（ここではxvdf）をウォームアップするには以下のように実行します。

```
$ sudo dd if=/dev/zero of=/dev/xvdf bs=1M
```

　また、すでに一部書き込みしたボリュームや、スナップショットから作成さ

れたボリュームをウォームアップするには、以下のように入出力を同じにして
上書きします。

```
$ sudo dd if=/dev/xvdf of=/dev/xvdf conv=notrunc bs=1M
```

大きいサイズのボリュームほどウォームアップには時間がかかるので注意が必要です。I/Oパフォーマンスが安定しない場合、EBSのウォームアップを検討してみてください。

インスタンスストアの利用

インスタンスタイプの中には、高速なSSDのインスタンスストアを複数台搭載したものがあります。これらのインスタンスタイプではインスタンスストアを使用して高いI/Oパフォーマンスを発揮できるように最適化されています。

インスタンスストアは、インスタンスが停止するとデータが失われますが、NoSQLや分散ファイルシステムの場合、耐障害性を持つ設計のものが多く、インスタンスストアとの組み合わせで効果を発揮します。

用途としては、たとえばCassandra[注3]などを利用する場合、前述のRAID 0でストライピングし、さらにCassandraの機能でクラスタリングして複数のインスタンス間でレプリケーションして動作させます（**図3.9**）。それによって、RAIDボリュームが壊れたり、インスタンスそのものに問題が起こった場合でも、EC2インスタンスのクラスタ全体ではデータが冗長化されているため、可用性を確保したままインスタンスストアのパフォーマンスを利用できます。

注3　http://cassandra.apache.org/

第3章　仮想サーバの強化（EC2応用編）

図3.9 クラスタの冗長化

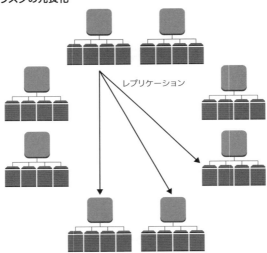

レプリケーション

ベンチマークの計測

これまで、EBSのストレージでI/Oパフォーマンスをアップする方法を見てきましたが、これらが実際にどのくらいの効果があるかを知るにはベンチマークを計測する必要があります。

今回は、先ほど追加した通常のSSDのEBSボリューム（/dev/xvdf）とRAID 0でストライピングしたボリューム（/dev/md127）に加えて、IOPSを3000に設定したプロビジョンドIOPSボリューム（/dev/xvdk）の3つの100GBボリュームを対象にベンチマークを計測してみます。

ベンチマークを行うには、以下のように必ずボリュームのウォームアップを行います。

```
$ df -h
Filesystem      Size  Used Avail Use% Mounted on
/dev/xvda1       18G  1.1G   17G   7% /
devtmpfs        1.9G   84K  1.9G   1% /dev
tmpfs           1.9G     0  1.9G   0% /dev/shm
/dev/xvdf       100G   33M  100G   1% /mnt/ebs/0
/dev/md127      100G   33M  100G   1% /mnt/ebs/1
/dev/xvdk       100G   33M  100G   1% /mnt/ebs/2
```

```
$ sudo umount /mnt/ebs/0
$ sudo umount /mnt/ebs/1
$ sudo umount /mnt/ebs/2

$ sudo dd if=/dev/zero of=/dev/xvdf bs=1M
dd: error writing '/dev/xvdf': No space left on device
102401+0 records in
102400+0 records out
107374182400 bytes (107 GB) copied, 3735.47 s, 28.7 MB/s

$ sudo dd if=/dev/zero of=/dev/md127 bs=1M
dd: error writing '/dev/md127': No space left on device
102399+0 records in
102398+0 records out
107372085248 bytes (107 GB) copied, 2997.64 s, 35.8 MB/s

$ sudo dd if=/dev/zero of=/dev/xvdk conv=notrunc bs=1M
dd: error writing '/dev/xvdk': No space left on device
102401+0 records in
102400+0 records out
107374182400 bytes (107 GB) copied, 2998.32 s, 35.8 MB/s
```

今回はfioを使って計測するため、**リスト3.1**のようなスクリプトを用意します。

リスト3.1 計測用スクリプト（bench.sh）

```
#!/bin/sh

dir=(/mnt/ebs/0 /mnt/ebs/1 /mnt/ebs/2)

for item in ${dir[@]};do
  cd $item
  echo ${item} =====================
  echo r
fio -name=r -direct=1 -rw=read -bs=4k -size=1G -numjobs=16 -runtime=16 \
-group_reporting
echo w
fio -name=w -direct=1 -rw=write -bs=4k -size=1G -numjobs=16 -runtime=16 \
-group_reporting
echo rr
fio -name=rr -direct=1 -rw=randread -bs=4k -size=1G -numjobs=16 -runtime=16 \
-group_reporting
echo rw
fio -name=rw -direct=1 -rw=randwrite -bs=4k -size=1G -numjobs=16 \
-runtime=16 -group_reporting
done
```

第3章 仮想サーバの強化（EC2応用編）

　リスト3.1では、4KBブロックでシーケンシャルとランダムでの読み書きでIOPSを計測し、32MBブロックで帯域幅の計測を行うようにしています。このスクリプトを実行すると、以下のような結果が出力されます。

```
$ sudo /mnt/ebs/0 =====================
r
r: (g=0): rw=read, bs=4K-4K/4K-4K/4K-4K, ioengine=sync, iodepth=1
（略）
Jobs: 16 (f=16): [RRRRRRRRRRRRRRRR] [100.0% done] [12256KB/0KB/0KB /s]
[3064/0/0 iops] [eta 00m:00s]
r: (groupid=0, jobs=16): err= 0: pid=3551: Mon Aug 25 00:50:34 2014
  read : io=197064KB, bw=12312KB/s, iops=3077, runt= 16006msec
    clat (usec): min=507, max=9394, avg=5194.28, stdev=645.23
     lat (usec): min=508, max=9395, avg=5194.64, stdev=645.21
    clat percentiles (usec):
（略）
Run status group 0 (all jobs):
   READ: io=197064KB, aggrb=12311KB/s, minb=12311KB/s, maxb=12311KB/s,
mint=16006msec, maxt=16006msec

Disk stats (read/write):
  xvdf: ios=48762/5, merge=0/4, ticks=253044/36, in_queue=253112, util=99.27%
（略）
```

　「bw=12312KB/s, iops=3077」という個所で、帯域とIOPSがわかります。ケースごとにIOPSをまとめると**表3.3**のようになります。

表3.3　各構成ごとのベンチマーク例

種別	r（リード）	w（ライト）	rr（ランダムリード）	rw（ランダムライト）
ノーマル（/mnt/ebs/0）	3077	1835	3078	1923
プロビジョンドIOPS（/mnt/ebs/2）	3153	3147	3153	3133
RAID（/mnt/ebs/1）	12263	12235	12220	11954

　表3.3の結果でわかる通り、プロビジョンドIOPSにするとIOPSがほぼ一定に落ち着き、RAIDにすると4台で分散している分、IOPSが4倍になっていることがわかります。

　このようにベンチマークなどで検証したうえで使用すると、より機能や特性への理解が深まり、構築や運用に役立ちます。

3.5 セキュリティの向上

セキュリティグループの設定

　AWSではさまざまなセキュリティのしくみがあります。**2章**で触れた通り、その中で一番初めに覚えるべきなのがセキュリティグループです。

　セキュリティグループは、EC2をはじめとしたリソースに対してひもづけられる仮想ファイアウォールのようなものです。セキュリティグループでは許可するトラフィックルールを登録し、それをインスタンスなどにひもづけます。

　1つのルールの中で、主にプロトコルとソースをインバウンド／アウトバウンドごとに指定して許可を設定します。たとえば、MySQLがインストールされているEC2には、TCPの3306番ポートだけをアプリケーションサーバのIPアドレスに対してインバウンドで許可します(**図3.10**)。

図3.10　セキュリティグループの設定

EBSの暗号化

　ボリュームの暗号化は、cryptsetupコマンドやサードパーティツールなどさまざまな選択肢がありますが、EBSにはボリュームを暗号化するオプションが用意されています。EBSの暗号化機能では、ユーザ側で鍵の管理や暗号化／復号化について意識をする必要がありません。

　EBSの暗号化を行うには、EBSのボリュームで**ボリュームの作成**をクリック

第3章 仮想サーバの強化（EC2応用編）

して表示されるボリュームの作成ダイアログで、**このボリュームを暗号化する**にチェックを入れるだけです（**図3.11**）。

図3.11 EBSの暗号化

これで暗号化EBSボリュームが作成されます。また、暗号化されたEBSボリュームから作成されたスナップショットや、そのスナップショットから復元されたボリュームも暗号化されます。EBS暗号化を使用できるインスタンスタイプについては、AWSのドキュメントを参照してください。

セキュリティ強化のための機能

ここまで紹介してきた以外にも、AWSではセキュリティを強化するためのいろいろな機能が用意されています。

✚ IAM（Identity and Access Management）

AWSにはユーザとその認証情報、リソースのアクセス制限などを管理するためにIAM（*Identity and Access Management*）というサービスがあります。IAMについては**10章**で詳しく説明します。

✚ VPC（Virtual Private Cloud）

VPC（*Virtual Private Cloud*）はAWS内部で定義できる仮想ネットワークです。VPCを利用すると、ネットワークゲートウェイやサブネット、VPN（*Virtual Private Network*）、ルーティング制御などより細やかなネットワークレベルのセキュリティを設定できます。VPCについては**5章**で詳しく説明します。

3.5 セキュリティの向上

✚ CloudHSM(Cloud Hardware Security Module)

AWSにはCloudHSM(Cloud Hardware Security Module)というサービスがあり、専用のハードウェアによって企業的、または法的コンプライアンス要件を満たすデータセキュリティを確保することが可能です。

✚ サードパーティのセキュリティツール

AWS以外のベンダからもAWS内でそのまま使用できる、またはAWSで使用できるように最適化されたセキュリティ用プロダクトが提供されています(表3.4)。

表3.4　サードパーティのセキュリティツール

ツール	説明
アンチウィルス	インスタンスのOSにウィルスが感染するのを防ぐ。Trend Micro Server Protectなどのプロダクトがある
IDS/IPS (Intrusion Detection System/ Intrusion Prevention System)	DMZや社内システムに対してネットワークのパケット監視などを行い、不正な侵入を検知しブロックするシステム。Webサーバなどの実務インスタンスにインストールするタイプと、専用のインスタンスとして独立してネットワークを監視するタイプがあり、DoS (Denial of Service、サービス拒否) 攻撃、Synフラッド攻撃などを防ぐ。Trend Micro Deep Security、Snort、Imperva SecureSphere、CheckPoint Virtual Applianceなどの製品がある
WAF (Web Application Firewall)	AWSの機能では防ぎきれない、アプリケーションレイヤで通信を監視して不正な攻撃を検知／防御するシステム。公開Webサーバなどに対するSQLインジェクションやクロスサイトスクリプティング、OSコマンドインジェクションなどを防ぐ。Barracuda WAF、F5 BIG-IP ASM、Imperva SecureSphere WAF、SiteGuardなどの製品がある
UTM (Unified Threat Management)	ファイアウォール、アンチウィルス、IDS/IPS、WAFなどの機能をオールインワンで実装した統合的なセキュリティシステム。Sophos UTM、FortiGateなどの製品がある

AWSで使用できるように最適化されたプロダクトの中には、AmazonマーケットプレイスでAMIが販売されているものもあります。

第3章 仮想サーバの強化（EC2応用編）

3.6 管理の効率化

Linuxの効率的な管理（cloud-init）

EC2インスタンスを起動する際に、ユーザデータというテキストデータやファイルをインスタンスに渡すことができます。

Amazon Linuxのインスタンス内部では、起動時にこの自由なデータを受け取り実行するcloud-initというしくみが用意されています。

インスタンスが起動するたびに実行されるスクリプトは、OSの起動スクリプト（/etc/init.dなど）に記述すればよいですが、cloud-initでは主にそのインスタンスの初回起動時のみ実行されます。そのためベースとなるAMIに含まれていない追加ソフトウェアのインストールや設定ファイルの微調整などを行うことで、設定作業の手間を縮小できます（**図3.12**）。

図3.12　ユーザデータの設定例

cloud-initで解釈できるテキストは、シェルスクリプトまたはcloud-initの独自のディレクティブです。たとえば、Apacheをインストールして起動し、自動起動の設定を行うシェルスクリプトは**リスト3.2**、cloud-initの独自のディレクティブが**リスト3.3**となります。

3.6 管理の効率化

リスト3.2 自動起動のシェルスクリプト

```
#!/bin/bash
yum update -y
yum install -y httpd
service httpd start
chkconfig httpd on
```

リスト3.3 自動起動のcloud-initディレクティブ

```
#cloud-config
repo_update: true
repo_upgrade: all

packages:
 - httpd

runcmd:
 - service httpd start
 - chkconfig httpd on
```

さらに、PHPやデータベースのインストール、httpd.confの追加や設定変更、wwwユーザの登録なども可能です。

AWSのアプリケーション管理サービス

＋ Elastic Beanstalk

Amazon Elastic Beanstalk（以下Elastic Beanstalk）はアプリケーション管理サービスの一つです。Elastic Beanstalkを利用すると複数の環境で、負荷分散、監視、容量設定、ミドルウェアのインストール、アプリケーションの配備を自動的に行うことができます（**図3.13**）。

第3章 仮想サーバの強化(EC2応用編)

図3.13　Elastic Beanstalk

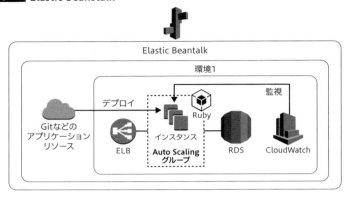

Elastic Beanstalkはアプリケーションのライフサイクルに主眼をおいているため、Java、PHP、.NET、Node.js、Python、Ruby、Dockerなどのアプリケーションプラットフォームの管理まで行います。

たとえば、Apache、PHPをインストールしたEC2にAuto Scalingを設定してELB配下に置き、セキュリティグループを設定し、RDSを用意して、Gitからアプリケーションを配備するという環境をごく少ない設定で構築できます。

設定項目は一般的なものにしぼり、細かい設定はAWSのプリセットにまかせることで、専任のインフラ担当者が不在で開発者が短時間でインフラを調達しなければならない場合などに最適な方法と言われています。

✚ OpsWorks

AWS OpsWorks(以下OpsWorks)もアプリケーション管理サービスですが、Elastic Beanstalkよりも柔軟性があり、単純な構成から複雑なものまでさまざまなアーキテクチャに対応しています。

EC2、Auto Scaling、アプリケーションデプロイ、監視、ユーザ権限などを管理し、さらにEC2内部のアプリケーションプラットフォームの調達をプリセットのChefレシピを用いて実行します。それに加えて、ユーザ独自のChefのクックブックを使用できるため、EC2内部ではほぼ自由に設定することが可能です(**図3.14**)。

図3.14　OpsWorks

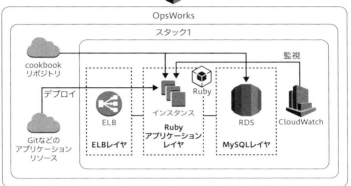

　たとえば、Railsの最新バージョンを入れたEC2にRDSと接続するアプリケーションをGitでデプロイし、既存のELB配下で時間ベースのスケーリングルールを適用し、cronでバッチジョブを設定し、ログを集約してS3に保存する、といった構築をOpsWorksを通じて行うことができます。

　Elastic Beanstalkに比べると設定できる部分が多いことと、EC2内部をChefで記述できるため、専任のインフラ担当者が運用効率や作業の統一性を求める場合に優れた効果を発揮します。

✚ CloudFormation

　AWS CloudFormation（以下CloudFormation）もアプリケーション管理サービスの一つです。前に紹介した2つは主にアプリケーションサーバ周辺を管理するサービスでしたが、CloudFormationはほとんどすべてのAWSのリソースの構築と設定を行うことができます。

　CloudFormationでは、JSONフォーマットを使用して構成を記述します。またCloudFormer[注4]を使用すると、現在の構成をJSONフォーマットに変換でき、構成のコピーやひな型の作成も簡単に行えます（図3.15）。

注4　AWS環境から起動や設定の情報を抽出し、CloudFormationのテンプレートを生成するプログラムです。

第3章 仮想サーバの強化（EC2応用編）

図3.15 CloudFormation

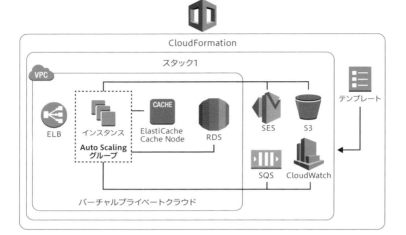

　たとえば、頻繁に構築する構成の既存の環境内にあるアプリケーションサーバとELB、Auto Scalingの設定、RDS、ElastiCache、セキュリティグループ、VPC構成をCloudFormerでひな型化しておき、新規プロジェクトで使用する際は固有の設定の部分だけを変更し、またアプリケーション内部の部分をcloud-initなどで変更することで、構築時の負荷を最小限に抑えることができます。

✚ 3つのアプリケーション管理サービスの比較

　紹介した3つのアプリケーション管理サービスの比較を簡単にまとめたものが**表3.5**になります。

表3.5 アプリケーション管理サービスの比較

ソリューション	特徴	簡単さ	自由さ
Elastic Beanstalk	プリセットから設定項目を変更する	◎	×
OpsWorks	Chefでプリセット以外も設定可能	○	△
CloudFormation	ほぼすべてのAWSリソースをひな型から作成	△	○
手動設定	自由	×	◎

　それぞれ一長一短があるため、たとえばCloudFormationでEC2以外の部分を構築し、OpsWorksでEC2の挙動設定と内部の構築を行うという方法も考えられます。

管理の効率化 3.6

＋ サードパーティの管理自動化ツール

　AWSが用意するツール以外にも、サードパーティからインフラ管理自動化ツールが提供されています（**表3.6**）。これらのようなツールも有効に使うことで、AWSの構築の時間を短縮できたり、単純なミスを減らすことができます。

表3.6 サードパーティの管理自動化ツール

ツール	説明
Chef[注a]	OpsWorksでも採用されている構成管理ツール。RubyのDSLで記述したレシピと呼ばれるルールセットでサーバ内での作業をコード化でき、複数のサーバに同じコードを適用すると、差異なく大量のサーバを設定することができる
Puppet[注b]	Chefと同様の構成管理ツール。独自のDSLで設定を記述する
VisualOps[注c]	MadeiraCloudが提供する構成管理サービス（**図3.16**）。ブラウザ上でVPCネットワークやEC2の図を書くと、その通りに環境を構築してくれる直感的なビジュアルツール

注a　https://www.chef.io/
注b　https://puppetlabs.com/
注c　https://www.visualops.io/

図3.16 VisualOps

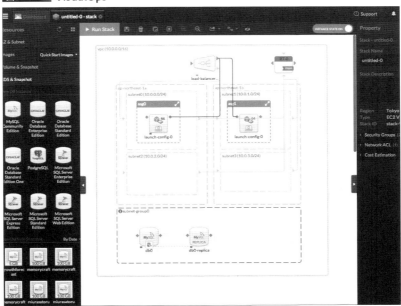

第3章 仮想サーバの強化（EC2応用編）

3.7 まとめ

　本章ではEC2の応用ということで、バックアップの作成やディスク容量の追加、I/Oの高速化などについて扱ってきました。これらをうまく使いこなすことで、EC2のパフォーマンスをより引き出すことができるはずです。

第4章
DNSの設定と公開（Route53）

第4章 DNSの設定と公開（Route53）

本章では、AWSが提供するDNS（*Domain Name System*）サービスであるAmazon Route 53（以下Route 53）について解説します。

4.1 Route 53の概要

WebサイトやWebシステムを構築した際、多くの場合はそのサイトやシステムを外部に公開することになります。公開するにあたって、203.0.113.10など公開用サーバに割り当てられたIPアドレスを使ってアクセスし、閲覧することも可能です。しかし、IPアドレスによる表記は非常に覚えづらいため、DNSを利用して、覚えやすいhoge.example.comのような名前を割り当てることが一般的です。

ここでは、Route 53の機能概要を説明します。さらに、基本的な項目の設定方法および実運用に際して必要になるであろう操作や設定についても説明します。

Route 53とは

Route 53はWebベースのDNSサービスです。その特徴の中でまず注目される点として、SLA 100%[注1]を掲げていることが挙げられます。Route 53は、EC2のようにリージョンで提供されるのではなく、世界中に展開されているエッジロケーションで提供されています。Anycast IPアドレスのしくみを利用して、世界中のエッジロケーションの中でもっとも近いロケーションから応答を返すようになっているため、とても高速かつ高可用でスケーラブルなサービスとなっています。

Route 53もそのほかのAWSサービスと同様にAPIでの操作が可能です。これまでは、たとえば、BINDであればnsupdateコマンド[注2]のために面倒な設定を行ったり、MyDNS[注3]のようなRDBMS（*Relational Database Management System*）をバックエンドに持つDNSサーバで管理する手間が増えてしまうこと

注1　https://aws.amazon.com/jp/route53/sla/
注2　Dynamic DNSの更新リクエストをネームサーバへ送るためのコマンドです。
注3　http://www.mydns.jp/

Route 53の概要 4.1

がありました。Route 53では、それらをAPIによる操作で解決できるため、初期コストや運用コストを考慮しても非常に有用です。既存のDNSサーバ運用のパッチ当てなどに疲弊している方は特に利用をお勧めします。

Route 53における重要概念

それでは、Route 53を利用するにあたって重要となる概念を見ていきましょう。

✚ Hosted Zone

Hosted Zoneは、ほかのDNSシステムにおけるゾーンファイルのように、管理されるDNSレコード（*Resource Record*、リソースレコード）の集合を意味します。

✚ Record Set

Record Setは、単純に言えば各DNSレコードです。後述するRouting PolicyやSet ID、ヘルスチェックの設定とDNSレコードを合わせてRecord Setと呼びます。

✚ Routing Policy

Routing Policyは、Route 53がRecord Setに対してどのようにルーティングを行うかを決定します。通常はデフォルト設定である「Simple」というポリシーを利用すれば、一般的なDNSと同じ挙動となります。それ以外に「Weighted（重み付けラウンドロビン）」、「Latency（レイテンシベースルーティング）」、「Failover（DNSフェイルオーバー）」、「Geolocation（Geo Routing）」があり、それぞれについては次節で説明します。

✚ Set ID

Set IDは、Routing Policyを用いて複数のRecord Setで同じ名前を設定する場合に、それぞれを一意に認識するために設定するIDです。

✚ ヘルスチェック

転送先ホストの状態をチェックするための設定です。DNSフェイルオーバーを利用する場合は、ヘルスチェックの設定が必要となります。

ヘルスチェックは、HTTP/HTTPS/TCPによるチェックが可能です。HTTP/

第4章 DNSの設定と公開（Route53）

HTTPSの場合はチェック対象パスを指定したり、レスポンスボディの文字列をチェックすることも可能です。このとき、HTTPSでのチェックやレスポンスボディの文字列マッチング、チェック間隔の短縮はオプション機能扱いとなり、追加費用が発生します。マネジメントコンソールを利用する場合は、画面中に注意事項として表示されますが、コマンドラインの場合は、特に注意が表示されないので注意してください。

主な機能

　Route 53が提供しているのは、IPアドレスとドメイン名の対応付けなどを管理するデータベースとしての役割である「権威DNSサーバ」機能です。権威DNSサーバへの問い合わせ結果をキャッシュしておく役割である「キャッシュDNSサーバ」としての機能は提供されません。BINDでは両方の機能が同梱されているため、混同する場合もありますが、Route 53は権威DNSサーバとしての機能だけですので間違えないようにしてください。

　Route 53は権威DNSサーバとしての機能だけでなく、WebサイトやWebシステムをサービスとして提供するうえで便利な機能も提供しています。DNSレジストラとしての機能も提供されるようになり、「.com」や「.jp」[注4]など、対応しているドメインであればRoute 53で登録することもできます。

　また、ほかのDNSレジストラからドメインを移管（トランスファー）することもできるため、ドメインに関することをすべてRoute 53に集約することも可能です。DNSレジストラとしての機能については、本書では紹介のみです。別途公式ドキュメント[注5]や公式ブログ[注6]を参照してください。

✚ レイテンシベースルーティング（Latency Based Routing、LBR）

　レイテンシベースルーティングは、Record SetのRouting Policyを「Latency」に設定することで実現ができます。

　同じ名前が設定された複数のリージョンに配置されたEC2インスタンスのグローバルIPアドレスやELB[注7]に対して、よりレイテンシの小さくなるリージョンを選択してリクエストをルーティングしてくれる機能です。複雑な設定を必要とせずに、Route 53だけで世界中のユーザが意識することなく、より高速

注4　今のところ汎用JPドメインのみで、属性型JPドメインなどには対応していません。
注5　http://docs.aws.amazon.com/ja_jp/Route53/latest/DeveloperGuide/creating-migrating.html
注6　http://aws.typepad.com/aws_japan/2014/08/route-53-domain-reg-geo-route-price-drop.html
注7　ロードバランサーのサービスです。詳細は**8章**で説明します。

Route 53の概要 4.1

にレスポンスを得られるサーバにアクセスできるようになります。

✚ 重み付けラウンドロビン（Weighted Round Robin、WRR）

重み付けラウンドロビンは、Record SetのRouting Policyを「Weighted」に設定することで実現できます。

レイテンシベースルーティングでは、同じ名前が設定された転送先に対してRoute 53がレイテンシに応じて振り分けを行いました。重み付けラウンドロビンでは、転送先ごとに重み付けを行い、その総和における指定された重みの時間割合で転送比率が決定されます。

重み付けを0に設定すると、0に設定された転送先へのルーティングは行われなくなります。Webサイトの移転の場合など、徐々にアクセスを移していきたい場合に利用できます[注8]。

✚ DNSフェイルオーバー

DNSフェイルオーバーは、Record SetのRouting Polocyを「Failover」に設定することで実現できます。

Record Setを設定する際に、同じ名前でPrimaryとSecondaryの2つのSetを作成すると、通常はPrimaryに指定された転送先にルーティングされます。このときPrimary側に設定されたヘルスチェックで問題が発生すると、Secondaryに指定された転送先にルーティングされるようになります。

DNSフェイルオーバーを用いることで、サービスを提供しているサーバやサーバ群に障害が発生した場合、Sorryコンテンツを配信するだけの別途用意したサーバにルーティングを切り替えるということが簡単に実現できます。

✚ Geo Routing

Geo Routingは、Record SetのRouting Polocyを「Geolocation」に設定することで実現できます。

レイテンシベースルーティングがエンドポイントとのレイテンシが小さくなるようルーティングしていたのに対し、Geo Routingでは、DNS問い合わせがあった場所に応じて転送先を変えることができます。たとえば、アジアからの場合は、東京リージョンのEC2へ転送、北アメリカからの場合は、バージニアリージョンのEC2へ転送する設定が可能です。指定した場所がマッチしないケースに備えて、デフォルトで設定しておくことを推奨します。

注8　DBアクセスが必要な場合は、別途データ同期の方法も検討する必要があります。

第4章　DNSの設定と公開（Route53）

✚ 各種AWSサービスとの連携

　Route 53は、DNSサービス単体としても大変すばらしいサービスですが、S3やCloudFront[注9]、ELBと組み合わせることで、さらに便利に利用できます。このときに活躍するのが、Route 53独自のレコードタイプであるALIASレコードです。

　ALIASレコードは、CNAMEレコードのように別名を指定しながらも、Aレコードのように直接IPアドレスとのマッピングを行うものです。ALIASレコードが設定できるのは、AWSが提供するサービスに割り当てられた一部のDNS名に対してのみとなります。

4.2　Route 53の基本操作

　Webサイトを作成してドメインの取得が完了したあとに、Webサイトを外部に公開したい場合は、DNSを設定する必要があります。そのときは、ドメインを取得したレジストラが提供する無料のDNSサービスではなく、多少費用はかかりますが、今後の運用メリットを考慮してRoute 53で運用するようにしましょう。

▌Hosted Zoneの作成

　ドメインを取得し、権威DNSサーバをRoute 53で運用することが決定したら、まずHosted Zoneを作成します。

✚ マネジメントコンソールの場合

　マネジメントコンソールのホーム画面からRoute 53を選択すると、Route 53の画面が開きます。初期状態では何も登録されていないため、Route 53の説明と簡単な設定手順が示されています。この中のDNS Managementの下にある Get Started Now ボタンをクリックします。次の画面の上部にある Create Hosted Zone ボタンをクリックしてHosted Zoneの作成に移ります。

注9　インターネットストレージサービスのS3、Contents Delivery NetworkサービスのCloudFrontともに詳細は**6章**で説明します。

4.2 Route 53の基本操作

　なお、Route 53はリージョンに関係なく設定が可能なサービスです。通常、画面右上に「アジアパシフィック（東京）」や「米国東部（バージニア北部）」など、利用しているリージョンが表示されていますが、Route 53の画面では表示が「グローバル」に切り替わります。

　Domain Nameに取得したドメイン名、**Comment**に補足事項や説明などのコメントを入力し、**Type**は「Public Hosted Zone」を選択して、**Create**ボタンをクリックします（**図4.1**）。

図4.1　Hosted Zoneの登録

　これで無事Hosted Zoneの登録が完了しました（**図4.2**）。設定を修正する場合は、**Delete Hosted Zone**ボタンをクリックして削除してから作成し直します。なお、現時点では特に問題ありませんが、同じドメイン名で複数のHosted Zoneを作成することもできるため[注10]、注意が必要です。

図4.2　登録されたHosted Zoneの一覧

　この時点では、Hosted Zoneとして登録したドメインのネームサーバを切り替えていないため、すぐにRoute 53での名前解決ができるわけではありませ

注10　ただし、Hosted Zone IDは異なります。

第4章 DNSの設定と公開（Route53）

ん。図4.2の右側にあるName Serversに直接問い合わせを行うことで登録内容の確認ができます。以下のようにNSレコードを問い合わせると、Name Serversに表示されていた4つのネームサーバが返ってくるのがわかります。

```
$ dig @ns-1159.awsdns-16.org NS aws-jissen.example.com
略
;; ANSWER SECTION:
aws-jissen.example.com. 172800  IN      NS      ns-1159.awsdns-16.org.
aws-jissen.example.com. 172800  IN      NS      ns-1815.awsdns-34.co.uk.
aws-jissen.example.com. 172800  IN      NS      ns-490.awsdns-61.com.
aws-jissen.example.com. 172800  IN      NS      ns-540.awsdns-03.net.
```

✚ AWS CLIの場合

AWS CLIを利用した場合は、以下のようにroute53 create-hosted-zoneコマンドを利用してHosted Zoneを作成できます。

```
$ aws route53 create-hosted-zone --name aws-jissen-cli.example.com \
--caller-reference AWS-jissen-create-hosted-zone \
--hosted-zone-config Comment="AWS JISSEN NYUMON(CLI)"
{
    "Location": "https://route53.amazonaws.com/2013-04-01//hostedzone/ZXXXXXX
XXXXXX",
    "HostedZone": {
        "ResourceRecordSetCount": 2,
        "CallerReference": "AWS-jissen-create-hosted-zone",
        "Config": {
            "Comment": "AWS JISSEN NYUMON(CLI)"
        },
        "Id": "/hostedzone/ZXXXXXXXXXXXX",
        "Name": "aws-jissen-cli.example.com."
    },
    "ChangeInfo": {
        "Status": "PENDING",
        "SubmittedAt": "2014-07-22T05:48:41.097Z",
        "Id": "/change/C34CKSWXPM06LQ"
    },
    "DelegationSet": {
        "NameServers": [
            "ns-1400.awsdns-47.org",
            "ns-1995.awsdns-57.co.uk",
            "ns-39.awsdns-04.com",
            "ns-677.awsdns-20.net"
        ]
    }
}
```

Route 53の基本操作 4.2

caller-referenceオプションを指定しているので、同じcaller-referenceを指定してコマンドを実行しても、Hosted Zoneは作成されません。以下のようにエラーが表示され、コマンドは失敗となります。caller-referenceが同一であれば、ドメイン名が違う場合でもエラーとなりますので、コマンドを再利用する場合などは注意してください。

```
$ aws route53 create-hosted-zone --name aws-jissen-cli.example.com \
--caller-reference AWS-jissen-create-hosted-zone \
--hosted-zone-config Comment="AWS JISSEN NYUMON(CLI)"

A client error (HostedZoneAlreadyExists) occurred when calling the
CreateHostedZone operation: A hosted zone has already been created with the
specified caller reference.
```

caller-referenceは意図せずコマンドが複数回実行された場合に、誤って同一ドメイン名のHosted Zoneが複数作成されないためには必須のオプションとなっています。

確認のためにroute53 list-hosted-zoneコマンドを実行してみましょう。以下のように、マネジメントコンソールから作成したものとコマンドラインで作成したものの2つがJSON形式で出力されます。

```
$ aws route53 list-hosted-zones
{
    "HostedZones": [
        {
            "ResourceRecordSetCount": 2,
            "CallerReference": "99907AA6-7DDB-6593-B9D9-86534752B2EC",
            "Config": {
                "Comment": "AWS\u00e5\u00ae\u009f\u00e8\u00b7\u00b5\u00e5\u0085\u00a5\u00e9\u0096\u0080\u00e7\u0094\u00a8"
            },
            "Id": "/hostedzone/ZWWWWWWWWWWW",
            "Name": "aws-jissen.example.com."
        },
        {
            "ResourceRecordSetCount": 2,
            "CallerReference": "AWS-jissen-create-hosted-zone",
            "Config": {
                "Comment": "AWS JISSEN NYUMON(CLI)"
            },
            "Id": "/hostedzone/ZXXXXXXXXXXXX",
```

第4章 DNSの設定と公開（Route53）

```
            "Name": "aws-jissen-cli.example.com."
        }
    ]
}
```

これでHosted Zoneの作成は完了です。

Record Setの作成

次にRecord Setを作成して、実際に名前からIPアドレスが解決できるようにしましょう。

✚ サポートされているレコードタイプ

Route 53でサポートされているレコードタイプは**表4.1**に挙げた10種類です。

表4.1 Route 53でサポートされるレコードタイプ

レコードタイプ	説明
A（Address Record）	ホスト名とIPv4のIPアドレスのマッピングを行う
AAAA（IPv6 Address Record）	ホスト名とIPv6のIPアドレスのマッピングを行う。AWSのサービスでIPv6をサポートしているのは、EC2-ClassicのELBのみとなっている[注a]
CNAME（Cannonical Name Record）	ほかのDNS名の別名を設定する
MX（Mail Exchange Record）	メールサーバ名のリストを設定する
NS（Name Server Record）	ドメインの委譲されているネームサーバ（権威DNSサーバ）名を設定する。Route 53では、Zone ApexのNSレコードがデフォルトで設定され、通常は変更する必要はない。サブドメインを別アカウントや別のHosted Zoneとして管理する場合は、サブドメインのNSレコードを設定する必要がある
PTR（Pointer Record）	主に逆引き（IPアドレスからDNS名へのマッピング）を行う。実際にはIPアドレスを直接指定しない。aaa.bbb.ccc.dddであれば、ddd.ccc.bbb.aaa.in-addr.arpa.のような形式からほかのDNS名への別名を指定する
SOA（Start Of Authority Record）	ゾーンに関する情報を指定する。プライマリネームサーバ、ドメイン管理者のEメールアドレス、シリアルナンバー、更新間隔やキャッシュの有効期間などを指定する
SPF（Sender Policy Framework Record）	IPアドレスによる電子メールの送信ドメイン認証技術であるSPFに関する記述を行う。RFC4408[注b]としてはSPFレコードの使用が推奨されているが、SPFレコードに対応していないDNSサーバやリゾルバが存在するため、後述のTXTレコードにも同一の内容を指定しておくほうがよい

レコードタイプ	説明
SRV (Service Locator Record)	RFC2219[注c]に記されているサービスとエイリアスの対応では、ウェルノウンポート以外で運用されている場合は、ポート番号を知ることができない。SRVレコードでは、ポート番号の通知だけでなく、MXレコードのような負荷分散や冗長性の確保を実現できる。Active Directoryでは、このSRVレコードが利用されている
TXT (Text Record)	テキスト情報を提供するためのレコード。近年では、SPFや電子署名を用いた送信ドメイン認証であるDKIM (*DomainKeys Identified Mail*)[注d] を設定するために利用される。Route 53では255文字を超えるTXTレコードを1レコードとして記述する場合は注意が必要[注e]

注a Default VPC構成となったため、新規でアカウントを取得した場合は、EC2-Classicを利用できません。
注b http://www.ietf.org/rfc/rfc4408.txt
注c http://www.rfc-editor.org/rfc/rfc2219.txt
注d http://www.ietf.org/rfc/rfc4871.txt
注e http://docs.aws.amazon.com/ja_jp/Route53/latest/DeveloperGuide/ResourceRecordTypes.html#TXTFormat

➕ 既存DNSサーバのゾーンファイルの移行

　これまでBINDなどでDNSサーバを運用している場合は、Route 53で用意されているゾーンファイルのインポート機能を利用すると、既存のゾーンファイルをほぼそのまま利用してすぐにRoute 53を権威DNSサーバとして稼働させることができます。本書では、シェアの高いBINDのゾーンファイルをRoute 53にインポートする手順を紹介します。

　BINDのゾーンファイル（**リスト4.1**）をRoute 53にインポートします。マネジメントコンソールによるインポート手順と、AWS CLIによる手順とを見ていきましょう。注意すべきポイントとして、ゾーンファイルのインポートを行う場合、Hosted Zoneには最初に作成されるSOAレコードとNSレコード以外はRecord Setが存在しない状態でなければなりません。

第4章 DNSの設定と公開（Route53）

リスト4.1 BINDのゾーンファイル例

```
$ORIGIN .
$TTL 86400      ; 1 day
aws-jissen.example.com    IN SOA  aws-jissen.example.com. root.aws-jissen.e
xample.com. (
                          2014080101 ; serial
                          3600       ; refresh (1 hour)
                          900        ; retry (15 minutes)
                          604800     ; expire (1 week)
                          86400      ; minimum (1 day)
                          )
                  NS      @
                  A       192.0.2.2
$ORIGIN aws-jissen.example.com.
$TTL 3600       ; 1 hour
batch001          A       192.0.2.101
batch002          A       192.0.2.102
web001            A       192.0.2.11
www               CNAME   web001
```

✚ ゾーンファイルの移行（マネジメントコンソール）

　先ほど作成したHosted Zoneの一覧画面にある **Import Zone File** ボタンをクリックすると、右側にゾーンファイルを入力するテキストエリアが表示されます。ここにリスト4.1を貼り付けて **Import** ボタンをクリックします（**図4.3**）。SOAレコードとZone Apex[注11]のNSレコードは無視されるので、インポートの内容に含まれていてもいなくても問題ありません。

注11　取得したドメインそのもののことです。Naked Domainとも呼ばれています。

図4.3 インポート用ゾーンファイルの貼り付け

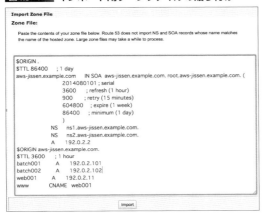

ゾーンファイルの内容に問題がなければインポートが成功します。成功の表示が出ていてもRecord Setの一覧は更新されませんので、右上のリロードボタンを押してください。インポートしたレコードがRecord Setとして登録されています(**図4.4**)。

図4.4 ゾーンファイルからインポートされたRecord Set

Record Set Name / Any Type / Aliases Only / Weighted Only / Displaying 1 to 7 out of 7 Record Sets

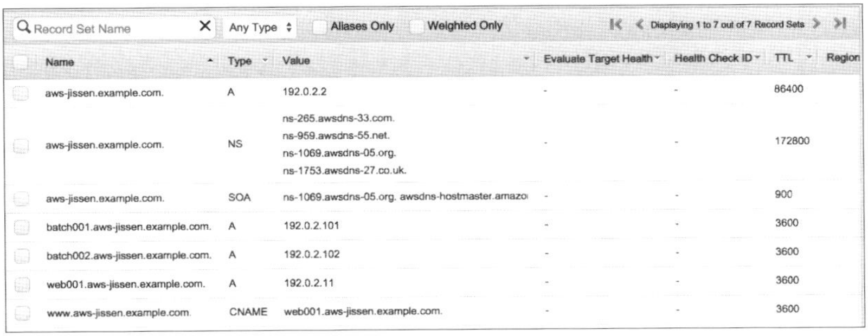

Name	Type	Value	Evaluate Target Health	Health Check ID	TTL	Region
aws-jissen.example.com.	A	192.0.2.2	-	-	86400	
aws-jissen.example.com.	NS	ns-265.awsdns-33.com. ns-959.awsdns-55.net. ns-1069.awsdns-05.org. ns-1753.awsdns-27.co.uk.	-	-	172800	
aws-jissen.example.com.	SOA	ns-1069.awsdns-05.org. awsdns-hostmaster.amazo	-	-	900	
batch001.aws-jissen.example.com.	A	192.0.2.101	-	-	3600	
batch002.aws-jissen.example.com.	A	192.0.2.102	-	-	3600	
web001.aws-jissen.example.com.	A	192.0.2.11	-	-	3600	
www.aws-jissen.example.com.	CNAME	web001.aws-jissen.example.com.	-	-	3600	

このように、非常に簡単にBINDのゾーンファイルをインポートできました。

ゾーンファイル中に$GENERATEや$INCLUDEのようなBIND特有のディレクティブを利用している場合、インポートはエラーとなります。これらのディレクティブを利用している場合は、named-compilezoneコマンドで特殊なディレクティブが存在しない状態にしてから再度インポートを試してみてください。以下は一時的にゾーンファイルのコピーを/tmp以下に配置した場合のコマンド例です。

第4章　DNSの設定と公開（Route53）

```
$ named-compilezone -t /tmp -o compliled_aws-jissen.example.com.zone \
aws-jissen.example.com aws-jissen.example.com.zone
zone aws-jissen.example.com/IN: loaded serial 2014080101
dump zone to aws-jissen.example.com_compliled.zone...done
OK
```

　このコマンドにより出力されたゾーンファイルは、$GENERATEや$INCLUDEが展開され、Route 53にインポート可能な形式になっているはずです。ただし、レコード数が1,000を超える場合は、1,000件までをマネジメントコンソールから行い、登録できないものはAWS CLIから行う必要があるため注意が必要です。

　AWS CLIとは別のコマンドラインツールであるbindtoroute53.pl[注12]（BINDのゾーンファイルをXMLに変換するツール）とdnscurl.pl[注13]（XML形式のゾーンファイルをもとにRoute 53に登録などを行うツール）を組み合わせることでも実現できます。

✚ ゾーンファイルの移行（AWS CLI）

　AWS CLIで実行した場合もマネジメントコンソールと同様に、1回で登録できるレコード数の上限が1,000件という制約があります。ただ、マネジメントコンソールからのインポートは一度だけしか実行できませんが、AWS CLIによるインポートに相当する操作は、Record Setの登録を指定されたJSONファイルに基づいて実行するため、1,000件ずつにファイルを分割して実行すればこの制約を回避できます。

　先ほど紹介したnamed-compilezoneコマンドを利用して、ゾーンファイルを整形します。出力結果は以下のようになります。

```
$ named-compilezone -t /tmp -o compliled_aws-jissen-cli.example.com.zone \
aws-jissen-cli.example.com aws-jissen-cli.example.com.zone
$ cat compliled_aws-jissen-cli.example.com.zone
aws-jissen-cli.example.com.                  86400 IN SOA  aws-jissen-cli.exampl
e.com. root.aws-jissen-cli.example.com. 2014080101 3600 900 604800 86400
aws-jissen-cli.example.com.                  86400 IN NS   .
aws-jissen-cli.example.com.                  86400 IN A    192.0.2.2
略
```

注12　http://aws.amazon.com/developertools/Amazon-Route-53/4495891528591897
注13　http://aws.amazon.com/developertools/Amazon-Route-53/9706686376855511

これを用いて route53 change-resource-record-sets コマンドの change-batch オプションで渡す JSON ファイルを作成します。単純なゾーンファイルであれば、**リスト4.2**のシェルスクリプトで登録用の JSON を出力できます。

リスト4.2 named-compilezoneの結果から登録用のJSONを作成するシェルスクリプト

```bash
#!/bin/bash
OUTPUT_FILE=import_records.json
ZONE_FILE=compiled_aws-jissen-cli.example.com.zone
record_str=""

while read line
do
  _name=`echo $line | awk '{print $1}'`
  _ttl=`echo $line | awk '{print $2}'`
  _type=`echo $line | awk '{print $4}'`
  _resource_record=`echo $line | awk '{ for (i = 5; i < NF; i++) { printf("%s ", $i) } print $NF }'`
  if [ "$_type" != "NS" -a "$_type" != "SOA" ]; then
    if [ ! -z "$record_str" ]; then record_str="$record_str,"; fi
    record_str=`cat <<EOF
${record_str}
        {
          "Action": "CREATE",
          "ResourceRecordSet": {
            "Name": "${_name}",
            "Type": "${_type}",
            "TTL": ${_ttl},
            "ResourceRecords": [
              {
                "Value": "${_resource_record}"
              }
            ]
          }
        }
EOF`
  fi
done < ${ZONE_FILE}

output_str=`cat <<EOF
{
  "Comment": "Import All records sets.",
  "Changes": [
${record_str}
```

第4章 DNSの設定と公開（Route53）

```
    ]
}
EOF`

echo "$output_str" > $OUTPUT_FILE
```

リスト4.2で出力されたJSONファイルを用いて、以下のようにRecord Setを登録します。

```
$ aws route53 change-resource-record-sets --hosted-zone-id ZXXXXXXXXXXXXX \
--change-batch file:///path/to/import_records.json
{
    "ChangeInfo": {
        "Status": "PENDING",
        "Comment": "Import All records sets.",
        "SubmittedAt": "2014-08-04T09:56:27.792Z",
        "Id": "/change/C2SR4661MHY6PX"
    }
}
```

出力結果のStatusがPENDINGになっているので、これがINSYNCになると登録が完了します。登録が完了したかどうかを確認するには、上記で出力されたIdを利用して以下のように実行します。

```
$ aws route53 get-change --id /change/C2SR4661MHY6PX
{
    "ChangeInfo": {
        "Status": "INSYNC",
        "Comment": "Import All records sets.",
        "SubmittedAt": "2014-08-04T09:56:27.792Z",
        "Id": "/change/C2SR4661MHY6PX"
    }
}
```

これでインポートが完了しました。登録されたRecord Setを確認するには、以下のようにroute53 list-resource-record-setsコマンドを実行します。

```
$ aws route53 list-resource-record-sets --hosted-zone-id ZXXXXXXXXXXXXX
{
    "ResourceRecordSets": [
        {
            "ResourceRecords": [
                {
                    "Value": "192.0.2.2"
```

```
        }
      ],
      "Type": "A",
      "Name": "aws-jissen-cli.example.com.",
      "TTL": 86400
    },
```
略

✚ Record Setの登録(マネジメントコンソール)

　既存レコードのインポートが完了したら、次はEC2上に作成したサービスを公開するために、EC2インスタンスにひもづけたEIPをRecord Setとして登録してみましょう。

　Record Set一覧画面上部にある **Create Record Set** ボタンを押し、右側に表示された入力フォームを埋めていきます。図4.5は、EIPをAレコードとして登録しています。

図4.5 EIPをAレコードとして登録

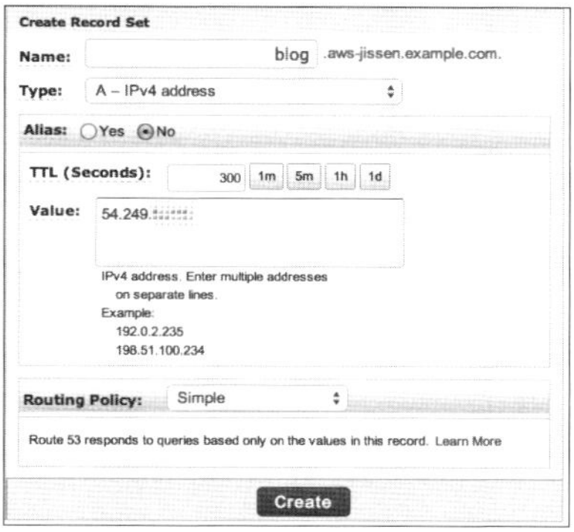

✚ Record Setの登録(AWS CLI)

　コマンドラインからRecord Setを登録するには、インポート時と同じくroute53 change-resource-record-setsコマンドを以下のように実行します。

```
$ cat create_record.json
{
  "Comment": "Create records set for EIP.",
  "Changes": [
    {
```

```
            "Action": "CREATE",
            "ResourceRecordSet": {
                "Name": "blog.aws-jissen-cli.example.com.",
                "Type": "A",
                "TTL": 3600,
                "ResourceRecords": [
                    {
                        "Value": "54.92.81.xxx"
                    }
                ]
            }
        }
    ]
}
$ aws route53 change-resource-record-sets --hosted-zone-id ZXXXXXXXXXXXXX \
--change-batch file:///home/ec2-user/create_record.json
{
    "ChangeInfo": {
        "Status": "PENDING",
        "Comment": "Create records set for EIP.",
        "SubmittedAt": "2014-08-04T10:53:22.005Z",
        "Id": "/change/C1FA9455DONTFG"
    }
}
```

また、登録状況を確認するにはroute53 get-changeコマンド、登録結果を確認するにはroute53 list-record-setsコマンドを利用します。

4.3 DNSフェイルオーバー

　ここまでは特にRoute 53独自のRouting Policyを指定せずにRecord Setを登録しました。Route 53は、Routing PolicyをSimpleとして独自のルーティング機能を利用せずに運用するだけでも、可用性などさまざまなメリットを享受できます。ただ、せっかくRoute 53を利用するのですから、そのメリットを最大限に利用したほうがよいと思います。

　Route 53が提供する機能の中でDNSフェイルオーバーは多くの利用者にとってうれしい機能ではないでしょうか。ここでは、EC2上に構築したWebサイ

トが応答しなくなった場合にS3[注14]上のSorryページにフェイルオーバーさせるように設定してみましょう。

ヘルスチェックの設定

　DNSフェイルオーバーを設定するには、ヘルスチェックを設定する必要があります。まずはじめにヘルスチェックの設定を行います。ヘルスチェックを設定すると、「Amazon Route 53 Health Check Service」というユーザエージェントからのアクセスが始まります。

✚ マネジメントコンソールの場合

　Route53のトップページからHealth Checkの下にある Get Started Now ボタンをクリックし、ヘルスチェックの設定画面に移動して Create Health Check ボタンをクリックします。

　単純なヘルスチェック対象の指定方法としては、エンドポイントをIPアドレスで指定する方法と、ドメイン名で指定する方法があります[注15]。**図4.6**では、IPアドレスによるチェックにオプションのHost Nameを指定することで、Hostヘッダ付きでHTTPアクセスによるチェックをするようにしています。

注14　S3の詳細は**6章**で説明します。
注15　複数のヘルスチェック結果の組み合わせで1つのヘルスチェックとすることも可能です。

第4章 DNSの設定と公開（Route53）

図4.6 ヘルスチェックを作成

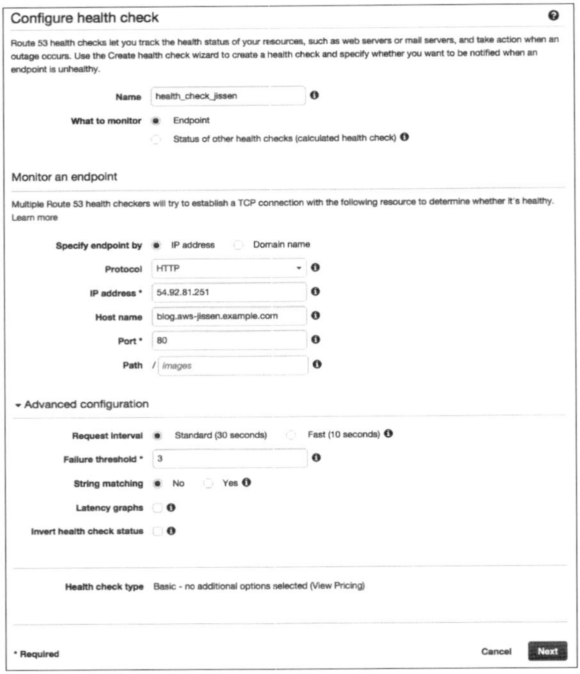

　HTTPSでのチェック、チェック間隔を10秒に変更、レスポンスボディ内の文字列チェックを有効にした場合、通常のヘルスチェック料金のほかにオプション料金[注16]が発生します。また、オプションの1つとして、ヘルスチェック時にレイテンシを計測してCloudWatch[注17]のグラフで確認する方法もあります。オプション料金といっても、ヘルスチェック1件あたりでそれほどコストはかかりません。極度に節約を意識して必要なチェックができなくなるよりは、必要なチェックを有効にして精度を高めておくほうがよいでしょう。

　以上でヘルスチェックの設定は完了です。

✚ AWS CLIの場合

　コマンドラインから設定する場合は、以下のようにroute53 create-health-checkコマンドを利用します。

注16　http://aws.amazon.com/jp/route53/pricing/#HealthChecks
注17　AWSのモニタリングサービスです。**9章**で説明します。

```
$ aws route53 create-health-check \
--caller-reference AWS-Jissen-create-healthcheck \
--health-check-config IPAddress=54.92.81.251,Port=80,Type=HTTP,ResourcePath=/
,FullyQualifiedDomainName=blog.aws-jissen-cli.example.com       実際は1行
{
    "HealthCheck": {
        "HealthCheckConfig": {
            "FailureThreshold": 3,
            "IPAddress": "54.92.81.251",
            "ResourcePath": "/",
            "RequestInterval": 30,
            "Type": "HTTP",
            "Port": 80,
            "FullyQualifiedDomainName": "blog.aws-jissen-cli.example.com"
        },
        "CallerReference": "AWS-Jissen-create-health-check",
        "Id": "89a6a1aa-3643-4292-968e-401dd3243b35"
    },
    "Location": "https://route53.amazonaws.com/2013-05-27/healthcheck/89a6a1a
a-3643-4292-968e-401dd3243b35"
}
```

　FailureThresholdとRequestIntervalは、デフォルト値を使うため上記の例では省略しています。マネジメントコンソールでは、ヘルスチェック名を指定できましたが、コマンドラインから指定できません[注18]。

DNSフェイルオーバーの設定

　ヘルスチェックが設定できたので、本題であるDNSフェイルオーバーを設定して実際の動作を見ていきましょう。フェイルオーバー先にS3の静的ウェブサイトホスティングを利用しています。

✚ マネジメントコンソールの場合

　最初に正常稼働時の転送先（Primary Record Set）の設定を行います（図4.7）。通常のRecord Setとの違いは、 Routing Policy に「Failover」を選択して、 Failover Record Type を「Primary」にしている点と、 Associate with Health Check を「Yes」として、先ほど作成した「health_check_jissen」というヘルスチェックをひもづけている点です。また、入力時に注意事項として表示されますが、フ

注18　必須項目ではなく、オプション項目です。

ェイルオーバーまでの時間を短くするために **TTL**（*Time To Live*、キャッシュ有効期間）を60秒以下にしておくことが望ましいでしょう。

図4.7 Primary Record Setの作成

次にヘルスチェック失敗時の転送先（Secondary Record Set）の設定を行います（**図4.8**）。こちらも **Routing Policy** は「Failover」とし、異常時の転送先となる

図4.8 Secondary Record Setの作成

ため Failover Record Type を「Secondary」としています。Primary Record Set とは違って、Secondary 側はヘルスチェックとのひもづけは行いません。

✚ AWS CLIの場合

コマンドラインで設定する場合は、route53 change-resource-record-sets コマンドを実行し、一度で Primary Record Set と Secondary Record Set を登録できます。

以下の例では、先に作成していた通常のレコードを削除してから作成しています[注19]。Primary Record Set で指定している HealthCheckId は、ヘルスチェックを作成したときに出力された Id の項目を利用します。

```
$ cat create_failover_record_sets.json
{
  "Comment": "Create Failover Record Sets.",
  "Changes": [
    {
      "Action": "DELETE",
      "ResourceRecordSet": {
        "Name": "blog.aws-jissen-cli.example.com.",
        "Type": "A",
        "TTL": 3600,
        "ResourceRecords": [
          {
            "Value": "54.92.81.xxx"
          }
        ]
      }
    },
    {
      "Action": "CREATE",
      "ResourceRecordSet": {
        "Name": "blog.aws-jissen-cli.example.com.",
        "Type": "A",
        "SetIdentifier": "blog-primary",
        "Failover": "PRIMARY",
        "TTL": 60,
        "ResourceRecords": [
          {
            "Value": "54.249.6.xxx"
          }
        ],
```

注19 通常の Routing Policy から Failover への変更は UPSERT ではエラーになります。

第4章 DNSの設定と公開（Route53）

```
      "HealthCheckId": "89a6a1aa-3643-4292-968e-401dd3243b35"
    }
  },
  {
    "Action": "CREATE",
    "ResourceRecordSet": {
      "Name": "blog.aws-jissen-cli.example.com.",
      "Type": "A",
      "SetIdentifier": "blog-secondary",
      "Failover": "SECONDARY",
      "AliasTarget": {
        "HostedZoneId": "Z2M4EHUR26P7ZW",
        "DNSName": "s3-website-ap-northeast-1.amazonaws.com.",
        "EvaluateTargetHealth": false
      }
    }
  }
]
}
$ aws route53 change-resource-record-sets \
--hosted-zone-id Z20709WWUZXFRX \
--change-batch file:///home/ec2-user/create_failover_record_sets.json
{
    "ChangeInfo": {
        "Status": "PENDING",
        "Comment": "Create Failover Record Sets.",
        "SubmittedAt": "2014-08-18T06:55:10.583Z",
        "Id": "/change/C8WEH62NQHIBZ"
    }
}
```

　S3のALIASレコードで利用しているHostedZoneIdはRoute 53のものとは別で、リージョンごとに設定されています。上記例で利用しているのは東京リージョンのHostedZoneIdです。そのほかのリージョンについては公式ドキュメント[注20]を参照してください。

✚ DNSフェイルオーバーの確認

　ここまででDNSフェイルオーバの設定が完了したので、実際にフェイルオーバーの動作を確認してみましょう。まずPrimary Record Setに設定したEC2インスタンスでWebサーバを稼働させ、適当なコンテンツを表示するようにし

注20　http://docs.aws.amazon.com/ja_jp/general/latest/gr/rande.html#s3_region

ます[注21]。

以下の例は正常時のコンテンツの取得結果と、そのときのDNS問い合わせ結果を表示しています。

```
$ curl http://blog.xxx.yyy/
<!DOCTYPE html>
<html lang="ja">
<head>
<meta charset='utf-8'>
<title>ブログ</title>
<body>
問題なし！
</body>
</html>
$ dig blog.xxx.yyy
略
;; ANSWER SECTION:
blog.xxx.yyy.    60   IN   A    54.249.6.xxx
略
```

フェイルオーバー時に表示されるコンテンツに直接アクセスして内容を確認する場合は、以下のように実行します。

```
$ curl http://blog.xxx.yyy.s3-website-ap-northeast-1.amazonaws.com/
<!DOCTYPE html>
<html lang="ja">
<head>
  <meta charset="utf-8">
  <title>Blog (Sorry)</title>
</head>
<body>
問題が発生しているようです。復旧まで少々お待ちください。
</body>
</html>
```

ここで、EC2インスタンスのWebサーバプロセスを停止します。停止直後はページが表示できない旨のエラー画面が表示されますが、早ければTTLと同じく60秒でSecondary Record Setに指定したページが表示されます。

```
$ curl http://blog.xxx.yyy/
<!DOCTYPE html>
<html lang="ja">
<head>
  <meta charset="utf-8">
```

注21　例では実際にWebサイトにアクセスするため、例示用ドメインではないものを利用しています。

第4章 DNSの設定と公開（Route53）

```
    <title>Blog (Sorry)</title>
  </head>
  <body>
    問題が発生しているようです。復旧まで少々お待ちください。
  </body>
</html>
```

フェイルオーバーされたあとでDNSの問い合わせ結果を見ていると以下のように変わっており、S3の静的サイトに転送されていることがわかります。

```
$ dig blog.xxx.yyy
(略)
;; ANSWER SECTION:
blog.xxx.yyy.    60   IN   A    54.231.224.123   （S3のIPアドレスは問い合わせのたびに変わる）
(略)
$ dig -x 54.231.224.123
(略)
;; ANSWER SECTION:
123.224.231.54.in-addr.arpa. 900 IN PTR s3-website-ap-northeast-1.amazonaws.com.
(略)
```

最後にWebサーバを復活させてEC2のほうにアクセスが復帰すれば、フェイルオーバーの動作確認は完了です。

4.4 Route 53の利用停止

たとえば、キャンペーンサイトでの利用を目的としたドメインのように、短期間だけ利用して継続的に利用しないドメインも存在します。そのキャンペーンが終了し、可用性などを特に考慮する必要もなく、名前解決だけ可能な状態でドメインが残っていればよいという場合は、レジストラが提供する無料のDNSサーバに戻すという選択肢もありえます。そのような状態にする際は、Route 53に登録したRecord SetやHosted Zoneは削除し、もし事前にバックアップを取る必要があれば、AWS CLIでRecord Setの一覧を出力し保存しておくとよいでしょう。以下のようにJSON形式で出力されるので、あとから自由に加工も可能です。

```
$ aws route53 list-resource-record-sets \
```

```
--hosted-zone-id ZXXXXXXXXXXXX > aws-jissen.example.com_records.json
$ cat aws-jissen.example.com_records.json
{
    "ResourceRecordSets": [
        {
            "ResourceRecords": [
                {
                    "Value": "ns-75.awsdns-09.com."
                },
                {
                    "Value": "ns-1731.awsdns-24.co.uk."
                },
                {
                    "Value": "ns-1383.awsdns-44.org."
                },
                {
                    "Value": "ns-903.awsdns-48.net."
                }
            ],
            "Type": "NS",
            "Name": "aws-jissen3.eample.com.",
            "TTL": 172800
        },
        {
            "ResourceRecords": [
                {
                    "Value": "ns-75.awsdns-09.com. awsdns-hostmaster.amazon.com. 1 7200 900 1209600 86400"
                }
            ],
            "Type": "SOA",
            "Name": "aws-jissen3.eample.com.",
            "TTL": 900
        }
    ]
}
```

Record Setの削除

　Hosted Zoneを削除するには、まずSOAレコードとZone ApexのNSレコード(後述する例では、aws-jissen.example.comとaws-jissen-cli.example.com)を除いたRecord Setを削除する必要があります。

第4章 DNSの設定と公開(Route53)

✚ マネジメントコンソールの場合

マネジメントコンソールからRecord Setを削除する場合、削除対象のRecord Setすべてにチェックを入れ、`Delete Record Set`ボタンをクリックします。図4.9のような確認のダイアログが表示されますので、`Confirm`ボタンをクリックすると、削除が完了します。

図4.9 Record Set削除の確認ダイアログ

✚ AWS CLIの場合

AWS CLIを利用した場合は、以下のようなJSONを作成して、route53 change-resource-record-setsコマンドを利用してRecord Setを削除します。

```
$ cat delete_record_sets.json
{
  "Comment": "Delete All records sets.",
  "Changes": [
    {
      "Action": "DELETE",
      "ResourceRecordSet": {
        "Name": "www.aws-jissen-cli.example.com",
        "Type": "A",
        "TTL": 300,
        "ResourceRecords": [
          {
            "Value": "192.0.2.10"
          }
        ]
      }
    },
    {
      "Action": "DELETE",
      "ResourceRecordSet": {
        "Name": "www2.aws-jissen-cli.example.com",
        "Type": "A",
        "TTL": 300,
        "ResourceRecords": [
          {
```

4.4 Route 53の利用停止

```
                    "Value": "192.0.2.11"
                }
            ]
        }
    }
  ]
}
$ aws route53 change-resource-record-sets \
--hosted-zone-id ZXXXXXXXXXXXX \
--change-batch file:///home/ec2-user/delete_record_sets.json
{
    "ChangeInfo": {
        "Status": "PENDING",
        "Comment": "Delete All records sets.",
        "SubmittedAt": "2014-07-22T09:02:14.492Z",
        "Id": "/change/C2VVXX2IXCJ6C6"
    }
}
$ aws route53 list-resource-record-sets --hosted-zone-id ZXXXXXXXXXXXX
{
    "ResourceRecordSets": [
        {
            "ResourceRecords": [
                {
                    "Value": "ns-1400.awsdns-47.org."
                },
                {
                    "Value": "ns-1995.awsdns-57.co.uk."
                },
                {
                    "Value": "ns-39.awsdns-04.com."
                },
                {
                    "Value": "ns-677.awsdns-20.net."
                }
            ],
            "Type": "NS",
            "Name": "aws-jissen-cli.example.com.",
            "TTL": 172800
        },
        {
            "ResourceRecords": [
                {
                    "Value": "ns-1400.awsdns-47.org. awsdns-hostmaster.amazon.com.
 1 7200 900 1209600 86400"
                }
```

第4章 DNSの設定と公開（Route53）

```
        ],
        "Type": "SOA",
        "Name": "aws-jissen-cli.example.com.",
        "TTL": 900
    }
    ]
}
```

これで最低限のRecord Setだけになったので、Hosted Zoneが削除できるようになりました。

Hosted Zoneの削除

✚ マネジメントコンソールの場合

最後にHosted Zoneを削除して、対象のドメインについてはRoute 53から参照できないようにしましょう。

マネジメントコンソールからHosted Zoneを削除するには、Hosted Zoneの一覧画面から削除対象のHosted Zoneにチェックを入れて Delete Hosted Zone ボタンをクリックします。すると確認ダイアログが表示されるので、 Confirm ボタンをクリックして削除が完了となります。

✚ AWS CLIの場合

AWS CLIを利用した場合は、以下のようなJSONを作成して、route53 delete-hosted-zone コマンドを利用してHosted Zoneを削除します。削除が完了したかどうかは、route53 get-change コマンドで調べることができます。

```
$ aws route53 delete-hosted-zone --id ZXXXXXXXXXXXXX
{
    "ChangeInfo": {
        "Status": "PENDING",
        "SubmittedAt": "2014-08-18T08:36:54.165Z",
        "Id": "/change/C2BAN271BM5G3S"
    }
}
$ aws route53 get-change --id /change/C2BAN271BM5G3S
{
    "ChangeInfo": {
        "Status": "INSYNC",
        "SubmittedAt": "2014-08-18T08:36:54.165Z",
        "Id": "/change/C2BAN271BM5G3S"
    }
}
```

}

4.5 VPCの内部DNSとしての利用

　初期のRoute 53では外部公開はされますが、プライベートIPアドレスを登録してVPC[注22]内部の名前を解決できました。プライベートIPアドレスでのアクセスは制限されているものの、内部ネットワークのホスト名やIPアドレス情報が公開されているという状態を許容して利用する必要がありました。

　内部DNS機能がリリースされた現在では、完全にVPC内部に閉じたDNSサーバとして設定できるようになりました。また、Route 53の機能として提供されているため、APIやコマンドラインでの管理や操作が可能になり、運用の自動化が進めやすくなりました。

　Route 53でVPCの内部DNSとして利用するには、名前解決を利用したいVPCでDNS resolutionとDNS hostnameの設定値が「yes」となっていることを確認してください（**図4.10**）。これらの設定が有効になっていないと、Route 53で内部DNSを設定しても名前解決は行えません。

図4.10　VPCのDNS設定値の確認

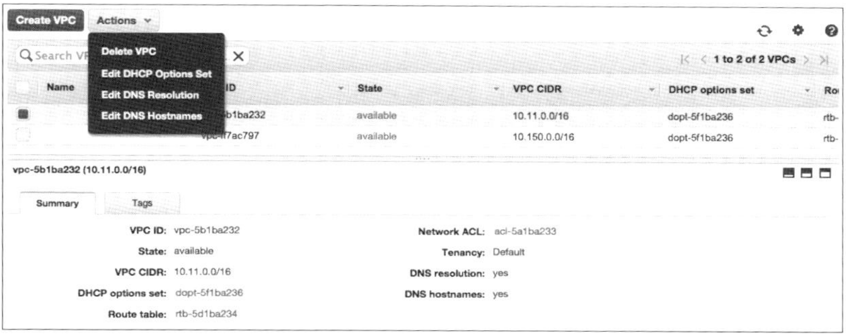

　もし、先述の設定値のいずれかもしくは両方が「no」になっている場合は、対象のVPCを選択して Actions ボタンをクリックし、 Edit DNS Resolution や

注22　VPCについては**5章**を参照してください。

第4章 DNSの設定と公開（Route53）

Edit DNS Hostname から設定値を変更してください。

これで内部DNSの機能を利用するための準備は整いました。実際設定してみましょう。

マネジメントコンソールの場合

内部DNSの設定と公開用DNSの設定での違いは、Hosted Zone (Private Hosted Zone) を作成する際に、内部DNSに登録されたRecord Setの名前解決を行いたいVPCを関連付けするかどうかだけです（**図4.11**）。

図4.11 Private Hosted Zoneの作成

図4.11のように Hosted Zone の Type に「Private Hosted Zone for Amazon VPC」を選択し、VPC IDには名前解決を行いたいVPCのIDを選択します[注23]。VPC IDを複数登録したい場合は、**図4.12**のように Associate New VPC ボタンから追加できます。

注23　マネジメントコンソールにログインしているアカウントが操作可能なVPC IDが、選択肢として表示されます。

4.5 VPCの内部DNSとしての利用

図4.12 VPC IDの追加

```
Hosted Zone Details
      Domain Name: internal.aws-jissen.local.
             Type: Private Hosted Zone for Amazon VPC
    Hosted Zone ID: Z2ZL0VP7PIY3XG
  Record Set Count: 2
          Comment: Jissen private dns
    Associated VPC: vpc-5b1ba232 | ap-northeast-1
                [Associate New VPC]
```

　Record Setの登録については、特に公開用の手順と変わりません。動作確認のために、表4.2のようなRecord Setを登録します。2015年9月現在、Private Hosted ZoneではS3/ELB/CloudFrontのエンドポイントへALIASレコードを設定することはサポートされていないようです。各エンドポイントに内部DNSでのみ解決できる別名を付ける場合は、CNAMEで対応することになります。

表4.2 Private Hosted Zoneの動作確認用 Record Set

Name	Type	Value
web001	A	192.0.2.100
blog	CNAME	blog.aws-jissen.example.com.s3-website-ap-northeast-1.amazonaws.com

　それでは、作成したHosted Zoneに関連付けられているVPC内のEC2インスタンスから表4.2のRecord Setが名前解決できるかどうかを確認してみましょう。以下の出力結果は紙面の都合上、一部省略して表記してあります。

```
$ dig web001.internal.aws-jissen.example

;; QUESTION SECTION:
;web001.internal.aws-jissen.example.    IN    A

;; ANSWER SECTION:
web001.internal.aws-jissen.example. 300 IN A   192.0.2.100

;; Query time: 3 msec
;; SERVER: 10.11.0.2#53(10.11.0.2)


$ dig blog.internal.aws-jissen.example
;; QUESTION SECTION:
;blog.internal.aws-jissen.example.      IN   A
```

第4章 DNSの設定と公開（Route53）

```
;; ANSWER SECTION:
blog.internal.aws-jissen.example. 300 IN CNAME   blog.aws-jissen.example.com.
s3-website-ap-northeast-1.amazonaws.com.
blog.aws-jissen.example.com.s3-website-ap-northeast-1.amazonaws.com. 60 IN
CNAME s3-website-ap-northeast-1.amazonaws.com.
s3-website-ap-northeast-1.amazonaws.com. 30 IN A 54.231.226.43

;; Query time: 11 msec
;; SERVER: 10.11.0.2#53(10.11.0.2)
```

　上記の実行結果の通り、名前解決できています。これで内部DNSのためにBINDなどを別途構築して管理をする必要がなくなり、運用やパッチあてに苦しむこともなくなります。

AWS CLIの場合

　コマンドラインからも内部DNSの設定を行ってみましょう。
　Private Hosted Zoneは新機能ですので、まず最新版のAWS CLIを取得してから以下のように作業を行います。AWS CLIのバージョンによってコマンドラインオプションが追加／変更されていることもありますので、マニュアルを参照しつつ実行するのがよいでしょう。

```
$ sudo pip install awscli --upgrade
```

　AWS CLIのアップデートが完了したら、以下のようにPrivate Hosted Zoneを作成します。Public Hosted Zoneとの違いは、「--vpc」オプションでリージョンとVPC IDを指定しているところです。

```
$ aws route53 create-hosted-zone --name aws-jissen-cli.example \
--vpc VPCRegion=ap-northeast-1,VPCId=vpc-xxxxxxxx \
--caller-reference AWS-jissen-create-private-hosted-zone \
--hosted-zone-config Comment="AWS JISSEN NYUMON PRIVATE(CLI)"
{
    "ChangeInfo": {
        "Status": "PENDING",
        "SubmittedAt": "2014-12-02T01:01:26.935Z",
        "Id": "/change/C13NUHSUPW0MKE"
    },
    "HostedZone": {
        "ResourceRecordSetCount": 2,
```

4.5 VPCの内部DNSとしての利用

```
            "CallerReference": "AWS-jissen-create-private-hosted-zone",
            "Config": {
                "Comment": "AWS JISSEN NYUMON PRIVATE(CLI)",
                "PrivateZone": true
            },
            "Id": "/hostedzone/Z3L6JXK71KLMYW",
            "Name": "aws-jissen-cli.example."
        },
        "Location": "https://route53.amazonaws.com/2013-04-01//hostedzone/ Z3L6JX
K71KLMYW",
        "VPC": {
            "VPCId": "vpc-xxxxxxxx",
            "VPCRegion": "ap-northeast-1"
        }
}
```

関連付けるVPCを追加する場合は、以下のようにroute53 associate-vpc-with-hosted-zoneコマンドを利用します。

```
$ aws route53 associate-vpc-with-hosted-zone \
--hosted-zone-id Z3L6JXK71KLMYW \
--vpc VPCRegion=ap-northeast-1,VPCId=vpc-xxxxxxxx
{
    "ChangeInfo": {
        "Status": "PENDING",
        "Comment": null,
        "SubmittedAt": "2014-12-02T01:11:16.163Z",
        "Id": "/change/C2NWO1IDECF4N"
    }
}
```

Record Setの設定は公開用の場合と違いはありません。以下のようにRecord Setを登録し、内部で名前解決ができることを確認してみましょう。登録したRecord Setは表4.2と同じです。

```
$ dig web001.aws-jissen-cli.example

;; QUESTION SECTION:
;web001.aws-jissen-cli.example.    IN    A

;; ANSWER SECTION:
web001.aws-jissen-cli.example. 300 IN A    192.0.2.100

;; Query time: 3 msec
;; SERVER: 10.11.0.2#53(10.11.0.2)
```

```
$ dig blog.aws-jissen-cli.example

;; QUESTION SECTION:
;blog.aws-jissen-cli.example.   IN   A

;; ANSWER SECTION:
blog.aws-jissen-cli.example. 300   IN   CNAME   blog.aws-jissen.example.com.
s3-website-ap-northeast-1.amazonaws.com.
blog.aws-jissen.example.com.s3-website-ap-northeast-1.amazonaws.com. 60 IN
CNAME s3-website-ap-northeast-1.amazonaws.com.
s3-website-ap-northeast-1.amazonaws.com. 41 IN A 54.231.226.19

;; Query time: 14 msec
;; SERVER: 10.11.0.2#53(10.11.0.2)
```

　これでコマンドラインでも内部DNSの設定が確認できました。公開用／内部用どちらのDNS設定もコマンドラインで完結するため、ますます自動化がはかどるでしょう。

4.6 まとめ

　本章では、AWSのDNSサービスRoute 53のさまざまな使い方を説明しました。

　外部公開用のDNSサービスとしてだけでなく、VPCの内部DNSとしても利用でき、SLA 100％を誇るRoute 53を利用して、より安定したサービスを構築しましょう。そして、パッチあての呪縛からも解放されましょう。

第5章 ネットワークの設計と設定（VPC）

第5章　ネットワークの設計と設定（VPC）

ITの世界ではサーバの仮想化やコンテナ化が進んでいますがネットワークも例外ではありません。本章ではAWS上に仮想ネットワークを構成するAmazon VPC（*Virtual Private Cloud*、以下VPC）と、VPCへの接続などについて解説します。

5.1 Amazon VPC（Virtual Private Cloud）の概要

AWSは「パブリッククラウド」として広く認知されていますが、これは正解でもあり間違いでもあります。確かに本章で解説するVPCという機能が提供される以前のAWSは、すべてのサービスをインターネット経由で利用する必要がありました。しかし現在ではVPCを使って自由にネットワークを設計し、あたかもクローズドな専用のデータセンターのように利用できるようになりました。

本章では、VPCを賢く使うためのさまざまな機能と勘所について解説します。

VPCとは

VPCは、その名の通りAWS上に論理的な仮想ネットワークを作成できるサービスです。VPCを使うことによって、アプリケーションサーバを配置する外部ネットワークからインターネットへ接続可能なDMZサブネット、またはデータベースサーバなどを配置するインターネットからは接続できないプライベートサブネットを作成できます。また、インターネットVPNやDirect Connectと呼ばれる閉域網[注1]を使ったセキュアな接続方法も可能です。

仮想プライベートネットワーク

前述したように、VPCが登場する以前は**図5.1**のように、AWSはすべてインターネット経由で接続するパブリッククラウドサービスでした。

注1　通信事業者の中で閉じられたネットワークのことです。

Amazon VPC (Virtual Private Cloud)の概要 **5.1**

図5.1 パブリッククラウドサービス

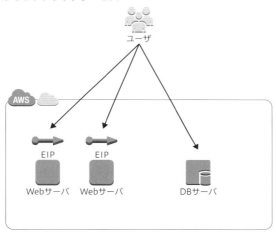

しかし、VPCが登場した今、AWS上で仮想的にプライベートネットワークを作成して、**図5.2**のようなシステム構成も簡単に作成可能になりました。本章を通して図5.2に必要なVPCや各要素の設定、注意すべき点を学習していきます。

図5.2 プライベートクラウドサービス

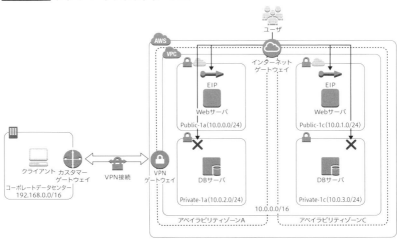

113

第5章 ネットワークの設計と設定（VPC）

仮想ネットワークの設計

「VPCを使った仮想ネットワークを設計する」と聞くと、急にハードルが高くなるような気がしますが、オンプレミス[注2]で培った知識とほんの少しのAWSの仕様を覚えてしまえばけっして難しいことではありません。たとえば、VPCとインターネットVPN接続する場合、ネットワークアドレスが重複して通信できなくなるのはAWSに限ったことではなく、オンプレミスでも同様です。

逆にオンプレミスと違う部分として、ネットワーク機器やラッキング、ケーブリングなどの物理的な部分をAWSにまかせることになるので、ネットワークを設計するための想像力が必要になることが挙げられます。

AWSでは、構成図の作成に必要なAWSシンプルアイコン[注3]を提供しています。それを使って構成図を作成して脳内で構成したものをアウトプットし、チームメンバーへの説明などに使えばネットワーク構成を理解してもらいやすくなると思います。

本章では、マネジメントコンソールの設定画面だけを提示するだけではなく、実際の設定内容を構成図にイメージ化したうえで解説を進めていきます。これは自身の作業結果がどのようになるかの理解を促すことが狙いです。

デフォルトVPC

現在AWSでは、AWSアカウントを作成直後でもVPCが作成されていて、これをデフォルトVPCと呼びます[注4]。VPCがデフォルトで有効になっている理由はいくつかありますが、本書では言及しません。筆者の環境で確認したところ、デフォルトVPCで使っているネットワークアドレスは、172.16.0.0/16となっていました。作成した記憶がないVPCがあったとしても慌てないでください。

注2　自社でハードウェアやソフトウェアを用意してシステムを運用することです。
注3　http://aws.amazon.com/jp/architecture/icons/
注4　古くからのAWSユーザの場合はこの限りではありませんが、今からAWSを利用し始めるユーザや、初めて利用するリージョンでは、デフォルトでVPCが作成されているはずです。

5.2 VPCの作成

　前述したデフォルトVPCを使ってもよいですが、せっかくですので新規にVPCを作成しましょう。新しくVPCを作成することによって、ネットワークアドレスやリージョン、ルーティングテーブルなどを自由に設定できるようになります。

VPCの作成

✚ マネジメントコンソールの場合

　VPCを作成するには、VPCで使用するネットワークアドレスが必要です。VPC全体でネットワークアドレスを定義し、そのネットワークアドレスの中で細かいサブネットを作成するというイメージです。耐障害性を考慮すると、複数のアベイラビリティゾーンを使用することをお勧めしますが、サブネットはアベイラビリティゾーンを越えられないという制限があるので注意してください。

　また、ほかのAWSサービスと同様に、VPCもリージョンごとで完全に独立しています(**図5.3**)。1つのリージョンだけでサービスを提供する場合は特に考慮する必要はありませんが、複数リージョンでサービスを展開する場合は、ネットワークアドレスの設計に注意が必要です。

第5章 ネットワークの設計と設定（VPC）

図5.3 VPCの構成

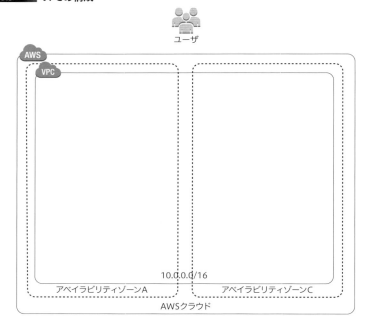

それではさっそくVPCを作成してみましょう。マネジメントコンソールのトップページから **VPC** を選択し、次の画面左メニューから **VPC** を選択します。
画面上部にある **VPCの作成** ボタンをクリックします。VPCの作成画面（**図5.4**）が表示されるので、以下の必要項目を入力します。

- ネームタグ
- CIDRブロック
- テナンシー

図5.4 VPCの作成

ネームタグ にはVPCを識別する名前を入力します。図5.4ではテスト用です

ので「Test」と入力しています。

CIDRブロック はVPC全体のネットワークアドレスをCIDR表記で入力します。図5.4では「10.0.0.0/16」を入力しています。デフォルトでは、作成可能な最大ネットワークアドレス空間は「/16」、最小ネットワークアドレス空間は「/28」ですので注意してください。

テナンシー は物理ハードウェアを専有するオプションです。主に企業のコンプライアンスやライセンスなどの関係で物理的な分離や専有が必要になる場合は有効にします。**テナンシー** を「ハードウェア専有」に設定すると専有オプションが有効になり、EC2の利用料金が通常よりも割高になることに注意してください。今回は専有する必要がないので「デフォルト」で作成します。**作成** ボタンをクリックすると、一意のID（VPC ID）が発行されます。

➕ AWS CLIの場合

VPCの作成は、ec2 create-vpcコマンドで以下のように実行します。作成時のオプションは**表5.1**の通りです。

```
$ aws ec2 create-vpc \
--cidr-block 10.0.0.0/16
{
    "Vpc": {
        "InstanceTenancy": "default",
        "State": "pending",
        "VpcId": "vpc-1a9f6d7f",
        "CidrBlock": "10.0.0.0/16",
        "DhcpOptionsId": "dopt-cd0e1baf"
    }
}
```

表5.1 ec2 create-vpcコマンドのオプション

オプション	説明
--cidr-block	VPCで使用するネットワークアドレスを指定する
--instance-tenancy	ハードウェア専有オプションを指定する

サブネットの作成

➕ マネジメントコンソールの場合

VPCが作成したあとにVPC内にサブネットを作成します。サブネットは、先ほど作成した10.0.0.0/16のネットワークの中に収まるように作成します。前述

第5章 ネットワークの設計と設定（VPC）

の通り、サブネットはアベイラビリティゾーンを越えられないという制限があるため、各アベイラビリティゾーンにサブネットを作成します。

　複数のアベイラビリティゾーンを使えば、仮に1つのアベイラビリティゾーンで障害が発生した場合も影響を軽減させることができます。可能な限り複数のアベイラビリティゾーンを使うようにサブネットを作成してください。

　本書の例ではわかりやすく、インターネットから接続するパブリックサブネットを2つ、インターネットから接続できないプライベートサブネットを2つ作成していきます。

　画面左メニューから サブネット をクリックし、画面上部の サブネットの作成 をクリックします。サブネット作成画面が表示されるので以下の必要項目を入力します（**図5.5**）。

- ネームタグ
- VPC
- アベイラビリティゾーン
- CIDRブロック

図5.5 サブネットの作成

　ネームタグ には、VPCのときと同様にサブネットを識別する名前を入力します。図5.5ではサブネットの用途をわかりやすく表現するため「Public-1a」と入力しています。

　VPC には、サブネットを作成するVPCを選択します。先ほど作成した「VPC(VPC ID)」を選択します。

　アベイラビリティゾーン には、サブネットを作成するアベイラビリティゾーンを指定します。Public-1a用となりますので「ap-northeast-1a」を選択します。

　CIDRブロック には、作成するサブネットで使用するネットワークアドレスをCIDR表記で入力します。図5.5では「10.0.0.0/24」を入力しています。

　残り3つのサブネットも適宜読み替えて同様に作成します（**図5.6**）。筆者が作成したネットワークの例では、**表5.2**のように作成しました。

5.2 VPCの作成

図5.6 サブネットの作成

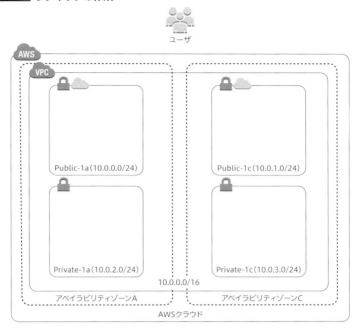

表5.2 サブネットの設定例

ネームタグ	アベイラビリティゾーン	CIDRブロック
Public-1a	ap-northeast-1a	10.0.0.0/24
Public-1c	ap-northeast-1c	10.0.1.0/24
Private-1a	ap-northeast-1a	10.0.2.0/24
Private-1c	ap-northeast-1c	10.0.3.0/24

✚ AWS CLIの場合

サブネットは、以下のようにec2 create-subnetコマンドで作成します。作成時のオプションは表5.3の通りです。

```
$ aws ec2 create-subnet \
--vpc-id vpc-1a9f6d7f \
--cidr-block 10.0.0.0/24 \
--availability-zone ap-northeast-1a
{
```

第5章 ネットワークの設計と設定（VPC）

```
"Subnet": {
    "VpcId": "vpc-1a9f6d7f",
    "CidrBlock": "10.0.0.0/24",
    "State": "pending",
    "AvailabilityZone": "ap-northeast-1a",
    "SubnetId": "subnet-d1a65aa6",
    "AvailableIpAddressCount": 251
}
}
```

表5.3　ec2 create-subnetコマンドのオプション

オプション	説明
--vpc-id	サブネットを作成するVPCのIDを指定する
--cidr-block	サブネットで使用するネットワークアドレスを指定する
--availability-zone	アベイラビリティゾーンを指定する

DHCPの設定

　次はDHCPオプションです。オンプレミスで運用しているサーバでは通常IPアドレスを固定し、DHCPで管理しない場合が多いですが、EC2ではAWSからIPアドレスが動的に割り当てられるため、必然的にDHCPを使用することになります。

　DHCPを使用するとIPアドレスを指定できないと思われるかもしれませんが、VPCを使えば任意のEC2にローカルIPアドレスを固定化できるなどの柔軟な設定が可能です。また、DHCPオプションを使用すればDNSサーバやNTPサーバも任意で指定できますので、ドメインコントローラを使う場合は、ほぼ必須のオプションと言えるでしょう。

　本書の例では、ドメインコントローラを使用しないので割愛しますが、DHCPオプションを新規作成する場合は、画面左メニューから DHCPオプションセット を選択し、画面上の DHCPオプションセットの作成 をクリックしてください。DHCPオプションセットの作成画面が表示されるので以下の必要項目を入力します。

- ネームタグ
- ドメイン名
- ドメインネームサーバ
- NTPサーバ

- NetBIOSネームサーバ
- NetBIOSノードの種類

　ドメインコントローラの作成経験や、ネットワークの運用経験がある方であれば、上記項目については理解できるはずです。ただし、注意点を挙げるならば、各ネームサーバは最大4台まで設定可能なこと、VPCではブロードキャストをサポートしていないため、 NetBIOSノードの種類 が必然的に「2」になることです。
　またVPC上でドメインコントローラを作成する、もしくはインターネットVPNや閉域網接続された別拠点のドメインコントローラを参照する場合においてもDHCPオプションを使用します。

ネットワークACLの設定

　AWSでは、ファイアウォールの役割としてセキュリティグループがありますが、VPCを使用することによって、ネットワークACLも使用可能になります。ファイアウォールという意味では役割は同じですが、セキュリティグループとネットワークACLでは、**表5.4**に挙げる違いがあります。

表5.4　セキュリティグループとネットワークACLの比較

機能	ルールの書式	評価方法	有効範囲	状態管理
セキュリティグループ	IPアドレス、ネットワークアドレス、セキュリティグループ名でのTCP/IPポート番号	ホワイトリスト	EC2単位	ステートフル
ネットワークACL	IPアドレス、ネットワークアドレスでのTCP/IPポート番号	ホワイトリスト、ブラックリスト	サブネット単位	ステートレス

　ネットワークACLはサブネット単位で有効となり、対象のサブネット内にあるすべてのEC2に適用されます。また、評価方法にはブラックリストも使用でき、悪意ある外部ネットワークのIPアドレスからの接続を遮断することもできます。注意すべき点として、状態管理がステートレスであるため、通信のインバウンドとアウトバウンドの両方をルールに追加する必要があります。
　セキュリティグループとネットワークACLではできることが少し異なりますが、AWSのファイアウォールという意味では同じ役割を持っています。筆者の個人的意見としては、どちらか片方の機能でアクセス制限を管理したほうが問題発生時の切り分けや運用が楽になれるのではないかと考えています。企業の

第5章 ネットワークの設計と設定（VPC）

セキュリティポリシーや要件とよく照らし合わせて検討してください。

✚ デフォルトのネットワークACL設定

ネットワークACLは、デフォルトの状態ではインバウンド、アウトバウンド共にすべての通信を許可するルールになっています（**表5.5**、**表5.6**）。

表5.5 デフォルトのネットワークACL設定（インバウンド）

ルール	タイプ	プロトコル	ポート番号	ソース	許可／拒否
100	すべての通信	すべて	すべて	0.0.0.0/0	許可
*	すべての通信	すべて	すべて	0.0.0.0/0	拒否

表5.6 デフォルトのネットワークACL設定（アウトバウンド）

ルール	タイプ	プロトコル	ポート番号	ソース	許可／拒否
100	すべての通信	すべて	すべて	0.0.0.0/0	許可
*	すべての通信	すべて	すべて	0.0.0.0/0	拒否

ネットワークACLのルールは、ルール番号の小さい順に評価されます。デフォルトの設定の場合は、「すべての通信を許可する」設定がルール100に入っているだけですので、すべての通信を許可しています。「*（アスタリスク）」は、どのルールにもマッチしない場合に評価される最後のルールで、すべての通信を拒否しています。

ネットワークACLを設定する場合、デフォルトで設定されているルール100を削除して新たにルールを作成します。ネットワークACLを作成するには、画面左メニューから ネットワークACL をクリックし、画面上部の ネットワークACLの作成 をクリックして、ネットワークACLを新規作成します。

✚ Webサーバを公開する場合のネットワークACL設定

表5.7 と **表5.8** は、Webサーバを公開する場合の設定例です。アウトバウンドにエフェメラルポート[注5]の接続許可の設定を入れるところがポイントです。実際には、管理用接続のSSHやRDPに使うポートも接続許可設定することになるでしょう。

注5　他と重複しないように一時的に割り当てられるポートのことです。

5.2 VPCの作成

表5.7 Webサーバを公開する場合のネットワークACL設定（インバウンド）

ルール	タイプ	プロトコル	ポート番号	ソース	許可／拒否
100	HTTP（80）	TCP	80	0.0.0.0/0	許可
110	HTTPS（443）	TCP	443	0.0.0.0/0	許可
*	すべての通信	すべて	すべて	0.0.0.0/0	拒否

表5.8 Webサーバを公開する場合のネットワークACL設定（アウトバウンド）

ルール	タイプ	プロトコル	ポート番号	ソース	許可／拒否
100	カスタムTCPルール	TCP	1024〜65535	0.0.0.0/0	許可
*	すべての通信	すべて	すべて	0.0.0.0/0	拒否

インターネットゲートウェイの作成

✚ マネジメントコンソールの場合

　VPCではデフォルトの設定で、VPC内部のEC2インスタンスがインターネットと通信できない状態になっています。EC2インスタンスからインターネットへ接続、またはインターネットからEC2インスタンスへ接続する場合は、インターネットゲートウェイ（Internet GateWay）の作成とVPCへのアタッチ、サブネットのルーティングの設定変更が必要です。

　インターネットゲートウェイは、VPCとインターネットをつなげる見えない仮想ルータだとイメージしてください。インターネットゲートウェイの作成に特別な設定は必要ありません。画面左メニューの インターネットゲートウェイ をクリックし、 インターネットゲートウェイの作成 をクリックして、任意のVPCにアタッチします。

✚ AWS CLIの場合

　インターネットゲートウェイを作成するには、以下のようにec2 create-internetgatewayコマンドで実行します。作成時のオプションはありません。

```
$ aws ec2 create-internet-gateway
{
    "InternetGateway": {
        "Tags": [],
        "InternetGatewayId": "igw-xxxxxxxx",
        "Attachments": []
    }
}
```

第5章　ネットワークの設計と設定（VPC）

VPCへのアタッチ

➕ マネジメントコンソールの場合

インターネットゲートウェイを作成後、任意のVPCにアタッチします。作成したインターネットゲートウェイを選択し、 VPCにアタッチ をクリックしてアタッチするVPCを選択します。

➕ AWS CLIの場合

インターネットゲートウェイは、ec2 attach-internet-gatewayコマンドでVPCにアタッチします。アタッチする際のオプションは**表5.9**の通りです。

```
$ aws ec2 attach-internet-gateway \
--internet-gateway-id igw-xxxxxxxx \
--vpc-id vpc-xxxxxxxx
```

表5.9 ec2 attach-internet-gatewayコマンドのオプション

オプション	説明
--vpc-id	インターネットゲートウェイをアタッチするVPCのIDを指定する
--internet-gateway-id	VPCにアタッチするインターネットゲートウェイのIDを指定する

ルーティングの設定

➕ マネジメントコンソールの場合

次にルーティングの設定を行います。

VPC内部に起動したEC2インスタンスのルーティングは、基本的にVPCのルートテーブルで制御されています。EC2上でルーティングを制御することも可能ですが、特別な理由がない場合は、ルートテーブルで管理するほうが運用面で楽になります。

ルートテーブルは、VPCの各サブネットに対して宛先のネットワークアドレス、またはIPアドレスへのルーティング制御が可能です。先ほどインターネットゲートウェイを作成し、VPCにアタッチしましたが、ルートテーブルでルーティングを設定しないと有効にならないので注意してください。

それでは、ルートテーブルを作成してみましょう。画面左メニューの ルートテーブル をクリックし、 ルートテーブルの作成 をクリックします。ルートテーブルの作成画面が表示されます。

ネームタグにはルートテーブルの名前、VPCには作成したVPCを選択しま

す。作成が完了するとユニークなルートテーブルIDが付与されて一覧画面に表示されます。

一覧で先ほど作成したルートテーブルを選択し、画面下に表示される**ルート**タブ、**サブネットの関連付け**タブから詳細を設定します。Public-1a、Public-1cをインターネットに接続するサブネット、Private-1a、Private-1cをインターネットに接続しないサブネットとし、**表5.10**〜**表5.13**のようにルーティングを設定します[注6]（**図5.7**）。

表5.10 ルート（パブリックルート）

宛先	ターゲット
10.0.0.0/16	local
0.0.0.0/0	igw-xxxxxxxx

表5.11 サブネットの関連付け（パブリックルート）

サブネット	CIDR
subnet-xxxxxxxx	Public-1a|10.0.0.0/24
subnet-yyyyyyyy	Public-1c|10.0.1.0/24

表5.12 ルート（プライベートルート）

宛先	ターゲット
10.0.0.0/16	local

表5.13 サブネットの関連付け（プライベートルート）

サブネット	CIDR
subnet-xxxxxxxx（Private-1a）	10.0.2.0/24
subnet-yyyyyyyy（Private-1c）	10.0.3.0/24

注6　VPC作成時にデフォルトのルートテーブルが作成されていますが、これはどのルートテーブルにも所属しないサブネットに適用されるルートテーブルです。

第5章 ネットワークの設計と設定（VPC）

図5.7 ルートテーブルの作成

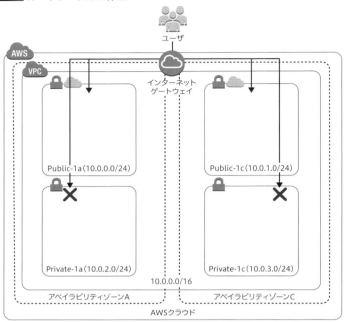

5.3 インターネットVPNによるVPCとの接続

　VPCを使う大きな目的の一つとして、AWSとインターネットVPNの接続や、閉域網接続できることが挙げられるでしょう。インターネットVPNや閉域網接続を使うことで、AWSをあたかも隣のネットワークにサーバやシステムを構築したかのように使うことができます。

　特に企業の社内システムや会計システムは、インターネットからは接続できる必要がないことも多いので、インターネットVPNや閉域網接続は、セキュリティ的な要求に対して非常に有効な接続手段になります。

　VPCとインターネットVPN接続を確立するための手順は後述しますが、設定作業のイメージをつかんでもらうために大まかな作業項目は以下の通りとなります。またインターネットVPNの技術的な詳細や、閉域網接続の詳細につい

ては本書では取り扱いません。

- VPC対向側グローバルIPアドレスの登録とルーティングの選択
- VPC側仮想VPNルータの作成と接続するVPCの選択
- インターネットVPN接続の作成とVPC対向側VPNルータの設定
- ルートテーブルの設定

CGW(Customer GateWay)の作成

✚ マネジメントコンソールの場合

　AWSはインターネットVPN接続にIPsecをサポートしています。逆に言えば、IPsecをサポートしていないVPNルータではVPCとのインターネットVPN接続は難しいでしょう。インターネットVPN接続するには、事前共有鍵や暗号化方式などの細かい設定情報が必要になりますが、後述するAWS側の仮想VPNルータの設定変更はできない仕様になっているので、VPC対向側のVPNルータの設定をAWSに合わせることになります。

　VPCとインターネットVPN接続を確立するには、まずはインターネットVPN接続する対向側のIPアドレスをAWSに登録します。AWSでは対向側のグローバルIPアドレスをCGW(Customer GateWay)として登録しますが、この時点でルーティング方式を決定しないといけません。

　VPCとのインターネットVPN接続は、静的ルーティングと動的ルーティングの2種類のルーティングをサポートしています。

　静的ルーティングの場合は、VPNルータとAWS側の両方でネットワークアドレスに対してルーティングを設定する必要がありますが、必要最低限のルーティング情報のみ設定すれば接続が可能になります。

　対して動的ルーティングの場合は、BGP[注7](Border Gateway Protocol)を介してルーティングが伝播されるので、管理が楽な反面、必要以上のルーティングが対向側に伝播されてしまう可能性があるので注意が必要です。

　それでは、CGWを作成してみましょう。CGWは、画面左メニューの カスタマーゲートウェイ を選択し、 カスタマーゲートウェイの作成 ボタンをクリックします。作成の際はルーティング方法を選択する必要があります。事前にルーティング方法を決めておき、「静的」と「動的」の2つから選択してください。今

注7　AS(自律システム)間でルート情報をやりとりするためのプロトコルです。インターネットのバックボーンなどで使用されています。

第5章 ネットワークの設計と設定（VPC）

回は動的ルーティングでCGWを作成しました（**図5.8**）。

図5.8 CGWの作成

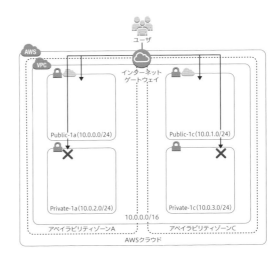

✚ AWS CLIの場合

CGWはec2 create-customer-gatewayコマンドで以下のように作成します。作成時のオプションは**表5.14**の通りです。

```
$ aws ec2 create-customer-gateway \
--type ipsec.1 \
--public-ip 203.0.113.1 \
--bgp-asn 65000
{
    "CustomerGateway": {
        "CustomerGatewayId": "cgw-xxxxxxxx",
        "IpAddress": "203.0.113.1",
        "State": "available",
        "Type": "ipsec.1",
        "BgpAsn": "65000"
    }
}
```

5.3 インターネットVPNによるVPCとの接続

表5.14 ec2 create-customer-gatewayコマンドのオプション

オプション	説明
--type	VPNの接続タイプを指定する
--public-ip	VPCに接続するグローバルIPアドレスを指定する
--bgp-asn	BGP AS番号を指定する

VGW(Virtual GateWay)の作成

➕ マネジメントコンソールの場合

CGWの作成が完了したら、次にVPC側の仮想VPNルータを作成します。AWSでは、この仮想VPNルータをVGW(Virtual GateWay)と呼びます。VGWはVPCにアタッチし、VPCと1対1になっている必要があるので注意してください。

VGWは画面左メニューの 仮想プライベートゲートウェイ を選択し、 仮想プライベートゲートウェイの作成 ボタンをクリックします。作成した VGW を選択して VPCにアタッチ ボタンをクリックすると、任意のVPCにアタッチします(図5.9)。

図5.9 VGWの作成

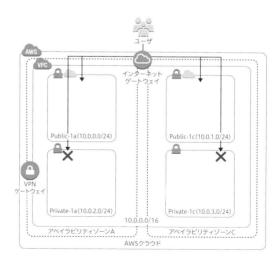

➕ AWS CLIの場合(VGWの作成)

VGWを作成するには、ec2 create-vpn-gatewayコマンドを以下のように実

129

行します。作成時のオプションは**表5.15**の通りです。

```
$ aws ec2 create-vpn-gateway \
--type ipsec.1
{
    "VpnGateway": {
        "State": "available",
        "Type": "ipsec.1",
        "VpnGatewayId": "vgw-xxxxxxxx",
        "VpcAttachments": []
    }
}
```

表5.15 ec2 create-vpn-gatewayコマンドのオプション

オプション	説明
--type	VPNの接続タイプを指定する

✚ AWS CLIの場合（VGWのVPCへのアタッチ）

VGWは、ec2 attach-vpn-gatewayコマンドで以下のように任意のVPCにアタッチします。アタッチするときのオプションは**表5.16**の通りです。

```
$ aws ec2 attach-vpn-gateway \
--vpn-gateway-id vgw-xxxxxxxx \
--vpc-id vpc-xxxxxxxx
{
    "VpcAttachment": {
        "State": "attaching",
        "VpcId": "vpc-xxxxxxxx"
    }
}
```

表5.16 ec2 attach-vpn-gatewayコマンドのオプション

オプション	説明
--vpn-gateway-id	VPCにアタッチするVGWを指定する
--vpc-id	VGWをアタッチするVPCを指定する

VPN接続の作成

✚ マネジメントコンソールの場合

CGW、VGWが作成できたら最後にVPN接続を作成してVPC側の接続準備を完了させます。左側メニューの **VPN接続** を選択し、**VPN接続の作成** をクリッ

クします。VPN接続の作成には、CGW、VGW、ルーティング方式が必要になります。 仮想プライベートゲートウェイ で、作成済のCGWとVGWの中から選択します。

　この作業が完了すると、VPCはインターネットVPN接続を待ち受ける状態になります。VPCはあくまで待ち受けている状態ですので、対向側VPNルータにVPN接続の設定を実施します。インターネットVPN接続に必要な情報はAWSから提供されます。 設定のダウンロード ボタンをクリックし、対向側VPNルータの設定に必要な情報とサンプルコンフィグをダウンロードします。

　AWSがサポートするいくつかのベンダーと製品の設定に合わせた形でダウンロードが可能になっています。使用するVPNルータに合わせて、ベンダー、プラットフォーム、ソフトウェアを選択してダウンロードしてください。また、この設定はあくまでサンプル（ベース）ですので、使用するVPNルータや環境に合わせて修正してください。対向側VPNルータの設定が完了すると、トンネル詳細のステータスが「UP」になり、インターネットVPN接続が確立されます。

　対向側VPNルータ設定の際に気がついたと思いますが、VPCでは2つのVPNトンネルを使用します。これはAWS側で冗長性を保つための設計で、1つのインターネットVPN接続に障害やメンテナンスが発生した場合も、もう1つのVPNトンネルを使ってインターネットVPN接続を継続できるようにするためです。実際にVPCとインターネットVPNを接続する場合はさまざまな障害を想定し、片方のVPNトンネルを意図的にダウンさせて通信の挙動を確認してください。障害時の挙動を確認することで安心して本番運用を迎えられるはずです（図5.10）。

第5章 ネットワークの設計と設定（VPC）

図5.10 VPN接続の作成

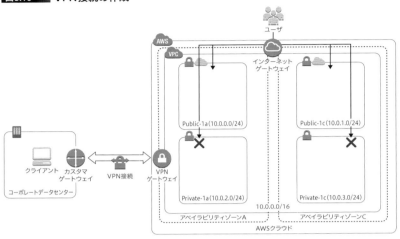

✚ AWS CLIの場合

VPN接続は、ec2 create-vpn-connectionコマンドで以下のように作成します。作成時のオプションは**表5.17**の通りです。

```
$ aws ec2 create-vpn-connection \
--type ipsec.1 \
--customer-gateway-id cgw-xxxxxxxx \
--vpn-gateway-id vgw-xxxxxxxx
{
    "VpnConnection": {
        "VpnConnectionId": "vpn-xxxxxxxx",
        "CustomerGatewayConfiguration":
（略）
```

表5.17 ec2 create-vpn-connectionコマンドのオプション

オプション	説明
--type	VPNの接続タイプを指定する
--customer-gateway-id	VPN接続に使用するCGWを指定する
--vpn-gateway-id	VPN接続に使用するVGWを指定する

インターネットVPNへのルーティング設定

これまでの設定でインターネットVPN接続が確立されました。最後にルーティングを設定します。

CGWを作成した際に静的、または動的なルーティングを選択しましたが、これはVPNルータ同士のルーティングの取り決めですのでルートテーブルに明示的にルーティングを設定する必要があります。仮に対向側のネットワークアドレスが192.168.0.0/16とした場合、Private-1a、Private-1cのサブネットとルーティングさせるルートテーブルの設定は、**表5.18**、**表5.19**の通りです。

表5.18 プライベートルート（ルート）

宛先	ターゲット
10.0.0.0/16	local
192.168.0.0/16	vgw-xxxxxxxx

表5.19 プライベートルート（サブネットの関連付け）

サブネット	CIDR
subnet-xxxxxxxx（Private-1a）	10.0.2.0/24
subnet-yyyyyyyy（Private-1c）	10.0.3.0/24

ルーティングの設定が完了すると、VPC内のEC2インスタンスと対向側拠点の端末の間で通信が疎通します（**図5.11**）。また、動的ルーティングを使用する場合、対向拠点側のルーティングをAWS側に伝達することが可能です。ルーティングを伝達する場合には対向拠点側のVPNルータにBGPを適切に設定し、VPCのルートテーブルでルート伝達を設定してください。

第5章 ネットワークの設計と設定（VPC）

図5.11 VPNとのルーティング

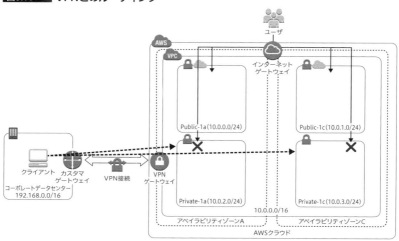

5.4 VPC同士の接続

　VPCは論理的に分離された仮想プライベートネットワークで、VPC間の相互関係や通信の影響は受けないしくみになっています。よって、異なるVPC間を通信するには、インターネット経由で接続する必要がありました。しかし、2014年のアップデートでVPCピアリング機能が提供され、同じリージョン内であれば異なるVPC間をインターネットを経由することなく、相互に通信できるようになりました。この機能によってVPCの利便性は大きく向上し、同時に設計思想も大きく変わることになりました。

VPCピアリングとは

　VPCピアリングは、同じリージョン内のVPC同士を接続する機能です（図5.12）。相互に接続されたVPC間は、プライベートIPアドレスでのローカルネットワーク通信が可能になります。同じAWSアカウント内のVPC間の接続はもちろん、同じリージョン内であれば、異なるAWSアカウントのVPC間でも接続できるしくみになっています。たとえば、監視システム用のVPCを用意

134

5.4 VPC同士の接続

し、別システムが稼働するVPCとVPCピアリングで接続してローカルネットワーク通信で監視する使い方もよいでしょう。

図5.12 VPCピアリング

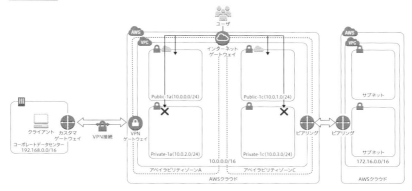

非常に便利なVPCピアリングですが、**表5.20**に挙げた制限事項もいくつか存在します。

表5.20 VPCピアリングの制限事項

制限事項	説明
VPCピアリング接続以外のルーティング	接続されたVPC間のルーティングのみ可能。インターネットVPNからVPCピアリング接続先のVPCにはルーティングできない
同じネットワークアドレスでのピアリング	同じネットワークアドレスアドレスを使ったVPCの接続、ルーティングはできない
異なるリージョン間でのピアリング	同一リージョン内のVPCピアリングのみ

　VPCピアリングは、接続されたVPC間のルーティングをサポートしています。インターネットVPNを経由してVPCピアリングで接続された、VPCへのルーティングはサポートされていません。どうしても接続したい場合は、ソフトウェアルータなどを使ってルーティング、もしくはNATを使って実現する必要があります。

　また、VPCピアリングはL3（レイヤ3）で通信するため、接続するVPCのネットワークアドレスアドレスが同じ場合は、正しくルーティングできないので設計には注意してください。

第5章　ネットワークの設計と設定（VPC）

> Column
>
> ## NATインスタンス
>
> 　NATインスタンスによって、サブネット間の通信を細かく制御したり、インターネットへの出口として使うことができます。NATインスタンスは、AWSからAMIで提供されているものを使ってもよいですし、AWSからNATインスタンス設定方法のドキュメント[注a]が公開されているので参考してください。
>
> 　NATインスタンスとして動作させる際は、対象EC2インスタンスの送信元／送信先の変更チェックを「無効」に設定するのを忘れないようにしましょう。
>
> ---
>
> 注a　http://docs.aws.amazon.com/ja_jp/AmazonVPC/latest/UserGuide/VPC_NAT_Instance.html

VPCピアリングの作成

＋ マネジメントコンソールの場合

　VPCピアリングを設定するには、画面左メニューの ピアリング接続 を選択し、VPCピア接続の作成 をクリックします。この画面で接続したいVPCを選択し、リクエストの承諾 ボタンをクリックすると、VPC同士がピアリング接続されます。同じAWSアカウント内であっても、この手続きは必要になりますので、忘れないように注意してください。

　別のAWSアカウントから接続リクエストがあった場合も同様に、リクエストの承諾 ボタンをクリックして承認します。また、VPCピアリングで接続した場合も、ルーティングはユーザで設定する必要があります。前述したルートテーブルでVPC間を通信させたいサブネットを選択し、ピアリング作成時に生成された「pcx-xxxxxxxx」をターゲットに指定してください。

＋ AWS CLIの場合

　VPCピアリング接続を作成するには、ec2 create-vpc-peering-connectionコマンドを以下のように実行します。作成時のオプションは**表5.21**の通りです。

```
$ aws ec2 create-vpc-peering-connection \
--vpc-id vpc-xxxxxxxx \
--peer-vpc-id vpc-xxxxxxxx
{
    "VpcPeeringConnection": {
        "Status": {
            "Message": "Initiating Request to 012345678901",
```

```
            "Code": "initiating-request"
        },
        "Tags": [],
        "RequesterVpcInfo": {
            "OwnerId": "012345678901",
            "VpcId": "vpc-xxxxxxxx",
            "CidrBlock": "10.0.0.0/16"
        },
        "VpcPeeringConnectionId": "pcx-xxxxxxxx",
        "ExpirationTime": "2014-11-03T23:19:02.000Z",
        "AccepterVpcInfo": {
            "OwnerId": "012345678901",
            "VpcId": "vpc-xxxxxxxx"
        }
    }
}
```

表5.21　ec2 create-vpc-peering-connectionコマンドのオプション

オプション	説明
--vpc-id	ピアリング接続元のVPC IDを指定する
--peer-vpc-id	ピアリング接続先のVPC IDを指定する
--peer-owner-id	ピアリング接続先VPCが別AWSアカウントの場合にオーナーIDを指定する

> Column
>
> ## 1つの拠点（グローバルIPアドレス）から VPCに複数VPN接続
>
> AWSの制限事項として「インターネットVPN接続する場合、1つのリージョンごとにユニークなグローバルIPアドレスが必要になる」というちょっとした罠があります。つまり、1つのグローバルIPアドレスから接続できるVPC（VGW）は、各リージョンで1つだけということです。
>
> これはAWS側の仕様によるもので、インターネットVPN接続の受けとなるVGWに使うIPアドレスが非常に限られていることに起因します。たとえば、企業が使っているグローバルIPアドレスが1つだった場合、東京リージョンの複数のVPCとインターネットVPN接続が難しくなることを意味します。もし複数のインターネットVPN接続をしたい場合は、EC2上でソフトウェアルータやVPNサーバを構築して接続するように回避しなければなりません。

第5章 ネットワークの設計と設定（VPC）

5.5 まとめ

　本章では、VPCの作成からVPN接続まで解説しました。基幹システムなどのセキュリティ要求の高いシステムや、大量のリソースが必要なWebサービスもVPCの設計次第で、まるで専用のデータセンターのように使うことができます。VCPもオンプレミスと同様に初期の設計が非常に重要ですので、要件や将来性を良く考慮して計画的に利用しましょう。

第6章
画像の配信
(S3/CloudFront)

第6章 画像の配信（S3/CloudFront）

本章では、手軽さと高信頼性で人気のインターネットストレージサービス、Amazon S3（*Simple Storage Service*、以下S3）の概要と使い方を紹介します。

6.1 Amazon S3（Simple Storage Service）の概要

S3とは

S3はシンプルでとても使いやすいインターネットストレージサービスです。インターネットストレージは、ローカルストレージやネットワークストレージと比べるとサーバからファイルの読み書きをするなどのパフォーマンスは優位とは言えません。しかし、保存したコンテンツをインターネット経由で配信する場合、サーバのローカルストレージからの配信とS3からの配信での差はありません。むしろ、S3の持つ99.999999999％の耐久性や拡張性、価格の安さ[注1]などを考慮すると、明らかにS3にアドバンテージがあると言えます。

S3はコンテンツを直接配信するためにフロントエンドという使い方もありますが、ローカルストレージやネットワークストレージで管理をするには、運用コストがかさむ大量のファイルを配置するサーバのバックエンドに位置するストレージとしても、非常に役に立ちます。

複数台のWebサーバやアプリケーションサーバで利用する共有ストレージを、可用性を高めて構築／運用するのは高いスキルと高いコストが必要となりますが、S3を利用することで一気に解消できます。従来の実装でファイルシステムへの読み書きをしていた部分をS3への読み書きに変更するだけで、容量を気にせず安価に無限に利用できるストレージが手に入ります。ディスクの故障を気にしたり、交換後にRAID（*Redundant Arrays of Inexpensive Disks*）のリビルドでドキドキする体験ができなくなるのは少しさみしくもあるかもしれません。

しかし、事業を進めるうえで本来やるべきことではないことに時間をかけなくてもよくなり、本当に事業に必要なことだけに集中できます。そういう意味でも、S3は多くのユーザにとって多くのメリットをもたらしてくれるでしょう。

注1　詳細は公式の料金表のページ http://aws.amazon.com/jp/s3/pricing/ を確認してください。

Amazon S3 (Simple Storage Service)の概要 6.1

S3の特徴

S3を構成する要素自体もシンプルです。格納されるデータを表す「オブジェクト」と、オブジェクトを分類して格納しておく器となる「バケット」の2つです。これにさまざまな属性を付与することで、さまざまな機能を提供しています。なお、オブジェクトの名前は「キー名(キー)」と呼びます。

✚ 99.999999999%の耐久性

S3の代表的な特徴として、99.999999999%の耐久性が挙げられます。これを実現するためにスタンダードストレージ[注2]では、1つのリージョンにつきオブジェクトを3ヵ所以上のデータセンターに複製を持つように設計されています。そのため、2つのデータセンターで障害が発生してオブジェクトが消失しても、残りのデータセンターから回復できます。この耐久性を高めた設計によって、オブジェクトの保存時は、複数個所への保存の成功を待ってから結果を返すため、多少レイテンシが高くなることを考慮したほうがよいでしょう。

ただ、これだけの高い耐久性を備えているため、データ更新の間違いなどのオペレーションミスへの備えとしての用途は別として、システム障害の保険としてのバックアップはほぼ気にしなくてよいと言えるでしょう。また、オペレーションミスへの対応として、デイリーのスナップショットを別に取得しなくてもバージョンニング機能を使うことで対応できます。

なお、99.999999999%の耐久性が注目される中で、可用性が99.99%[注3]であることは忘れられがちですのでしっかり覚えておきましょう。

✚ セキュリティ対策

気になるセキュリティ面として、デフォルトではバケットやオブジェクトの所有者にだけアクセス権限が与えられ、所有者であることが認証されなければアクセスできません。バケットやオブジェクトの公開は、後述のACLの設定に従って細かく制御できます。ほかにも、サーバサイドの暗号化やクライアントサイドの暗号化にも対応しているため、さまざまなセキュリティ要件にも対応できます。

注2　耐久性が99.99%の低冗長化ストレージ、アクセス頻度が低いオブジェクトのための標準 − 低頻度ストレージもあります。

注3　標準 − 低頻度ストレージの可用性は99.9%となります。

第6章 画像の配信（S3/CloudFront）

ライフサイクル管理機能

ログファイルやバックアップファイルのアーカイブ場所としても利用されるS3の便利機能に、ライフサイクル管理機能があります。ライフサイクル管理によって、ログローテーションのように保管から指定時間が経過したものを削除したり、より低価格なストレージであるAmazon Glacier（以下Glacier）へアーカイブできます。このライフサイクル管理機能を設定しておけば、利用者はアーカイブのためにS3に保存する処理だけを実装すればよいので、運用がたいへん楽になります。

制限事項

S3には**表6.1**のような制限があります。利用の際に注意してください。

表6.1　S3における制限

項目	制限内容
データ総量	無制限
オブジェクト数	無制限
1オブジェクトのサイズ	1バイト〜5TB（0バイトのオブジェクトは作成不可）
1回のPUTでアップロード可能なサイズ	5GB（100MB超の場合は後述のマルチパートアップロードの利用を推奨）
バケットの最大数	1アカウントあたり100個
バケット名	全ユーザでユニークにしなければならない、DNS名として利用可能な形式であること[a]
バケット／オブジェクトあたりのACL数	1バケット／オブジェクトあたり100個
バケットポリシーサイズ	20KB

注a　詳細はhttp://docs.aws.amazon.com/ja_jp/AmazonS3/latest/dev/BucketRestrictions.htmlを確認してください。

アクセス制限

S3では、**表6.2**に挙げる3つの方法でバケットやオブジェクトにアクセス制限を設定できます。

Amazon S3 (Simple Storage Service)の概要　6.1

表6.2　S3におけるアクセス制限

アクセス制限	説明
ACL	バケットやオブジェクトに対して個別に許可を与える。AWSアカウントや全ユーザ（認証なしのユーザ）、S3のアクセスログ記録専用ユーザに対して「READ（読み込み）」「WRITE（書き込み）」「READ_ACP（ACLの読み込み）」「WRITE_ACP（ACLの書き込み）」「FULL_CONTROL（READ + WRITE + READ_ACP+WRITE_ACP）」を与えることができる。これらを組み合わせた規定ACL[注a]もあり、それも指定可能
バケットポリシー	ポリシー言語を用いて、バケットに対してバケット自体や配下のオブジェクトへのアクセス制限をJSON形式で記述する。READやWRITEのような大まかな指定ではなく、Get/Put/Delete/ListのようなAPIのアクション単位での制限が可能。AWSアカウントやIPアドレスに対してのアクセス制限を設定できる
IAMポリシー	IAM（**10章**参照）を利用したアクセス制限。ポリシー言語を用いて、IAMのユーザ／グループ／ロールに対してのポリシーをJSON形式で記述する

注a　http://docs.aws.amazon.com/ja_jp/AmazonS3/latest/dev/ACLOverview.html#CannedACL

いずれの方法を利用したとしても、アクセス制限のポリシーは以下のように評価されます。

①デフォルト拒否からスタートして評価を開始する

②明示的な拒否ポリシーがあれば、最終結果を拒否として評価を終了する

③明示的な拒否がない場合、明示的な許可があれば最終結果を許可として評価を終了する

④明示的なポリシーがなければ、デフォルト拒否のまま評価を終了する

最終結果が許可となるのは、明示的に許可するポリシーが存在していて、それを上書きする拒否ポリシーが存在しない場合だけです。

3つのアクセス制限とは別に、認証文字列をURLに付与することで限定的にオブジェクトを公開することも可能です。指定のオブジェクトを常に公開したくないが、一時的にアクセス可能な状態にしたい場合に非常に便利です。この方式を用いるとURL中にexpireというパラメータが含まれるため、これを変更すれば最初に指定した期間を過ぎてもアクセスできるように思えます。しかし、認証文字列を作成にも有効期限を含んでいるため、有効期限が切れたURLを利用してexpireパラメータを改変したとしても認証エラーになります。

S3ではさまざまな方法でアクセス制限をできますので、目的にあったものを選んで便利に安全に利用しましょう。

第6章　画像の配信（S3/CloudFront）

6.2　S3の基本操作

それでは、S3の基本的な操作から見ていきましょう。S3のコマンドラインにはs3コマンドとs3apiコマンドの2つが存在します。

バケットの作成

まずはバケットを作成します。バケットの名前はS3上でユニークでなければなりません。自分だけでなく、ほかのユーザがすでに作成しているバケット名や異なるリージョンに存在しているバケット名では作成できませんので注意してください。

一般的な名称はすでに使われていることが多いので、サービスやシステム固有のプレフィックスを付けるようにすると重複を避けやすくなります。プロダクション環境と開発環境などを分ける場合もプレフィックスやサフィックスで区別するようにすると、環境変数などでの切り替えがしやすくなります。

バケット名が決定したら、さっそく作成してみましょう。

✚ マネジメントコンソールの場合

まずはマネジメントコンソール画面でS3の管理コンソールへ移動しましょう。S3を使うのが初めてで、かつ自分のアカウントに1つもバケットが存在しない場合は、**図6.1**が表示されます。

144

図6.1　Amazon S3の初期画面

　バケットの作成ボタンを押すと、図6.2が表示されるので、**バケット名**と**リージョン**にバケットを作成するリージョンを選択して**作成**ボタンを押すと、バケットが作成されます。バケットを作成するリージョンは、配信するコンテンツの想定ユーザからのレイテンシが一番小さくなる場所を選択するのがよいでしょう。今回は東京リージョンに作成しています。

図6.2　バケットの作成

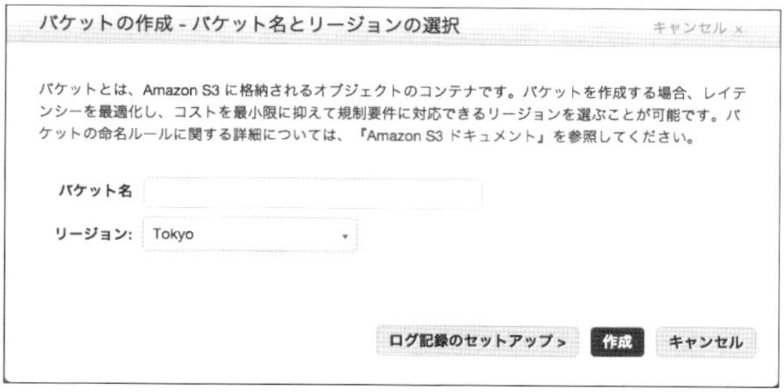

　ログ記録のセットアップボタンを押すとS3バケットへのアクセスログ（ログ記録）を設定できます（図6.3）。今回はアクセスログを有効にしていませんが、あとから有効にすることも可能ですので、S3バケットへの詳細なアクセスが確認したい場合は有効にしましょう[注4]。

注4　バケットのプロパティから、ログ記録を選択することで後から設定できます。

第6章 画像の配信（S3/CloudFront）

図6.3 バケットのログ記録設定ダイアログ

以上でバケットの作成は完了です。作成されたバケットが一覧画面に表示されています（**図6.4**）。

図6.4 作成されたバケット

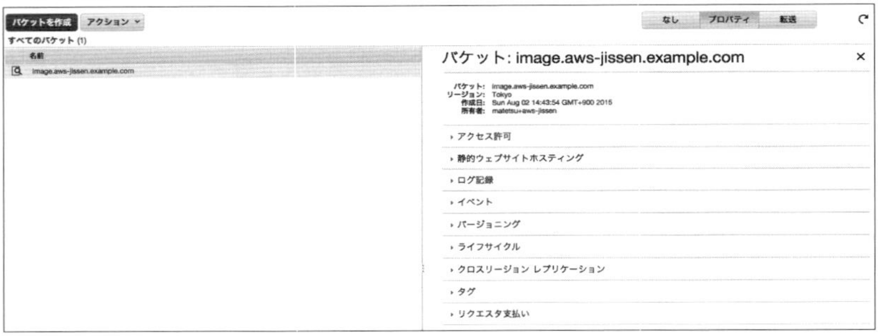

✚ AWS CLIの場合

バケットは、s3api create-bucketコマンドで以下のように作成します。

```
$ aws s3api create-bucket --bucket image.cli.aws-jissen.example.com \
--create-bucket-configuration LocationConstraint=ap-northeast-1
{
    "Location": "http://image.cli.aws-jissen.example.com.s3.amazonaws.com/"
}
```

作成が完了したら、s3api list-bucketsコマンドで作成したバケットが存在するか以下のように確認します。先ほどマネジメントコンソールから作成したバケットと2つ表示されているはずです。

```
$ aws s3api list-buckets
```

```
{
    "Owner": {
        "DisplayName": "アカウント用表示名",
        "ID": "ランダムな文字列"
    },
    "Buckets": [
        {
            "CreationDate": "2014-08-24T16:41:46.000Z",
            "Name": "image.aws-jissen.example.com"
        },
        {
            "CreationDate": "2014-08-31T08:36:40.000Z",
            "Name": "image.cli.aws-jisen.example.com"
        }
    ]
}
```

なお、コマンドラインからバケット作成時にログ記録は設定できません。ログ記録が必要な場合は、バケット作成後にs3api put-bucket-loggingコマンドを利用して設定します。

オブジェクトのアップロード

バケットが作成できたら、オブジェクトをアップロードしてみましょう。

✚ マネジメントコンソールの場合

先ほど作成したバケットを選択し、 フォルダの作成 ボタンを押して、test-guiというフォルダを作成します。次にフォルダ名をクリックしてフォルダの中に移動し、テスト用の画像をアップロードしてみましょう。 アクション ボタンをクリックし、 アップロード を選択します。

アップロード用画面で、 ファイルを追加する をクリックしてファイルを選択するか、アップロードするファイルを「ここにアップロードするファイルとフォルダーをドラッグ＆ドロップします。」と書かれたエリアにドラッグ＆ドロップします。

アップロード対象のファイル名とファイルサイズが正しいことを確認したら、 アップロードの開始 ボタンを押してアップロードを実行します。アップロードをする際に、対象オブジェクトを低冗長化ストレージへ保存するか、サーバサイド暗号化をするか、アクセス制限などのパーミッション、HTTPヘッダなどのメタデータの指定を行うこともできますが、あとから変更することも可能

第6章 画像の配信（S3/CloudFront）

ですので、ここではアップロードするだけにとどめておきます。

図6.5のように、右側にはアップロード中のオブジェクトの進捗が表示されます。アップロードが完了すると、左側に表示されます。

図6.5　アップロードの進捗確認

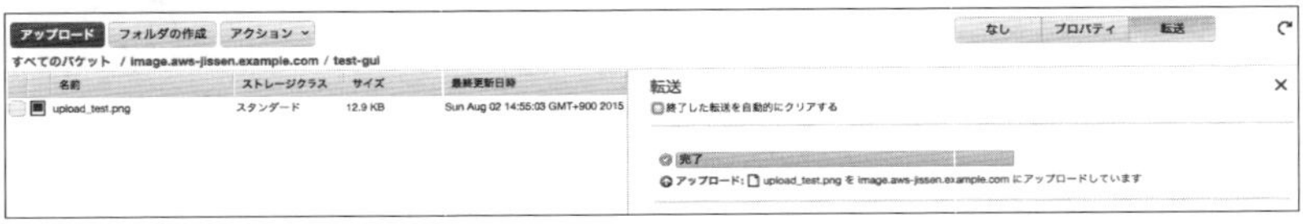

✚ AWS CLIの場合

オブジェクトのアップロードは、s3api put-objectコマンドを利用する方法とs3 cpコマンドを利用する方法があります。S3に対して1回のPUTでアップロード可能な最大サイズは5GBで、それを超えるものや数十MBを超えるものをアップロードする場合は、ファイルを分割してアップロードするマルチパートアップロードという方法でアップロードする必要があります。

s3 cpコマンドであれば、ファイルサイズを気にせずとも10MBを超えるくらいから裏側でマルチパートアップロードが実行されます。s3 cpコマンドを利用して以下のようにアップロードを行います。

```
$ aws s3 cp ./upload_test.png s3://image.cli.aws-jissen.example.com/test-cli/
upload_test.png --region ap-northeast-1　実際は1行
upload: ./upload_test.png to s3://image.cli.aws-jissen.example.com/test-cli/
upload_test.png
```

コマンドラインの場合もオプションを指定することでメタデータなどを指定できますが、今回はアップロードのみとしています[注5]。

アップロードしたオブジェクトを確認する場合は、以下のようにs3 lsコマンドで確認します[注6]。フォルダの中まで確認するため、recursiveオプションを利用しています。

```
$ aws s3 ls s3://image.cli.aws-jissen.example.com/ --recursive --region
ap-northeast-1　実際は1行
2014-08-31 08:43:13      13283 test-cli/upload_test.png
```

注5　コマンドラインオプションの詳細は、AWS CLIのマニュアルを参照してください。
注6　s3api list-objectsコマンドで同様にアップロードしたオブジェクトを確認できます。

S3の基本操作　6.2

> Column
>
> ## フォルダ？ プレフィックス？
>
> マネジメントコンソールではフォルダの作成というボタンがあり、見た目上のフォルダを作成できます。しかし、S3にはフォルダという概念はなく、オブジェクトのキー名の最後がスラッシュ(/)のものをフォルダと呼んでいるだけです。オブジェクト名が「hoge/fuga/piyo.txt」である場合、これで1つのキー名であり、フォルダのような表記はオブジェクトを検索／探索したり、アクセス制限などを施すためのプレフィックスとして利用されます。

プレフィックスを用いたフィルタ方法（マネジメントコンソール）

　AWS CLIでは、明示的にプレフィックスを指定してオブジェクトをフィルタリングできますが、マネジメントコンソールにはプレフィックスを指定するためのメニューが見あたりません。単純にフォルダをたどっていくことでフィルタリングしていることにもなりますが、フォルダの直下に大量のフォルダやオブジェクトがあった場合など、スクロールして探すことが非現実的な場合もあります。

　そんな場合は、表示されているオブジェクト一覧の画面の適当な位置をクリックして(フォルダのリンクをクリックしないように注意)、いずれかが選択された状態にします。この状態でプレフィックスとして指定した文字列を入力することで、指定した文字列以降に相当するオブジェクトやフォルダだけにフィルタリングできます。

　たとえば、abc/、abd/、bcd/という3つのフォルダが存在している状態で、「abd」でフィルタリングをするとabd/とbcd/だけが表示されることになります。

アクセス制限の設定

　前節までに作成したバケットとアップロードしたオブジェクトにアクセス制限を設定してみましょう。ここではACLによるアクセス制限について説明します。

✚ マネジメントコンソールの場合

　マネジメントコンソールからバケットやオブジェクトにACLを設定する場合

第6章 画像の配信（S3/CloudFront）

は、バケットやオブジェクトのプロパティにある アクセス許可 から行います（図6.6）。初期状態では、バケットの所有者に全権限が付与された状態になっています。

図6.6 初期状態のバケットACLの確認

まず、権限を与える前にバケットがどのように見えているかを以下のURLで確認します[注7]。

http://s3-ap-northeast-1.amazonaws.com/[バケット名]/
http://[バケット名].s3-ap-northeast-1.amazonaws.com

図6.7のようにXML形式のエラーが表示され、バケットに対して参照をする権限がないことがわかります。

図6.7 権限のないバケットを表示した場合のエラー

それでは、全ユーザにバケット全体を参照できる権限を与えてもう一度見てみましょう。 さらにアクセス許可を追加する をクリックして設定用のフォームを追加し、 被付与者 を「全員」にし、 リスト にチェックを入れたら、 保存 ボタンをクリックして設定を保存します。

注7 バケットを作成したリージョンによってS3のエンドポイントURLが異なります。東京リージョン以外にバケットを作成している場合は、http://docs.aws.amazon.com/ja_jp/general/latest/gr/rande.html#s3_regionを確認してください。

保存が完了したら、再びブラウザからアクセスしてみましょう。前節で作成したフォルダとオブジェクトが確認できます（**図6.8**）。

図6.8 List権限を付与してバケットをListした結果

```
▼<ListBucketResult xmlns="http://s3.amazonaws.com/doc/2006-03-01/">
    <Name>image.aws-jissen.example.com</Name>
    <Prefix/>
    <Marker/>
    <MaxKeys>1000</MaxKeys>
    <IsTruncated>false</IsTruncated>
  ▼<Contents>
      <Key>test-gui/</Key>
      <LastModified>2015-08-02T05:54:14.000Z</LastModified>
      <ETag>"d41d8cd98f00b204e9800998ecf8427e"</ETag>
      <Size>0</Size>
      <StorageClass>STANDARD</StorageClass>
    </Contents>
  ▼<Contents>
      <Key>test-gui/upload_test.png</Key>
      <LastModified>2015-08-02T05:55:03.000Z</LastModified>
      <ETag>"072f68110177aeae4fec19ef10339c39"</ETag>
      <Size>13283</Size>
      <StorageClass>STANDARD</StorageClass>
    </Contents>
</ListBucketResult>
```

これだけでは特におもしろみがないので、オブジェクトに全ユーザの読み込み権限を与えて表示してみましょう。現時点ではオブジェクトに読み込み権限を与えていないので、図6.7と同様にXMLによるエラーが表示されます。

オブジェクトに読み込み権限を与えるには、バケットと同様にアクセス許可を設定する方法とアクションの「公開する」を実行する方法があります。どちらでも結果は同じですので、好みの方法で進めてみてください。

読み込み権限の設定が完了すると、プロパティのリンクにある公開状態を示すアイコンが鍵アイコンから変化しています（**図6.9**）。

図6.9 変化した公開状態アイコン

アイコンの変化を確認したら、実際にオブジェクトにアクセスしてみましょう。アップロードしたオブジェクトが表示されれば正しく設定されています。

第6章 画像の配信（S3/CloudFront）

　また、バケットのリスト権限を外しても、オブジェクトの開く／ダウンロード権限にチェックが入っていれば、オブジェクトが見えなくなることはありません。

　ここまでの設定と確認が完了したら、次節以降のためにACLを初期状態に戻しておきましょう。

✚ AWS CLIの場合

　ここからはAWS CLIでACLを設定していく方法について説明します。

　初期状態のバケットのACLを確認するには、以下のようにs3api get-bucket-aclコマンドを実行します。

```
$ aws s3api get-bucket-acl --bucket image.cli.aws-jissen.example.com \
--region ap-northeast-1
{
    "Owner": {
        "DisplayName": "aws-jissen",
        "ID": "5e16e15ce21bd5b472a95ce4d2027b4f42a4beaef5a380cd9f3fa5fdcdf3
3a75"
    },
    "Grants": [
        {
            "Grantee": {
                "DisplayName": "aws-jissen",
                "ID": "5e16e15ce21bd5b472a95ce4d2027b4f42a4beaef5a380cd9f3fa5
fdcdf33a75"
            },
            "Permission": "FULL_CONTROL"
        }
    ]
}
```

　この出力結果から、所有者ユーザにだけFULL_CONTROL権限が与えられていることがわかります。特に所有者ユーザとして認証されていない状態で、curlなどでバケットにアクセスをしても、以下のようにエラーが表示されます。

```
$ curl http://image.cli.aws-jissen.example.com.s3-ap-northeast-1.amazonaws.com
<?xml version="1.0" encoding="UTF-8"?>
<Error><Code>AccessDenied</Code><Message>Access Denied</Message><RequestId>F8
2A25EC8FB9C884</RequestId><HostId>8T4ZHlU7ebc9TZGVWN3TUTt0pfzJld3cYWZOtSsZOWv
Thqcy7IgcTJnj1L1H7mPfrkNdgqfyR/M=</HostId></Error>
```

　バケットのリスト権限を全ユーザに与えてみましょう。バケットのACLを設

定するには、s3api put-bucket-aclコマンドを利用します。s3api put-bucket-aclコマンドを利用する際に注意すべき点は、追加する権限を指定するだけでなく、既存の権限も指定しておく必要があるということです。以下のように、既存の所有者へのFULL_CONTROL権限も忘れずに付けておきましょう。

```
$ aws s3api put-bucket-acl --bucket image.cli.aws-jissen.example.com \
--grantfull-control 'emailaddress="aws-jissen@example.com"' \
--grant-read'uri="http://acs.amazonaws.com/groups/global/AllUsers"' \
--region ap-northeast-1
```

コマンドの実行に成功した場合、特に出力はありません。結果を以下のようにs3api get-bucket-aclコマンドで確認してみましょう。

```
$ aws s3api get-bucket-acl --bucket image.cli.aws-jissen.example.com \
--region ap-northeast-1
{
    "Owner": {
        "DisplayName": "aws-jissen",
        "ID": "5e16e15ce21bd5b472a95ce4d2027b4f42a4beaef5a380cd9f3fa5fdcdf33a75"
    },
    "Grants": [
        {
            "Grantee": {
                "URI": "http://acs.amazonaws.com/groups/global/AllUsers"
            },
            "Permission": "READ"
        },
        {
            "Grantee": {
                "DisplayName": "aws-jissen",
                "ID": "5e16e15ce21bd5b472a95ce4d2027b4f42a4beaef5a380cd9f3fa5fdcdf33a75"
            },
            "Permission": "FULL_CONTROL"
        }
    ]
}
```

最初に確認した結果(p.152)と比較すると、AllUsersにREAD権限が付与されていることがわかります。これでどのユーザでも対象バケットのオブジェクト一覧を取得できるようになりました。curlで以下のようにバケットのトップにアクセスしてみましょう。

第6章 画像の配信（S3/CloudFront）

```
$ curl http://image.cli.aws-jissen.example.com.s3-ap-northeast-1.amazonaws.co
m  実際は1行
<?xml version="1.0" encoding="UTF-8"?>
<ListBucketResult xmlns="http://s3.amazonaws.com/doc/2006-03-01/">
    <Name>image.cli.aws-jissen.example.com</Name>
    <Prefix></Prefix>
    <Marker></Marker>
    <MaxKeys>1000</MaxKeys>
    <IsTruncated>false</IsTruncated>
    <Contents>
        <Key>test-cli/upload_test.png</Key>
        <LastModified>2014-08-31T08:43:13.000Z</LastModified>
        <ETag>&quot;072f68110177aeae4fec19ef10339c39&quot;</ETag>
        <Size>13283</Size>
        <StorageClass>STANDARD</StorageClass>
    </Contents>
</ListBucketResult>
```

　これで対象バケットのオブジェクト一覧を取得できるようになったことが確認できました。実際の出力は、XML宣言を除いたコンテンツ部分は改行なしで出力されますが、整形して表示してあります。

　次に、オブジェクトの読み込み権限を与えてみましょう。バケットへの読み込み権限と同様に、所有者へのFULL_CONTROLと全ユーザへの読み込み権限を与えます。権限の付与が完了したら、以下のように設定内容を確認してみましょう。オブジェクトへの権限付与の場合も成功時には特に出力はありません。

```
$ aws s3api put-object-acl --bucket image.cli.aws-jissen.example.com \
--key test-cli/upload_test.png \
--grant-full-control 'emailaddress="matetsu+awsjissen@gmail.com"' \
--grant-read 'uri="http://acs.amazonaws.com/groups/global/AllUsers"' \
--region ap-northeast-1
$ aws s3api get-object-acl --bucket image.cli.aws-jissen.example.com \
--key test-cli/upload_test.png --region ap-northeast-1
{
    "Owner": {
        "DisplayName": "aws-jissen",
        "ID": "5e16e15ce21bd5b472a95ce4d2027b4f42a4beaef5a380cd9f3fa5fdcdf33a75"
    },
    "Grants": [
        {
            "Grantee": {
                "DisplayName": "aws-jissen",
```

```
                "ID": "5e16e15ce21bd5b472a95ce4d2027b4f42a4beaef5a380cd9f3fa5
fdcdf33a75"
            },
            "Permission": "FULL_CONTROL"
        },
        {
            "Grantee": {
                "URI": "http://acs.amazonaws.com/groups/global/AllUsers"
            },
            "Permission": "READ"
        }
    ]
}
```

　上記例のs3api get-object-aclコマンドの結果を見ると、全ユーザへの読み込み権限が与えられていることが確認できます。この状態でオブジェクトが取得できるかは以下のように確認できます。

```
$ curl -s  -O http://image.cli.aws-jissen.example.com.s3-ap-northeast-1.amazo
naws.com/test-cli/upload_test.png -w "status:%{http_code}\n"  実際は1行
status:200
$ ls -l
合計 16
-rw-r--r-- 1 ec2-user ec2-user 13283  9月 14 04:17 upload_test.png
$ md5sum upload_test.png
072f68110177aeae4fec19ef10339c39  upload_test.png
```

　オブジェクトの取得が正しく行えたかを確認するために、curlの出力としてHTTPステータスコードを出力するようにしています。また、実際に保存されたファイルが取得したオブジェクトと一致するかを確認するために、ファイルのサイズとMD5チェックサムも確認してみましょう。上記の例では、p.154のcurlコマンドの実行例で表示されたSizeとETagの値が、上記の例で取得したファイルサイズとMD5チェックサム値とそれぞれ一致していることがわかります。これで正しくオブジェクトが取得できていることが確認できました[注8]。

バケットポリシーの設定

　先ほどACLによるアクセス制限について説明しましたが、ここではバケットポリシーによるアクセス制限について説明します。

注8　マルチパートアップロードの場合、MD5チェックサムの値とS3のETagは一致しません。

第6章 画像の配信(S3/CloudFront)

✚ マネジメントコンソールの場合

マネジメントコンソールでバケットポリシーを設定するには、設定対象のバケットを選択し、プロパティを選択してその中の アクセス許可 をクリックします。バケットポリシーの追加 ボタンをクリックすると、バケットポリシーエディターが開きます。

バケットポリシーを作成する際は、エディタモードの左下にある「AWS Policy Generator」[注9]を利用してください。AWS Policy GeneratorはS3だけでなく、AWSのサービスでポリシーを設定する場合はたいへん便利ですので、覚えておいて損はないでしょう。

はじめに、バケットポリシーを使ってIPアドレス制限をしてみましょう。AWSのアカウントやユーザとは関係なく、指定したIPアドレス(192.0.2.100)から指定したバケット(image.aws-jissen.example.com)に存在するオブジェクトの取得(GetObject)ができるようにします。

AWS Policy Generatorを使ってポリシーを生成する場合、**表6.3**で示すように設定します。

表6.3 AWS Policy Generatorに入力するIPアドレス制限時の指定

項目	値
Select Type of Policy	S3 Bucket Policy
Effect	Allow
Principal	なし[注a]
AWS Service	Amazon S3(選択済みになっている)
Actions	GetObject
Amazon Resource Name (ARN)	arn:aws:s3:::image.aws-jissen.example.com/*
Condition	IpAddress
Key	aws:SourceIp
Value	アクセスを許可したいIPアドレス[注b](例では192.0.2.100/32)

注a　AWSアカウントやユーザを指定しないためです。
注b　RFC2632のCIDR(*Classless Inter-Domain Routing*)表記としてください。プレフィックスを指定しないと/32となります。

一通り入力したら、 Add Statement ボタンでStatementをポリシーに追加します。今回追加するStatementはこれだけですが、ほかにも追加する場合は同様の操作を繰り返します。一通りStatementを追加したら、 Generate Policy ボ

注9　http://awspolicygen.s3.amazonaws.com/policygen.html

タンを押すと、JSON形式のポリシーが生成されます(**図6.10**)。

図6.10 **AWS Policy Generatorで生成されたポリシー**

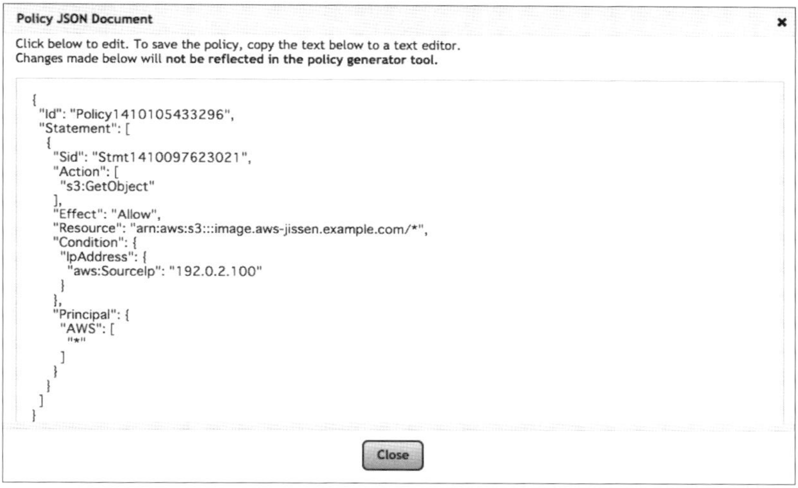
Policy JSON Document
Click below to edit. To save the policy, copy the text below to a text editor.
Changes made below will not be reflected in the policy generator tool.
{
"Id": "Policy1410105433296",
"Statement": [
{
"Sid": "Stmt1410097623021",
"Action": [
"s3:GetObject"
],
"Effect": "Allow",
"Resource": "arn:aws:s3:::image.aws-jissen.example.com/*",
"Condition": {
"IpAddress": {
"aws:SourceIp": "192.0.2.100"
}
},
"Principal": {
"AWS": [
"*"
]
}
}
]
}
Close

生成されたポリシーをS3のポリシーエディタにコピー&ペーストして、**保存**ボタンをクリックします。これでバケット「image.aws-jissen.example.com」内のオブジェクトを「192.0.2.100」だけが取得(GET)できるようになりました。指定したIPアドレスからオブジェクトにアクセスすると表示されますが、別のIPアドレスからアクセスした場合はエラー画面となります。

AWS CLIの場合

ここでは、AWS CLIでバケットポリシーを設定します。その前に先ほどのアクセス制限で設定したACLをデフォルト状態に戻しておいてください。

バケットポリシーをコマンドラインから設定してみましょう。バケットポリシーはs3api put-bucket-policyコマンドで設定します。マネジメントコンソールと同様にJSONで指定する必要があるので、慣れるまではAWS Policy GeneratorでJSONを生成するようにしましょう。

まずIPアドレス制限の設定は、マネジメントコンソールで行ったこととは逆のことを行います。全IPアドレスに公開をしているが、特定のIPアドレス帯(192.0.2.0/24)のユーザには見せたくない場合の設定は以下の通りです。

```
{
```

第6章 画像の配信（S3/CloudFront）

```
    "Id": "Policy1410678275154",
    "Statement": [
        {
            "Sid": "Stmt1410677823115",
            "Action": [
                "s3:GetObject"
            ],
            "Effect": "Allow",
            "Resource": "arn:aws:s3:::image.cli.aws-jissen.example.com/*",
            "Condition": {
                "IpAddress": {
                    "aws:SourceIp": "0.0.0.0/0"
                }
            },
            "Principal": {
                "AWS": [
                    "*"
                ]
            }
        },
        {
            "Sid": "Stmt1410678272142",
            "Action": [
                "s3:GetObject"
            ],
            "Effect": "Deny",
            "Resource": "arn:aws:s3:::image.cli.aws-jissen.example.com/*",
            "Condition": {
                "IpAddress": {
                    "aws:SourceIp": "192.0.2.0/24"
                }
            },
            "Principal": {
                "AWS": [
                    "*"
                ]
            }
        }
    ]
}
$ aws s3api put-bucket-policy --bucket image.cli.aws-jissen.example.com \
--policy file:///home/ec2-user/bucket-policy01.json --region ap-northeast-1
```

設定したポリシーを確認してみましょう。s3api get-bucket-policyコマンドで確認をするとJSONが出力されますが、肝心のポリシーの内容がJSONの文字列として登録されているために読みにくくなっています。以下のようにjqコ

マンドなどを利用して整形した状態で出力してみましょう。

```
$ aws s3api get-bucket-policy --bucket image.cli.aws-jissen.example.com \
--region ap-northeast-1 | jq -r ".Policy" | jq "."
{
  "Statement": [
    {
      "Condition": {
        "IpAddress": {
          "aws:SourceIp": "0.0.0.0/0"
        }
      },
      "Resource": "arn:aws:s3:::image.cli.aws-jissen.example.com/*",
      "Action": "s3:GetObject",
      "Principal": {
        "AWS": "*"
      },
      "Effect": "Allow",
      "Sid": "Stmt1410677823115"
    },
    {
      "Condition": {
        "IpAddress": {
          "aws:SourceIp": "192.0.2.0/24"
        }
      },
      "Resource": "arn:aws:s3:::image.cli.aws-jissen.example.com/*",
      "Action": "s3:GetObject",
      "Principal": {
        "AWS": "*"
      },
      "Effect": "Deny",
      "Sid": "Stmt1410678272142"
    }
  ],
  "Id": "Policy1410678275154",
  "Version": "2008-10-17"
}
```

　全体からの読み取り許可と指定IPアドレスからの読み取り拒否の設定ができていることがわかります。実際に動作を確認する場合は、拒否するIPアドレスを、自分自身の利用しているネットワークでインターネットに出ていく際に利用されるグローバルIPアドレスを指定することなどで確認してください。拒否したIPアドレスからのアクセスでAccess Deniedが表示され、携帯電話キャリアのLTEや3Gでのアクセスが問題なければ、ほぼ設定は問題ないでしょう。

第6章 画像の配信(S3/CloudFront)

　一通り基本的な操作に関して説明しましたので、ここからは実際にサービスで使う場合に利用するであろう操作や設定を行っていきます。

6.3　EC2からのデータ移行

　EC2だけで運用していたサイトがメディアに取り上げられたことによって、アクセスが集中し負荷が高まってしまい、静的コンテンツの配信を分散させる必要が出ることもあります。そのような状況でまず利用を考えるのがS3でしょう。本節では、EC2のファイルシステムにある静的コンテンツをS3に移行する方法を紹介します。

静的コンテンツをディレクトリごとに移行

　まず、単純にファイルシステム上の静的ファイル用ディレクトリをそのままS3にバケットに配置する方法です。s3 cpコマンドまたはs3 syncコマンドを利用します。それぞれのコマンドはコピーと同期とで本来の用途としては別の使い方をされますが、S3上の移行先が何もない状態であれば結果に違いはありません。
　以下はそれぞれの実行結果とコマンド実行後のバケット内オブジェクトをリストした結果です。

```
$ ls
cp-test  sync-test
$ aws s3 cp ./cp-test s3://image.cli.aws-jissen.example.com/cp-test/ \
--recursive --region ap-northeast-1
upload: cp-test/text2.txt to s3://image.cli.aws-jissen.example.com/cp-test/text2.txt
upload: cp-test/text4.txt to s3://image.cli.aws-jissen.example.com/cp-test/text4.txt
upload: cp-test/text1.txt to s3://image.cli.aws-jissen.example.com/cp-test/text1.txt
略
$ aws s3 ls s3://image.cli.aws-jissen.example.com \
--recursive --region ap-northeast-1
2014-09-15 05:45:32         12 cp-test/text0.txt
2014-09-15 05:45:32         12 cp-test/text1.txt
```

```
2014-09-15 05:45:32      12 cp-test/text2.txt
2014-09-15 05:45:32      12 cp-test/text3.txt
2014-09-15 05:45:32      12 cp-test/text4.txt
略
```

　s3 cpコマンドとs3 syncコマンドの違いはファイルの変更後の実行時にあります。移行したデータの差し替えをする場合に、1ファイルだけを差し替えて同じコマンドを実行すると違いがよくわかります。

　以下のように、s3 cpコマンドではどのファイルに変更があったかは関係なくすべてのファイルがコピーされますが、s3 syncコマンドは同期を取るため変更のあったファイルだけがコピーされます。

```
$ touch cp-test/text3.txt
$ touch sync-test/text3.txt
$ aws s3 cp ./cp-test s3://image.cli.aws-jissen.example.com/cp-test/ \
--recursive --region ap-northeast-1
upload: cp-test/text4.txt to s3:///image.cli.aws-jissen.example.com/cp-test/
text4.txt
upload: cp-test/text2.txt to s3:///image.cli.aws-jissen.example.com/cp-test/
text2.txt
upload: cp-test/text3.txt to s3:///image.cli.aws-jissen.example.com/cp-test/
text3.txt
upload: cp-test/text0.txt to s3:///image.cli.aws-jissen.example.com/cp-test/
text0.txt
upload: cp-test/text1.txt to s3:///image.cli.aws-jissen.example.com/cp-test/
text1.txt
$ aws s3 sync ./sync-test s3://image.cli.aws-jissen.example.com/sync-test/ \
--region ap-northeast-1
upload: sync-test/text3.txt to s3:///image.cli.aws-jissen.example.com/sync-
test/text3.txt
```

　単純にディレクトリ配置をそのままでS3に移行する場合は、これでデータの移行は完了となります。前節で説明をしたACLやバケットポリシーを利用したり、あとで説明する静的ウェブサイトホスティングを利用してコンテンツを公開するようにしましょう。

Movable Typeの静的コンテンツのS3への移行

　Movable Type[注10]のように、各記事をユーザアクセスのたびに動的に出力す

注10　http://www.movabletype.jp/

第6章 画像の配信（S3/CloudFront）

るのではなく、静的なHTMLに出力したうえでユーザにアクセスをさせるタイプのCMS（Content Management System）では、検索フォームやコメントのような動的な部分を使っていなければ、公開しているコンテンツをすべてS3上で運用することも可能です。

公開コンテンツがすべてS3上に移行されることで、エンドユーザから見える部分に関しては運用時のコストを非常に小さく抑えることができます。コンテンツの更新などの管理者機能を除いて動的なコンテンツがまったくなければ、更新時以外はEC2インスタンスを停止しておくことも可能になり、費用面でのコスト削減にも大きく貢献します。

手軽に移行したい場合は、s3fs[注11]を利用してS3のバケットを擬似的にファイルシステムとしてマウントすることで実現できます。ただ、ローカルのファイルシステムにファイルを出力するのと比べて再構築にかかる時間が長くなることは理解したうえでご利用ください。

以下はs3fsの導入からマウントまでの流れとなります。

```
$ sudo yum -y install git gcc-c++ fuse fuse-devel libcurl-devel libxml2-devel openssl-devel automake 実際は1行
（略）
$ git clone https://github.com/s3fs-fuse/s3fs-fuse.git
Cloning into 's3fs-fuse'...
remote: Counting objects: 1682, done.
remote: Total 1682 (delta 0), reused 0 (delta 0)
Receiving objects: 100% (1682/1682), 921.50 KiB | 216.00 KiB/s, done.
Resolving deltas: 100% (1122/1122), done.
$ cd s3fs-fuse/
$ ./autogen.sh
（略）
$ make
（略）
$ sudo make install
（略）
$ sudo mv /data/file/static /data/file/static.backup
$ sudo mkdir /data/file/static
$ sudo chown www.www /data/file/static
$ sudo /usr/bin/s3fs mt-test.wait-st.net /data/file/static -o rw,allow_other,uid=700,gid=700,default_acl=private,iam_role=aws-jissen 実際は1行
$ cp -pr /data/file/static.backup/* /data/file/static/
$ df
ファイルシス     1K-blocks      使用      使用可  使用%  マウント位置
/dev/xvda1       8123812   1741416     6282148    22%  /
```

注11 https://github.com/s3fs-fuse/s3fs-fuse

```
devtmpfs              497448          60     497388    1% /dev
tmpfs                 510264           0     510264    0% /dev/shm
s3fs              274877906944         0 274877906944  0% /data/file/static
```

　前提条件として、EC2インスタンスにはマーケットプレイスにあるMovable Type 6のHVM AMI[注12]から起動したものを利用し、aws-jissenというIAMロール[注13]でS3の該当するバケットへの権限が正しく設定されているものとします。

　これで再構築すれば、S3の指定したバケットに静的コンテンツが生成されます。注意すべき点として、AWSはs3fsの利用を推奨しておらず、APIやSDKを利用したアクセス方法を推奨しています。上記の例のように、再構築の際にマウントされていることが保証されていればよいなど、限定された環境での利用にとどめて、常時正しくマウントされていることが期待される環境での利用は避けるか、自己責任での利用としてください。コマンドラインでの操作が苦でない場合は、ローカルのファイルシステムに出力されたものをs3 cpコマンドやs3 syncコマンドで毎回コピーや同期をするほうがよいでしょう。

6.4 移行したコンテンツの公開

　S3に移行したコンテンツは、ACLやバケットポリシーを利用して公開設定にすることで外部に公開できます。画像やCSSなど、ユーザの目にURLが直接触れにくいコンテンツだけであれば、このままS3の提供するエンドポイントURLを利用しても気にならないかもしれません。

　しかし、CMSから生成されたHTMLなども含めてS3で運用する場合は、独自ドメインで運用したいと思うでしょう。独自ドメインを適用したり、「/」にアクセスされたときのインデックスドキュメントやページが存在しない場合のエラードキュメントを指定するには、静的ウェブサイトホスティングを利用します。

　S3で独自ドメインを使ってホスティングする場合の制約として、バケット名を公開ドメインと同じにする必要があります。あらかじめ同じドメインでの運

注12　https://aws.amazon.com/marketplace/pp/B00M9ODCAA/
注13　詳細は**10章**で説明します。

第6章 画像の配信（S3/CloudFront）

用が決まっていれば、使用するドメイン名でバケットを作成しておきましょう。また、途中で独自ドメインでの運用に切り替える場合は、バケットを作り直してコンテンツをコピーする必要があります。バケット間でのコピーは、マネジメントコンソール経由ではうまくいかない場合もあるので、以下のようにコマンドラインから実行することをお勧めします。

```
$ aws s3 cp s3://matetsu-test-bucket/ s3://image.cli.aws-jissen.example.com/ \
--recursive --region ap-northeast-1
copy: s3://matetsu-test-bucket/robots.txt to s3://image.cli.aws-jissen.exampl
e.com/robots.txt
copy: s3://matetsu-test-bucket/favicon.ico to s3://image.cli.aws-jissen.examp
le.com/favicon.ico
copy: s3://matetsu-test-bucket/index.html to s3://image.cli.aws-jissen.exampl
e.com/index.html
copy: s3://matetsu-test-bucket/mt-theme-scale2.js to s3://image.cli.aws-jisse
n.example.com/mt-theme-scale2.js
copy: s3://matetsu-test-bucket/mt.js to s3://image.cli.aws-jissen.example.com
/mt.js
copy: s3://matetsu-test-bucket/atom.xml to s3://image.cli.aws-jissen.example.
com/atom.xml
copy: s3://matetsu-test-bucket/styles.css to s3://image.cli.aws-jissen.exampl
e.com/styles.css
copy: s3://matetsu-test-bucket/test.txt to s3://image.cli.aws-jissen.example.
com/test.txt
copy: s3://matetsu-test-bucket/styles_ie.css to s3://image.cli.aws-jissen.exa
mple.com/styles_ie.css
```

また、S3の静的ウェブサイトホスティングの機能だけで独自ドメイン＋SSLのWebサイトは実現できません。実現するためには、別途EC2インスタンスを用意してリバースプロキシをするか、後述のCloudFrontを利用する必要があります。冗長化や管理コストの面を考慮した場合、CloudFrontによる実現方法としたほうがよいでしょう。

バケットの準備が整ったので、静的ウェブサイトホスティングを有効にしてみましょう。

独自ドメインの静的ウェブサイトホスティングの設定

＋ マネジメントコンソールの場合

静的ウェブサイトホスティングを有効にしていきましょう。

対象バケットのプロパティから 静的ウェブサイトホスティング を開きます。
ウェブサイトのホスティングを有効にする を選択し、必要に応じて

6.4 移行したコンテンツの公開

インデックスドキュメント、**エラードキュメント**に値を入力して**保存**ボタンをクリックします(図6.11)。

図6.11 静的ウェブサイトホスティングを有効にする

静的ウェブサイトホスティングを有効にできたので、独自ドメインで公開するためにRoute 53でドメインを設定します。図6.11に表示されている**エンドポイント**をCNAMEレコードとして設定するか、AレコードのAlias Targetとしてエンドポイントを設定することで、独自ドメインでS3の静的ウェブサイトホスティングを利用できます。どちらでも設定としては問題ありませんが、Aliasとして設定できる場合はAliasにすることが推奨されています。

Route 53の設定が完了し、ブラウザから設定したDNS名でアクセスすることでS3上のコンテンツを確認できます。もしここで「403 Forbbiden」が表示されるようであれば、バケットポリシーでGetObjectの許可がされていないと考えられます。バケットポリシーを編集して全ユーザへバケット内のオブジェクトへのGetObjectを許可するようにしましょう。

✚ AWS CLIの場合

AWS CLIで静的ウェブサイトホスティングを有効にするには、s3api put-bucket-websiteコマンドを利用します。以下のようにJSON形式で設定を記述し、コマンドを実行します。

第6章 画像の配信（S3/CloudFront）

```
$ cat set-website.json
{
    "IndexDocument": {
        "Suffix": "index.html"
    },
    "ErrorDocument": {
        "Key": "error.html"
    }
}
$ aws s3api put-bucket-website --bucket image.cli.aws-jissen.example.com \
--website-configuration file:///home/ec2-user/set-website.json \
--region ap-northeast-1
```

　静的ウェブサイトホスティングが有効になったかどうかは、以下のようにs3api get-bucket-websiteコマンドで確認します。コマンドが成功していれば、登録時に利用したJSONとほぼ同じ内容のJSONが表示されます。

```
$ aws s3api get-bucket-website --bucket image.cli.aws-jissen.example.com \
--region ap-northeast-1
{
    "RedirectAllRequestsTo": {},
    "IndexDocument": {
        "Suffix": "index.html"
    },
    "ErrorDocument": {
        "Key": "error.html"
    },
    "RoutingRules": []
}
```

　コマンドの実行が成功したことを確認できたら、独自ドメインで公開をするためにRoute 53でドメインを設定します。東京リージョンの場合、S3のウェブサイトエンドポイントは、[バケット名].s3-website-ap-northeast-1.amazonaws.com[注14]となります。以下のようにAlias TargetとなるようにAレコードに設定します。S3ウェブサイトエンドポイントのHosted Zone Idは、公式ドキュメント[注15]で調べてください。

```
$ cat create_alias_record.json
{
  "Comment": "Create Alias record.",
```

注14　http://docs.aws.amazon.com/ja_jp/AmazonS3/latest/dev/WebsiteEndpoints.htmlを参照してください。

注15　http://docs.aws.amazon.com/ja_jp/general/latest/gr/rande.html#s3_region

6.4 移行したコンテンツの公開

```
    "Changes": [
        {
            "Action": "CREATE",
            "ResourceRecordSet": {
                "AliasTarget": {
                    "HostedZoneId": "Z2M4EHUR26P7ZW",
                    "EvaluateTargetHealth": false,
                    "DNSName": "s3-website-ap-northeast-1.amazonaws.com."
                },
                "Type": "A",
                "Name": "image.cli.aws-jissen.example.com."
            }
        }
    ]
}
$ aws route53 change-resource-record-sets --hosted-zone-id Z3FMMZ77456PA0 \
--change-batch file:///home/ec2-user/create_alias_record.json
{
    "ChangeInfo": {
        "Status": "PENDING",
        "Comment": "Create Alias record.",
        "SubmittedAt": "2014-09-15T16:59:58.423Z",
        "Id": "/change/C2WZ7LE7NHMK6B"
    }
}
$ aws route53 get-change --id C2WZ7LE7NHMK6B
{
    "ChangeInfo": {
        "Status": "INSYNC",
        "Comment": "Create Alias record.",
        "SubmittedAt": "2014-09-15T16:59:58.423Z",
        "Id": "/change/C2WZ7LE7NHMK6B"
    }
}
```

　DNS名の設定が「INSYNC」となっていれば、実際にブラウザなどから設定したDNS名でアクセスして正しく表示されることを確認しましょう。

第6章 画像の配信（S3/CloudFront）

6.5 アクセスログの取得

　S3のログ記録では、すべてのアクセスを記録することを保証していません。それであっても有効にしておけば、アクセス解析や不正アクセスの検知、不具合があった場合の調査に役立つ場合もあります。ログ収集専用のバケットに各バケットアクセスログを集めることも可能ですので、アクセス解析時にバケットを横断的に確認する必要もなくなります。アクセス解析用のIAMユーザやロールに対しても、そのバケットへの読み取り権限を与えるだけでよいのでセキュリティ的にもよいでしょう。

　今回の例では、aws-jissen-s3-access-logs-testというアクセスログ集約用のバケットとして各バケット名をプレフィックス（フォルダ名）とし、アクセスログを取得するように設定します。ログ集約用のバケットは「ログ配信（Log Delivery）」という特殊なユーザに対して、ACLで「アップロード/削除（WRITE）」と「アクセス許可の表示（READ_ACP）」の権限が与えられることになります。

　また、ログ記録を有効にしてから実際にログが出力されるようになるまでは時間がかかります。ログがバケットに出力されるのは約1時間ごとで、出力の数分前までのログが出力されるという仕様のため、リアルタイムの解析には利用できません。あくまでも日時や1時間ごとのアクセス解析への利用にとどまることを理解しておきましょう。

アクセスログ取得の設定

✚ マネジメントコンソールの場合

　ログ記録を有効にするには、対象バケットのプロパティから ログ記録 を開き、有効 にチェックを入れ、ターゲットバケット でログを配置するバケットを選択（今回はaws-jissen-s3-access-logs-test）、ターゲットプレフィックス に「[バケット名]/」を入力して 保存 ボタンをクリックします（図6.12）。これでログ記録は有効になります。

6.5 アクセスログの取得

図6.12 ログ記録の有効化

✚ AWS CLIの場合

AWS CLIでログ記録を有効化するには、以下のようにs3api put-bucket-loggingコマンドを利用します。

```
$ cat set-logging.json
{
  "LoggingEnabled": {
    "TargetBucket": "aws-jissen-s3-access-logs-test",
    "TargetPrefix": "image.cli.aws-jissen.example.com/",
    "TargetGrants": [
      {
        "Grantee": {
          "Type": "AmazonCustomerByEmail",
          "EmailAddress": "aws-jissen@example.com"
        },
        "Permission": "FULL_CONTROL"
      },
      {
        "Grantee": {
          "Type": "Group",
          "URI": "http://acs.amazonaws.com/groups/s3/LogDelivery"
        },
        "Permission": "WRITE"
      },
      {
        "Grantee": {
          "Type": "Group",
          "URI": "http://acs.amazonaws.com/groups/s3/LogDelivery"
        },
        "Permission": "READ_ACP"
      }
```

第**6**章　画像の配信（S3/CloudFront）

```
    ]
  }
}
$ aws s3api put-bucket-logging --bucket image.cli.aws-jissen.example.com \
--bucket-logging-status file:///home/ec2-user/set-logging.json \
--region ap-northeast-1
```

　ログ記録設定の内容は例によってJSON形式で指定します。詳細はコマンドラインのマニュアルを確認してください。上記の例のようにJSONを指定することによって、ログ記録を設定できます。実行結果は何も出力されませんが、何も出力されなければ成功です。

　公開設定とログ記録の設定が完了したので、ユーザへの公開準備ができました。S3だけでも十分に可用性とパフォーマンスに優れたホスティング環境と言えますが、次節ではさらに配信を高速化するためにCDN（*Contents Delivery Network*）であるCloudFrontを導入してみたいと思います。

6.6　CloudFrontによる配信の高速化

　画像などの静的コンテンツがメインで、そのファイルサイズが大きかったりアクセス数が多かったりする場合は、S3の前段にAmazon CloudFront（以下CloudFront）を配置して、配信の高速化を図るのが一般的です。動的コンテンツへのプロキシとしても利用できるため、キャッシュ時間やキャッシュポリシーの設定を正しくしておくことですべてのコンテンツをCloudFront経由で配信できます。本節ではCloudFrontの紹介とS3と組み合わせた利用方法を紹介します。

CloudFrontとは

　CloudFrontはAWSが提供するCDNのサービスです。CloudFrontを利用することで、EC2やS3など1台以上のオリジンサーバ（元となるコンテンツを配信するサーバ）上にあるコンテンツを世界中に配置されたエッジロケーションにコピーし、そこから配信できるため、より高速にエンドユーザはコンテンツを取得できます。

　CloudFrontは、ディストリビューションと呼ばれるルールに従ってオリジン

サーバからコンテンツをコピーして配信します。ディストリビューションの設定では、オリジンサーバ、キャッシュポリシー、配信設定（配信用ドメインやSSLの設定）を指定します。

キャッシュポリシーのカスタマイズされた設定は、オリジンサーバからコピーされたコンテンツの有効期間に大きく影響します。キャッシュの有効期間は、キャッシュポリシーで指定したMinimum/Maximum/Default TTLの値とオリジンサーバから出力されるHTTPヘッダのCache-ControlとExpiresの値とで決まります[注16]。動的コンテンツも配信するには、Cache-Controlでno-cacheを指定し、先の3種のTTLを0としておくことでCloudFrontがリバースプロキシの役割となり、リクエストごとにオリジンサーバに問い合わせします。

CloudFrontは、デフォルトでランダムな文字列を付与したcloudfront.netドメインでアクセスできますが、独自ドメインを割り当ててアクセスさせることも可能です。独自ドメインでHTTPSを利用する場合は、各エッジロケーションに専用の固定IPアドレスを用意する方法と、SNI（*Server Name Indication*）[注17]という手法で証明書ごとにIPアドレスを別にせずに複数のSSL証明書を利用できる方法が選べます。

各エッジロケーションに専用の固定IPアドレスを用意する方法は、すべてのブラウザやクライアントに対応できますが、SSL証明書1つごとに追加料金[注18]が発生します。SNIを利用する場合は、古いブラウザでは対応していない場合があることに注意が必要です。

S3とCloudFrontの連携

S3に移行した画像コンテンツが想定外に人気が出て、海外からも多くのリクエストが来るようになったとします。サーバ負荷はS3の拡張性により問題が起きることはありませんが、どうしても海外から東京リージョンのバケットへのアクセスは遅くなります。S3とCloudFrontを連携して配信の高速化をこれを解決できます。

✚ マネジメントコンソールの場合

それでは、CloudFrontを使ってS3のコンテンツを配信する準備をしましょ

注16 http://docs.aws.amazon.com/ja_jp/AmazonCloudFront/latest/DeveloperGuide/Expiration.html#ExpirationDownloadDist
注17 http://ja.wikipedia.org/wiki/Server_Name_Indication
注18 http://aws.amazon.com/jp/cloudfront/custom-ssl-domains/

第6章 画像の配信（S3/CloudFront）

う。

マネジメントコンソールからCloudFrontの管理コンソールを開き、[Create Distribution]ボタンをクリックしてディストリビューションの配信メソッドを選択します。

今回はRTMPによるストリーミング配信ではなく、Webのコンテンツの配信設定を行うので、Webの[Get Started]ボタンをクリックします（図6.13）。

図6.13 ディストリビューション配信メソッドの選択

ディストリビューション設定画面が表示されたら、各項目を入力しましょう。まずはドメインなどは気にせずに、S3で配信しているコンテンツをCloudFrontで配信するよう設定します。

ここでは入力項目を表6.4で示すように入力しました。S3のバケットをオリジンサーバとして利用する場合、Origin Domain Nameでドロップダウンリストとしてバケットが表示されるので、その中から選択してください。省略している項目は、デフォルト値を利用しました。

入力が完了したら[Create Distribution]ボタンをクリックすると、ディストリビューションが作成されます。ディストリビューションが作成されると一覧に

表6.4 ディストリビューションの設定内容（一部抜粋）

項目	値	説明
Origin Domain Name	image.aws-jissen.example.com.s3-ap-northeast-1.amazonaws.com	オリジンサーバのドメイン名
Origin ID	S3-image.aws-jissen.example.com（自動で入力されるのをそのまま利用する）	ディストリビューションで複数のオリジンを指定する場合に一意に識別するためのID
Restrict Bucket Access	No	S3へのアクセスをCloudFrontからに限定するかどうか

6.6 CloudFrontによる配信の高速化

項目	値	説明
Forward Headers	None	オリジンサーバに転送されるHTTPヘッダ（EC2がオリジンサーバの場合はHostなどを指定可能）
Object Caching	Use Origin Cache Headers	オリジンサーバのCache-Controlヘッダを使ってキャッシュ期間を決定するかどうか
Forward Query Strings	No	クエリ文字列をキャッシュに利用するかどうか（CSSなどをクエリ文字列で更新している場合などに有効）
Price Class	Use All Edge Locations	すべてのエッジローケーションを使わずに価格の安めのエッジだけを使うかどうか
Alternate Domain Names (CNAMEs)	（ここではなし）	独自ドメインを設定する場合は入力
SSL Certificate	Default CloudFront Certificate (*.cloudfront.net)	独自ドメインをSSLで利用する場合は「IAM証明書ストアにアップロードされている」を指定する
Default Root Object	index.html	ディストリビューションのルートにアクセスしたときに表示されるコンテンツ
Logging	On	アクセスログをS3に保存するかどうか
Bucket for Logs	aws-jissen-s3-access-logs-test.s3.amazonaws.com	アクセスログを保存するS3バケット
Log Prefix	cf/image.aws-jissen.example.com/	ログオブジェクトに付与されるのプレフィック
Distribution State	Enabled	ディストリビューションの有効／無効を指定

表示され（図6.14）、独自ドメインを指定していない場合は、CloudFrontにアクセスするためのドメインもここで知ることができます。

図6.14 ディストリビューションの一覧

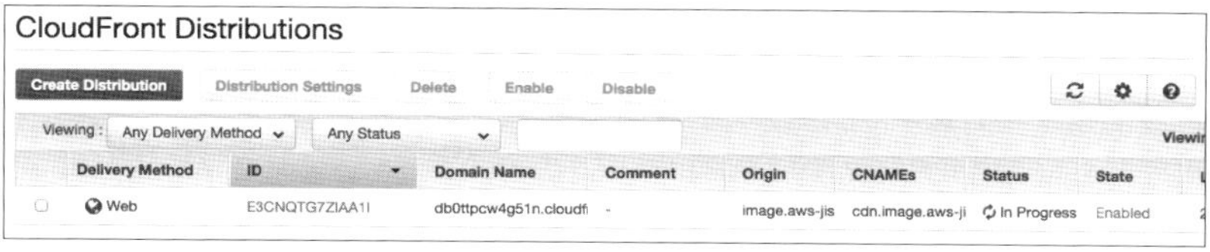

173

第6章 画像の配信（S3/CloudFront）

　登録完了後、Statusが「In Progress」となっている間はCloudFrontの準備が進行中で、まだ利用できません。Statusが「Deployed」になると、CloudFrontのドメインでアクセスできるようになるのでアクセスしてみましょう。

　比較のためにS3のドメインに直接アクセスした場合のレスポンスタイムと並べてみました（**表6.5**）。実行したコマンドは以下の通りです。CloudFrontへの初回アクセスをする前は、CloudFront上のキャッシュオブジェクトを無効化したうえで計測しています。

```
$ curl http://db0ttpcw4g51n.cloudfront.net/test-gui/upload_test.png -o /dev/null -w "%{http_code}\t%{time_total}\n" 2> /dev/null    実際は1行
$ curl http://image.aws-jissen.example.com.s3-ap-northeast-1.amazonaws.com/test-gui/upload_test.png -o /dev/null -w "%{http_code}\t%{time_total}\n" 2> /dev/null    実際は1行
```

表6.5 S3とCloudFrontのオブジェクトへアクセスした際のレスポンスタイム（単位：秒）

	CloudFront 1回目	CloudFront 2回目	CloudFront 3回目	S3 1回目	S3 2回目	S3 3回目
筆者自宅（東京都内）	0.131	0.028	0.029	0.038	0.457	0.030
東京リージョンのEC2インスタンス	0.109	0.013	0.014	0.096	0.028	0.042
オレゴンリージョンのEC2インスタンス	0.435	0.023	0.027	0.556	0.552	0.713

　表6.5では、CloudFrontへの初回アクセス時は、オリジンサーバへのアクセスが発生するためレスポンスタイムが大きくなりますが、それ以降のアクセスではレスポンスタイムが小さくなっていることが確認できます。それと比較して、S3に直接アクセスした場合は、東京リージョンや東京都内ではあまり遅いと感じるほどではありませんが、CloudFront経由で取得したほうがレスポンスタイムが安定して小さくなっています。アメリカのオレゴンリージョンからS3にアクセスした場合は、平均的に500ミリ秒以上かかりますが、CloudFrontを利用することで東京都内からのアクセスと変わらないレスポンスタイムを実現できます。

　このままでもHTMLの画像ソースをCloudFrontのドメインを付けて指定すれば高速にアクセスできます。しかし、サービスを提供する場合は、サービス内で使われるドメインにも気を遣いたいことも多いでしょう。CloudFrontに独自ドメインを割り当てられますので、次に独自ドメインでアクセスできるようにしましょう。

　図6.14のディストリビューション一覧から先ほど作成したディストリビュー

6.6 CloudFrontによる配信の高速化

ションを選択して Distribution Settings ボタンをクリックします。図6.15の画面が表示されたら、General タブから Edit ボタンをクリックして編集画面を開きます。

図6.15 ディストリビューションの編集

編集画面の Alternate Domain Names (CNAMEs) に割り当てたい独自ドメイン名を入力します（図6.16）。

図6.16 独自ドメインの割り当て

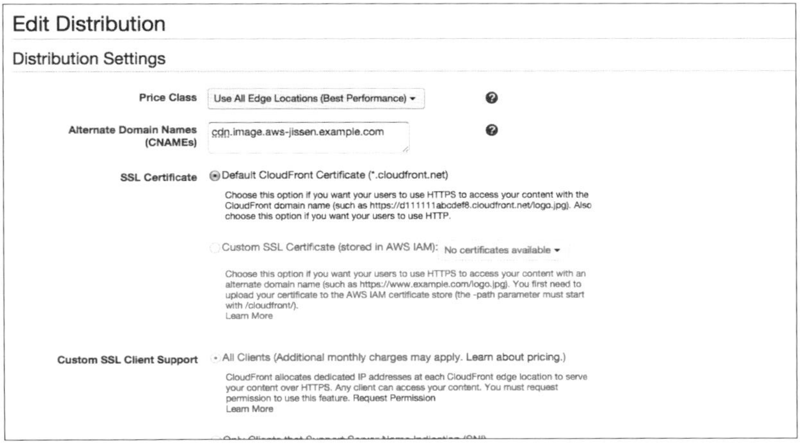

編集を完了したらDNSを設定します。Route 53の場合はAレコードのAlias

175

第6章 画像の配信（S3/CloudFront）

としてAlias Tartgetに設定したCloudFrontのディストリビューションを設定します（図6.17）。Route 53以外のDNSサーバの場合はCNAMEとして設定します。

図6.17 ディストリビューションをRoute 53のAllias Targetに設定

これで独自ドメインでCloudFrontにアクセスできます。

CloudFrontの利用をやめる際には、ディストリビューションを削除することになります。そのとき、Statusが「Deployed」かつStateが「Disabled」になっていなければ削除できませんので、覚えておくとよいでしょう。

＋ AWS CLIの場合

2015年9月現在、CloudFrontの操作はAWS CLIではデフォルトでサポートされておらず、プレビュー版として提供されています。以下のコマンドを実行することでプレビュー版のCloudFrontコマンドを利用できます。

```
$ aws configure set preview.cloudfront true
```

コマンドラインから作成するディストリビューションは、表6.4のオリジンドメインとなるS3バケットをimage.cli.aws-jissen.example.comに変更して以下のように作成します。

```
$ cat create-distribution.json
{
  "CallerReference": "create-distribution-fron-cli-20140922",
  "Origins": {
    "Quantity": 1,
    "Items": [
      {
        "Id": "S3-image.cli.aws-jissen.example.com",
```

```
          "DomainName": "image.cli.aws-jissen.example.com.s3.amazonaws.com",
          "S3OriginConfig": {
            "OriginAccessIdentity": null
          }
        }
      ]
    },
    "DefaultCacheBehavior": {
      "TargetOriginId": "S3-image.cli.aws-jissen.example.com",
      "ForwardedValues": {
        "QueryString": false,
        "Cookies": {
          "Forward": "none"
        }
      },
      "TrustedSigners": {
        "Enabled": false,
        "Quantity": 0
      },
      "ViewerProtocolPolicy": "allow-all",
      "MinTTL": 0,
      "AllowedMethods": {
        "Quantity": 2,
        "Items": [
          "GET",
          "HEAD"
        ]
      }
    },
    "CacheBehaviors": {
      "Quantity": 0
    },
    "PriceClass": "PriceClass_All",
    "Aliases": {
      "Quantity": 0
    },
    "ViewerCertificate": {
      "CloudFrontDefaultCertificate": true
    },
    "DefaultRootObject": "index.html",
    "CustomErrorResponses": {
      "Quantity": 0
    },
    "Comment": null,
    "Logging": {
      "Enabled": true,
```

第6章 画像の配信（S3/CloudFront）

```
    "IncludeCookies": false,
    "Bucket": "aws-jissen-s3-access-logs-test.s3.amazonaws.com",
    "Prefix": "cf/image.aws-jissen.example.com/"
  },
  "Enabled": true,
  "Restrictions": {
    "GeoRestriction": {
      "RestrictionType": "none",
      "Quantity": 0
    }
  }
}
$ aws cloudfront create-distribution \
--distribution-config file:///home/ec2-user/create-distribution.json
{
    "Distribution": {
        "Status": "InProgress",
        "DomainName": "d1z0m1wh326ml7.cloudfront.net",
        "InProgressInvalidationBatches": 0,
        "DistributionConfig": {
        (略)
        },
        "ActiveTrustedSigners": {
            "Enabled": false,
            "Quantity": 0
        },
        "LastModifiedTime": "2014-09-21T16:34:26.129Z",
        "Id": "E2J3ZKFQ1UYSV"
    },
    "ETag": "E1YY4ILX04BECC",
    "Location": "https://cloudfront.amazonaws.com/2013-08-26/distribution/E2J3ZKFQ1UYSV"
}
```

これでCloudFrontドメインでコンテンツを配信できるようになりました。

次にディストリビューションを更新し、独自ドメインでアクセスできるように以下のように設定します。

```
$ diff create-distribution.json edit-distribution.json
42c42,45
<       "Quantity": 0
---
>       "Quantity": 1,
>       "Items": [
>         "cdn.image.cli.aws-jissen.example.com"
```

6.6 CloudFrontによる配信の高速化

```
>    ]
$ aws cloudfront get-distribution-config \
--id E2J3ZKFQ1UYSV | grep ETag "ETag": "E1YY4ILX04BECC",
$ aws cloudfront update-distribution \
--id E2J3ZKFQ1UYSV --distribution-config file:///home/ec2-user/edit-distribut
ion.json \    実際は1行
--if-match E1YY4ILX04BECC
{
    "Distribution": {
        "Status": "InProgress",
        "DomainName": "d1z0m1wh326ml7.cloudfront.net",
        "InProgressInvalidationBatches": 0,
        "DistributionConfig": {
          略
            "Aliases": {
                "Items": [
                    "cdn.image.cli.aws-jissen.example.com"
                ],
                "Quantity": 1
            }
        },
        "ActiveTrustedSigners": {
            "Enabled": false,
            "Quantity": 0
        },
        "LastModifiedTime": "2014-09-21T16:53:56.233Z",
        "Id": "E2J3ZKFQ1UYSV"
    },
    "ETag": "E26709XIESKX23"
}
```

ディストリビューションの更新にはETagが必要になります。登録時に出力されていたETagをメモしてそれを利用するか、cloudfront get-distribution-configコマンドで調べて取得します。

最後にRoute 53で以下のようにDNSを設定します。

```
$ cat create_alias_record_cf.json
{
  "Comment": "Create Alias record.",
  "Changes": [
        {
            "Action": "CREATE",
            "ResourceRecordSet": {
              "AliasTarget": {
                "HostedZoneId": "Z2FDTNDATAQYW2",
```

第6章 画像の配信(S3/CloudFront)

```
                "EvaluateTargetHealth": false,
                "DNSName": "d1z0m1wh326ml7.cloudfront.net."
            },
            "Type": "A",
            "Name": "cdn.image.cli.aws-jissen.example.com."
        }
    }
  ]
}
$ aws route53 change-resource-record-sets --hosted-zone-id Z3FMMZ77456PA0 \
--change-batch file:///home/ec2-user/create_alias_record_cf.json
{
    "ChangeInfo": {
        "Status": "PENDING",
        "Comment": "Create Alias record.",
        "SubmittedAt": "2014-09-21T17:13:21.356Z",
        "Id": "/change/C180V1S9NA4U36"
    }
}
$ aws route53 get-change --id C180V1S9NA4U36
{
    "ChangeInfo": {
        "Status": "INSYNC",
        "Comment": "Create Alias record.",
        "SubmittedAt": "2014-09-21T17:13:21.356Z",
        "Id": "/change/C180V1S9NA4U36"
    }
}
```

CloudFrontのAlias Target用のHosted Zone IdはAlias Resource Record Setの作成例を記した公式ドキュメント[注19]に記載されています。

独自ドメインでアクセスできることが確認できたら設定完了です。

6.7 S3のコンテンツ配信以外での利用

ここまではコンテンツ配信のための利用方法を紹介してきました。S3はスト

注19 http://docs.aws.amazon.com/Route53/latest/APIReference/CreateAliasRRSAPI.html

レージですので、配信以外にもアーカイブとしてももちろん利用できます。

ログファイルの保存

S3へのログファイルの保存は、ポピュラーな使い方の一つです。logrotateでS3へアップロードしたり、Fluentd[注20]で定期的にアップロードするなどの方法が用いられます。logrotateを使ったデイリーでのアップロードは、主に生ログを保管するアーカイブとしての利用が多く、Fluentdを使った定期的なアップロードは、ほぼリアルタイムでログを解析してビジネスやシステムパフォーマンスの指標として利用することが多くなっています。

logrotateによるローテートされたログをS3にアーカイブ

logrotateを使って、ローテート後のファイルをS3に簡単にアップロードできます。ローカルストレージやネットワークストレージのように容量を気にせず、必要な保存期間分のログを気軽に貯めこんでいけます。ただし、ファイルサイズが大きい場合はトラフィックも大きくなるので、ほかのシステムへの影響がないように気を付ける必要はあります。

リスト6.1のように設定すると、logrotateのlastactionディレクティブでs3 cpコマンドを使ったログファイルのアップロードが実現できます。単純にアップロードをするだけでなくほかの処理も加えたい場合は、logrotateの設定ファイルが煩雑になり過ぎないように別途処理を記述したスクリプトなどを作成して、それをlogrotate内でするようにしてもよいでしょう。

注20 http://www.fluentd.org/

第6章　画像の配信（S3/CloudFront）

リスト6.1 ローテート後にログファイルをS3にアップロードするlogrotateの設定例

```
/var/log/httpd/*log{
    daily
    rotate 3
    create
    compress
    missingok
    ifempty
    dateext
    sharedscripts
    postrotate
        /sbin/service httpd reload > /dev/null 2>/dev/null || true
    endscript
    lastaction
        filename=$1
        today=`date +"%Y%m%d"`
        echo "uploading ${filename}" > /var/log/logrotate.httpd
        for f in `ls -1 ${filename}`; do
            upload_file="${f}-${today}.gz"
            aws s3 cp ${upload_file} s3://matetsu-log-archive/httpd/`basename ${upload_file}` >> /var/log/logrotate.httpd 2>&1
        done
    endscript
}
```

　S3との通信は暗号化されています。オンプレミス環境のサーバからでもS3は利用でき、ログファイルのアーカイブでストレージの容量やディスクの故障に悩まされることがなくなるので、運用上の不安を軽減できます。

FluentdでログをS3に定期的にアップロード

　Fluentdは、ログファイルを集約してさまざまな解析などを行うためのアプリケーションで、この用途でのデファクトスタンダードになりつつあります。Fluentdを使うことで簡単にログファイルをS3にアップロードできます。本節では、EC2上に構築したCentOS 6.5で、FluentdのRPMパッケージ版であるtd-agentを利用して簡単にログファイルをS3に保存するまでを紹介します。

　まず、以下のようにtd-agentをセットアップします。td-agentにはデフォルトでS3にアップロードするためのプラグインが付属しており、追加でプラグインをインストールする必要はありません。

```
# curl -L https://td-toolbelt.herokuapp.com/sh/install-redhat-td-agent2.sh | sh
```

6.7 S3のコンテンツ配信以外での利用

```
（td-agent用YUMリポジトリの設定、システムアップデート、td-agentのインストールが行われる）
$ sudo sh -c 'echo "include conf.d/*.conf" >> /etc/td-agent/td-agent.conf'
$ sudo mkdir /etc/td-agent/conf.d
$ sudo sh -c "cat << _EOS_ > /etc/td-agent/conf.d/httpd-access-log.conf
<source>
  type tail
  format apache2
  path /var/log/httpd/access_log
  pos_file /var/log/td-agent/httpd.access_log.pos
  tag apache.access_log
</source>

<match apache.*>
  type s3

  s3_bucket matetsu-jissen-fluent-logs
  s3_region ap-northeast-1
  path httpd/
  buffer_path /var/log/td-agent/s3

  time_slice_format %Y%m%d/%H%M
  time_slice_wait 1m
  utc

  buffer_chunk_limit 256m
</match>
_EOS_
"
$ aws s3api create-bucket --bucket matetsu-jissen-fluent-logs \
--create-bucket-configuration LocationConstraint=ap-northeast-1
$ sudo chmod o+x /var/log/httpd
$ sudo  service td-agent start
$ sudo chkconfig td-agent on
```

　今回はS3の認証をIAMロールで行うため、「aws_key_id」「aws_sec_key」は設定していません。またApacheのログディレクトリはrootユーザ以外は権限が与えられておらず、td-agentではログを確認できません。ディレクトリに実行権限を与えて、ディレクトリの中を見られるようにしておきましょう。

　指定したアクセスログを出力するホストにHTTPでアクセスしてログを出力させます。上記の例の場合は、1分ごとにログがS3にログが転送されます。このログは、Elastic MapReduce[注21]やRedshift[注22]などを用いて解析する場合に利用できます。

注21　https://aws.amazon.com/jp/elasticmapreduce/
注22　https://aws.amazon.com/jp/redshift/

第6章 画像の配信(S3/CloudFront)

ライフサイクルの設定

　S3には容量制限がないため、ログファイルやバックアップファイルを半永久的に保存できます。しかし、費用面や用途を考えるとある一定期間は保存し、それを過ぎたら削除したいところです。そんなときに利用するのがライフサイクル管理機能です。バケット全体やオブジェクトのプレフィックス単位でライフサイクルを設定できます。

　ライフサイクル管理では、作成から指定期間が経過したオブジェクトをバケットから削除したり、より低料金でアクセス頻度が低いオブジェクトを保存しておく標準-低頻度ストレージや、保管はしておきたいが基本的にはアクセスしないオブジェクトをアーカイブしておくAmazon Glacier(以下Glacier)への移動などができます。Glacierへの移動と削除を組み合わせることもでき、たとえば、100日後にGlacierへ移動、365日後に削除するなども設定できます。

　さらにバージョニング機能と組み合わせれば、より細かなライフサイクル設定も可能ですが、本書ではバージョニングを行っていない状態でのライフサイクル管理にとどめて説明します。

✚ マネジメントコンソールの場合

　ライフサイクルの設定は、バケットを選択してプロパティから ライフサイクル を開いて ルールを追加する ボタンをクリックします。

　バケット全体に設定をするかプレフィックスにマッチするものにだけ設定をするのかを指定します。図6.18ではプレフィックスが「httpd/」のものを指定しています。

図6.18 プレフィックスの指定

　ライフサイクルのルールを指定します。図6.19では「完全に削除」にチェックを入れ、作成後180日経過でオブジェクトを削除するように指定しています。

図6.19 オブジェクト削除ルールの指定

　Glacierと組み合わせる場合は、**図6.20**のように「Glacierストレージクラスへのアーカイブ」にもチェックを入れます。ここでは、Glacierへの移動を180日後、完全な削除を366日後としています。オブジェクトを削除せずにGlacierに移動するだけの場合は、「Glacierストレージクラスへのアーカイブ」だけをチェックしてGlacierに移動する条件となる経過日数を指定します。

図6.20 Glacierへの移動と削除のルールの指定

　続いて設定内容の確認と、ルールの名前付け（オプション）をします。名前付けをする場合は、そのルールの名前がわかりやすいようにしておきます。

　内容確認と名前付けが完了したら、 **ルールの作成と有効化** ボタンで登録が完了します。すると、プロパティでは**図6.21**のように表示されます。チェックボックスにチェックが入っているのは、そのルールが有効になっているという意味です。

　以上でマネジメントコンソールからライフサイクルの設定は完了です。

図6.21 ライフサイクルの登録完了

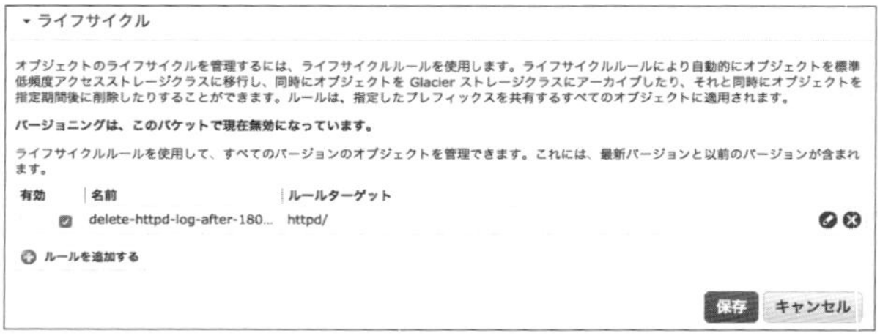

✚ AWS CLIの場合

AWS CLIでライフサイクルを設定するには、以下のようにs3api put-bucket-lifecycleコマンドを利用します。ライフサイクルのルールは例によってJSON形式で指定します。

```
$ cat syslog_366_delete.json
{
  "Rules": [
    {
      "Expiration": {
        "Days": 366
      },
      "ID": "delete-syslog-366-days-after",
      "Prefix": "syslog/",
      "Status": "Enabled"
    }
  ]
}
$ aws s3api put-bucket-lifecycle --bucket matetsu-log-archive \
--lifecycle-configuration file:///home/ec2-user/syslog_366_delete.json \
--region ap-northeast-1
```

上記の例では、プレフィックスが「syslog/」のオブジェクトに対して366日後に削除するよう設定しています。s3api put-bucket-lifecycleコマンドも成功時には何も出力されません。s3api put-bucket-lifecycleコマンドでは指定されたJSONファイルに記述されたルールに置き換えられるので、既存のルールを記述して置かないと消えてしまいますのでご注意ください。

これで登録完了です。登録されたルールを確認する場合は、以下のようにs3api get-bucket-lifecycleコマンドを利用します。

```
$ aws s3api get-bucket-lifecycle --bucket matetsu-log-archive \
--region ap-northeast-1
{
```

```
"Rules": [
    {
        "Status": "Enabled",
        "Prefix": "syslog/",
        "Expiration": {
            "Days": 366
        },
        "ID": "delete-syslog-366-days-after"
    }
]
}
```

　Glacierへの移動と組み合わせたい場合は、**リスト6.2**のようなJSONを記述します。

リスト6.2 Glacierへの移動と削除を組み合わせた場合のJSON

```
{
  "Rules": [
    {
      "Expiration": {
        "Days": 366
      },
      "ID": "to-glacier-180-days-and-delete-syslog-366-days-after",
      "Prefix": "syslog/",
      "Status": "Enabled",
      "Transition": {
        "Days": 180,
        "StorageClass": "GLACIER"
      }
    }
  ]
}
```

6.8　まとめ

　本章では、S3の基本的な使い方からCloudFrontとの連携方法、コンテンツ配信以外の利用方法について簡単に説明しました。S3と同じ機能や水準のサービスを自分たちで構築し、運用することは非常にコストがかかります。S3とい

第6章 画像の配信（S3/CloudFront）

うサービスを利用することで、手軽なだけでなく安価にサービスの提供やサービス運用のバックエンドとして利用できます。

　AWSのようなクラウドサービスでは、いかに仮想サーバを利用しないようにシステムを構築するかがキモとなってきます。S3も、インターネットストレージであるというメリット・デメリットを理解したうえで自由な発想で利用できれば、仮想サーバだけでは実現できなかった柔軟なシステムをよりシンプルに構築できるでしょう。

第7章
DBの運用
（RDS）

第7章 DBの運用（RDS）

データベース（以下DB）は、顧客情報やクレジットカード情報などの重要データを保存する場所としてよく使われていますが、冗長化構成や負荷対策を考えるとその構築や運用／保守に非常に手間がかかります。本章では、システム管理者の手間を軽減するAWSのフルマネージドサービスのDBを紹介します。

7.1 Amazon RDS（Relational Database Service）の概要

Amazon RDS（*Relational Database Service*、以下RDS）は、AWSのフルマネージドRDBサービスです。ユーザはOSやミドルウェアのインストールをすることなく、OSSのMySQLやPostgreSQL、商用RDBのOracleやMicrosoft SQL Server（以下MSSQL）が利用できます。

フルマネージドサービスですので、OSの管理やパッチ当て、ミドルウェアのアップデートなどもAWS側で管理しています。ユーザはRDBのクライアントから接続するだけで簡単に利用できます。また、オンプレミスでは構築が面倒な冗長化やレプリケーションもオプションとして用意され、簡単に可用性を高めることができます。

EC2と同様に簡単に起動でき、起動時間単位の従量課金となっています。リソースの予約金を払うこと（リザーブドインスタンス）で、時間単位の料金を大きく下げられることもEC2と同じしくみになっています。

利用可能なエンジン

RDSでは2015年9月現在、**表7.1**に挙げるRDBと各バージョンをエンジンとして利用できます。

7.1 Amazon RDS (Relational Database Service) の概要

表7.1 RDSで利用可能なエンジン[a]

エンジン	バージョン
MySQL	5.1.73、5.5.40〜5.5.42、5.6.19〜5.6.23
PostgreSQL	9.3.1〜9.3.9、9.4.1、9.4.4
Oracle	Enterprise Edition、Standard Edition、Standard Edition One:11.2.0.2.v3〜11.2.0.2.v7、11.2.0.3.v1、11.2.0.4.v1、12.1.0.1.v1、12.1.0.1.v2
MSSQL	Express Edition、Web Edition、Standard Edition、Enterprise Edition:10.50.2789.0.v1 (2008 R2)、10.50.6000.34.v1 (2008 R2SP3)、11.00.2100.60.v1 (2012)、11.00.5058.0.v1 (2012SP2)

注a 2015年9月現在、東京リージョンでは利用できませんが、USリージョンなどではAuroraというDBも利用可能になっています。

OSSであるMySQLとPostgreSQLは、基本的にライセンス費用は発生しませんが、商用製品であるOracleとMSSQLは、ライセンス費用が発生します。また、EC2と同様にライセンス費用を従量課金に含めることもできますが、ライセンスをすでに持っている場合は、それをAWSに持ち込むことも可能です。なお、持ち込みが必須になるエディションもあるので注意してください。Oracle、MSSQLを使う場合は少しややこしくなるので、**表7.2**を参考に検討してください。

表7.2 Oracle、MSSQLにおけるライセンス形態

利用料金に含まれる	利用料金に含める、もしくは持ち込みの選択が可能	持ち込みが必須
MSSQL Express Edition、MSSQL Web Edition	Oracle Standard Edition One、MSSQL Standard Edition	Oracle Enterprise Edition、Oracle Standard Edition、MSSQL Enterprise Edition

AWSが用意するRDBはサービスとして提供されているため、オンプレミスやEC2上にインストールしたRDBに比べ、若干の制限がありますので注意してください。

リージョンとアベイラビリティゾーン

RDSはEC2と同様、リージョンとアベイラビリティゾーンの概念があります。また、RDSはVPCに対応しているので、指定したVPCのサブネット内部で起動することが可能です。ただし、RDSはローカルIPアドレスが指定できないため、後述するDBサブネットグループ内に起動し、エンドポイントと呼

第7章 DBの運用（RDS）

ばれるFQDN[注1]（*Fully Qualified Domain Name*）に対して接続することになります。

各種設定グループ

前述したように、RDSはフルマネージドサービスであるため、インストールオプションや詳細な設定ファイルが編集できません。ユーザが変更できる部分は、各種設定グループとしてAWSから提供されています。詳細は後述しますが、変更可能な個所と設定グループは**表7.3**の通りです。

表7.3　RDSで変更可能な設定項目

項目	説明
DBセキュリティグループ	EC2のセキュリティグループと同様にアクセス制限を制御する
DBパラメータグループ	RDSへの接続数などのDB設定値を制御する
DBオプショングループ	memcachedを使うなどのRDSへの機能追加を制御する
DBサブネットグループ	RDSを起動させるサブネットを制御する

7.2 DBインスタンスの起動と接続

それでは、RDSインスタンスを起動する手順を解説します。マネジメントコンソールのトップ画面で **RDS** を選択します。

RDSを起動するには、いくつかの設定グループが必要になります。AWSによるデフォルト設定も用意されていますが、複数のRDSを起動する場合は管理面で不便となるため、ユーザ自身でグループを作成することをお勧めします。

RDS用セキュリティグループの作成

EC2におけるセキュリティグループと同様、RDSにもセキュリティグループを適用できます。RDSへ接続するサーバやクライアントの接続元IPアドレスやセキュリティグループを指定し、アクセス制限を設定してください。

注1　DNSなどでホスト名やドメイン名などをすべて省略せずに指定する形式のことです。

なお、VPC環境とEC2-Classic環境では、セキュリティグループの作成場所が異なります。VPC内でRDSを起動する場合は、VPCもしくはEC2の画面からセキュリティグループを作成しますが、画面左メニューの セキュリティグループ から作成するのは、EC2-Classic環境用のセキュリティグループです。本書はVPCの利用を前提しているため、RDSの画面ではセキュリティグループを作成しませんので注意してください。

DBパラメータグループの作成

✚ マネジメントコンソールの場合

前述しましたが、RDSでは各DBの設定ファイル[注2]を直接編集できないため、DBパラメータグループで設定や調整を行います。DBパラメータグループで設定可能な値はMySQL用だけで300個弱と非常に多く、本書ですべて説明することはできませんが、パラメータグループの作成方法と設定する際に注意するポイントを説明します。

DBパラメータグループを作成するには、画面左側のメニューから パラメータグループ を選択し、パラメータグループの作成 ボタンをクリックします（**図7.1**）。パラメータグループの作成画面で、パラメータグループファミリー と呼ばれるDBエンジンを指定し、DBパラメータを識別する グループ名 と 説明 を記述します。

図7.1　パラメータグループの作成

作成したDBパラメータグループを編集する場合は、パラメーターの編集 ボタンをクリックします（**図7.2**）。パラメータ内の変更可能が「false」になっている値は変更できないので注意してください。

注2　MySQLでのmy.cnf、PostgreSQLでのpostgresql.confがそれにあたります。

第7章　DBの運用（RDS）

図7.2　パラメータグループの編集

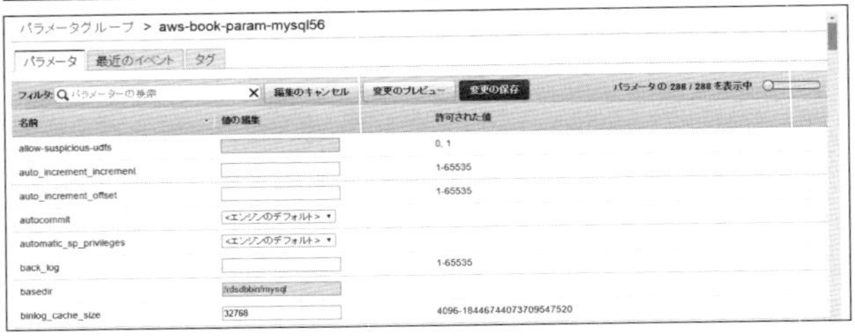

また、適用タイプに「static」と「dynamic」の2つの属性が存在します。これはDBパラメータを変更した際にRDSインスタンスに設定が動的に反映されるか、RDSインスタンスの再起動後に設定が反映されるかを示します。現時点では、RDSインスタンスを起動していないので影響しませんが、本番稼働中のRDSインスタンスの設定を変更する場合は、再起動が伴うこともあるので注意してください。DBパラメータグループの設定変更が完了したら、画面上にある 変更の保存 ボタンをクリックします。

✚ AWS CLIの場合

DBパラメータグループは、rds create-db-parameter-groupコマンドで以下のように作成します。作成時のオプションは**表7.4**の通りです。

```
$ aws rds create-db-parameter-group \
--db-parameter-group-name aws-book-param-mysql56 \
--description mysql56-parameter \
--db-parameter-group-family MySQL5.6
{
    "DBParameterGroup": {
        "DBParameterGroupName": "aws-book-param-mysql56",
        "DBParameterGroupFamily": "mysql5.6",
        "Description": "mysql56-parameter"
    }
}
```

表7.4　rds create-db-parameter-groupコマンドのオプション

オプション	説明
--db-parameter-group-name	DBパラメータグループ名を指定する
--description	DBパラメータグループの説明を記述する
--db-parameter-group-family	DBエンジンを指定する

DBオプショングループの作成

✚ マネジメントコンソールの場合

　DBオプショングループもRDSの設定を管理する機能です。DBパラメータグループがDB設定の詳細を管理するのに対し、DBオプショングループは、DBの機能的な部分を管理します。たとえば、MySQL5.6から追加されたmemcached pluginや、OracleのOEM（*Oracle Enterprise Manager*）をRDSで利用する際に設定します。また、DBパラメータと異なりセキュリティグループも関連付けられるので、同じ設定のRDSインスタンスを作成する際に手間が軽減できます。

　DBオプショングループを作成するには、画面左メニューで オプショングループ を選択し、 グループの作成 ボタンをクリックします。オプショングループの作成画面では、 名前 にDBオプショングループ名、 説明 にDBオプショングループの説明を入力、 エンジン に利用するDBエンジン、 メジャーエンジンのバージョン にDBエンジンのバージョンを選択します（**図7.3**）。本書執筆時点ではPostgreSQLのDBオプショングループは機能として提供されていないので注意してください。

図7.3　　オプショングループの作成

✚ AWS CLIの場合

　DBオプショングループは、rds create-option-groupコマンドで以下のように作成します。作成時のオプションは**表7.5**の通りです。

```
$ aws rds create-option-group \
--option-group-name aws-book-mysql56-option \
--option-group-description mysql56-option \
--engine-name mysql \
--major-engine-version 5.6
{
    "OptionGroup": {
        "MajorEngineVersion": "5.6",
```

第7章 DBの運用(RDS)

```
    "OptionGroupDescription": "mysql56-option",
    "Options": [],
    "EngineName": "mysql",
    "AllowsVpcAndNonVpcInstanceMemberships": true,
    "OptionGroupName": "aws-book-mysql56-option"
  }
}
```

表7.5　rds create-option-groupコマンドのオプション

オプション	説明
--option-group-name	DBオプショングループ名前を指定する
--option-group-description	DBオプショングループの説明を記述する
--engine-name	DBエンジンを指定する
--major-engine-version	DBエンジンのバージョンを指定する

DBサブネットグループの作成

➕ マネジメントコンソールの場合

　RDSインスタンスをVPC内で起動する場合、専用のDBサブネットグループが必要です。DBサブネットグループとは、VPC内にあるサブネットの1つ、もしくは複数のサブネットを指定したもので、RDSインスタンスが起動するサブネットを指定した設定です。これはRDSインスタンスがマルチAZ (Multi-Availability Zone) 配置で起動する可能性も踏まえたうえでのRDSの仕様です。詳細は後述しますが、マルチAZ配置を有効にした場合は、複数のサブネットを使用するためDBサブネットグループを作成する際に必要になります。DBサブネットグループを作成する際は、事前にVPCのサブネットが作成されている必要があるので注意してください。

　DBサブネットグループを作成するには、画面左メニューの サブネットグループ を選択し、 DBサブネットグループの作成 をクリックします。DBサブネットグループの作成画面では、 名前 にDBサブネットグループ名、 説明 にDBサブネットグループの説明を入力、 VPC ID で作成するVPCを選択し、 アベイラビリティゾーン と サブネットID を選択します(図7.4)。

7.2 DBインスタンスの起動と接続

図7.4 サブネットグループの作成

```
DB サブネットグループの作成                                      ×

新しいサブネットグループを作成するには、名前と説明を入力し、以下から既存のVPCを選択します。既存のVPCを選択したら、その
VPCに関連するサブネットを追加できます。

              名前  aws-book-mysql56-subnet    ⓘ
              説明  aws-book-mysql56-subnet    ⓘ
           VPC ID  vpc-5003aa35           ▼   ⓘ

サブネットをこのサブネットグループに追加します。サブネットを一度に1つずつ追加するか、[すべてのサブネットを追加](このVPCに
関連しているもの)ができます。このグループの作成後、追加編集ができます。最低で2つのサブネットが必要です。

💬 Note: Aurora instances require a minimum of 3 subnets.

     アベイラビリティーゾーン  ap-northeast-1a                 ▼
            サブネット ID  subnet-1742c660 (172.31.16.0/ ▼   追加

   アベイラビリティーゾーン      サブネット ID        CIDR ブロック      アクション
                              追加なし。

                                          キャンセル   作成
```

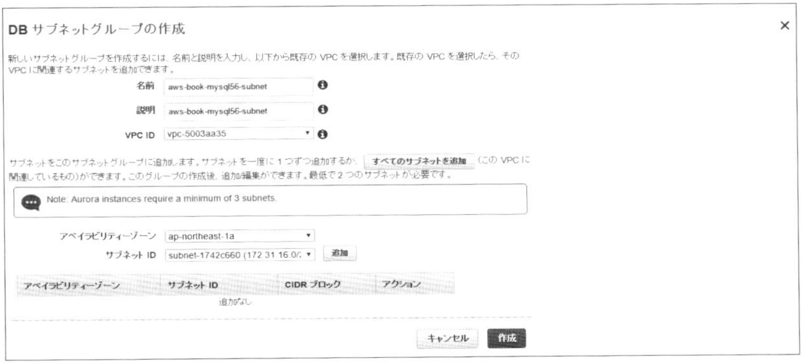

➕ AWS CLIの場合

　DBサブネットグループはrds create-db-subnet-groupコマンドで以下のように作成します。作成時のオプションは**表7.6**の通りです。

```
$ aws rds create-db-subnet-group \
--db-subnet-group-name aws-book-mysql56-subnet \
--db-subnet-group-description mysql56-subnet \
--subnet-ids subnet-1742c660 subnet-f4ffebb2
{
    "DBSubnetGroup": {
        "Subnets": [
            {
                "SubnetStatus": "Active",
                "SubnetIdentifier": "subnet-1742c660",
                "SubnetAvailabilityZone": {
                    "Name": "ap-northeast-1a",
                    "ProvisionedIopsCapable": false
                }
            },
            {
                "SubnetStatus": "Active",
                "SubnetIdentifier": "subnet-f4ffebb2",
                "SubnetAvailabilityZone": {
                    "Name": "ap-northeast-1c",
                    "ProvisionedIopsCapable": false
                }
            }
        ],
        "DBSubnetGroupName": "aws-book-mysql56-subnet",
```

197

第7章 DBの運用(RDS)

```
        "VpcId": "vpc-5003aa35",
        "DBSubnetGroupDescription": "mysql56-subnet",
        "SubnetGroupStatus": "Complete"
    }
}
```

表7.6 rds create-db-subnet-groupコマンドのオプション

オプション	説明
--db-subnet-group-name	DBサブネットグループ名を指定する
--db-subnet-group-description	DBサブネットグループの説明を記述する
--subnet-ids	DBサブネットグループに設定するサブネットIDを指定する

DBインスタンスの起動

✚ マネジメントコンソールの場合

これまでの作業でRDSインスタンスを起動する準備が整いました。ここから実際にRDSインスタンスを起動する手順を解説します。

RDSはEC2や他サービスと同様、起動時間単位の課金が発生します。料金はインスタンスタイプごとに異なりますので、用途や必要なパフォーマンスに合わせてインスタンスタイプを決定してください。詳細は後述しますが、インスタンスタイプは起動後も変更可能ですので、まずは小さめのインスタンスタイプでパフォーマンスの検証を実施することをお勧めします。

RDSインスタンスを起動するには、画面左メニューの インスタンス を選択し、 DBインスタンスの起動 をクリックします（**図7.5**）。次に**表7.7**の例のように設定項目を状況に応じて選択します。

図7.5 DBインスタンス起動の詳細設定

7.2 DBインスタンスの起動と接続

表7.7　DBインスタンス起動の設定項目

項目	説明
DBエンジン	MySQL、PostgreSQL、Oracle、MSSQLから選択する。Oracle、MSSQLについてはエディションも一緒に選択する
本番環境	本番環境で使用するかどうかを選択する。本番環境を選択した場合は、マルチAZ配置、プロビジョンドIOPSストレージが有効になる
DB詳細の指定	
ライセンスモデル	DBのライセンス形態を選択する
DBエンジンのバージョン	DBエンジンのバージョンを選択する
DBインスタンスのクラス	RDSのインスタンスタイプを選択する
マルチAZ配置	マルチAZ配置を有効にするかを選択する
ストレージタイプ	本番環境で使用する場合は汎用(SSD)、プロビジョンドIOPS (SSD)、マグネティックから選択する
ストレージ割り当て	RDSで使うストレージサイズをGB単位で指定する
プロビジョンドIOPS	プロビジョンドIOPSを使用する場合はIOPSを指定する
DBインスタンス識別子	RDSのインスタンス名を指定する
マスターユーザの名前	DBの管理ユーザ名を指定する
マスターパスワード	管理ユーザのパスワードを指定する
パスワードの確認	上記で入力したパスワードを再度入力する
[詳細設定]の設定	
VPC	RDSを起動するVPCを選択する
サブネットグループ	RDSを起動するDBサブネットグループを選択する
パブリックアクセス可能	インターネット経由でRDSインスタンスに接続させるかを選択する
アベイラビリティゾーン	RDSを起動するアベイラビリティゾーンを選択する
VPCセキュリティグループ	RDSに適用するセキュリティグループを選択する
DBの名前	RDS内に作成するDB名を指定する
DBのポート	RDSの待ち受けポートを指定する
DBパラメータグループ	DBパラメータグループを選択する
オプショングループ	DBオプショングループを選択する
暗号を有効化	暗号化を有効にする場合にチェックする
バックアップの保存期間	自動バックアップ保存期間を入力する。0にすると自動バックアップは無効になる
バックアップウィンドウ	自動バックアップ開始時間を指定する。指定しない場合にはAWSによって自動で設定される
マイナーバージョン自動アップグレード	AWSによる自動マイナーバージョンアップグレード機能を有効にするか指定する
メンテナンスウィンドウ	マイナーバージョン自動アップグレードやAWSによるシステムメンテナンス開始時間を指定する。指定しない場合にはAWSによって自動で設定される

第7章 DBの運用（RDS）

設定に問題がなければ、**DBインスタンスの作成**ボタンをクリックすると、RDSインスタンスが起動します[注3]。

「DBインスタンスを作成中です。」と表示されます。**DBインスタンスの表示**ボタンをクリックすると、RDS一覧画面が表示されますが、**ステータス**が「作成中」から「利用可能」になるまで待ちましょう（**図7.6**）。「利用可能」になればRDSインスタンスの起動が完了し、クライアントから接続できる状態になります。

図7.6 RDSの起動画面

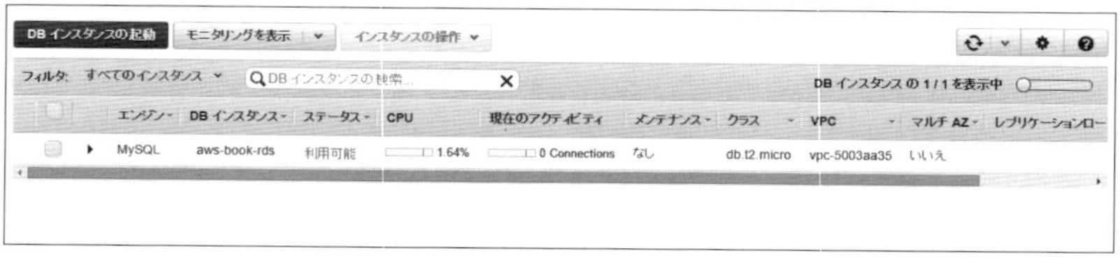

✚ AWS CLIの場合

RDSインスタンスはrds create-db-instanceコマンドで以下のように作成します。作成時のオプションは**表7.8**の通りです。

```
$ aws rds create-db-instance \
--db-name aws-book \
--db-instance-identifier aws-book-rds \
--allocated-storage 5 \
--db-instance-class db.t2.micro \
--engine MySQL \
--master-username admin \
--master-user-password password \
--vpc-security-group-ids sg-d9d01cbc \
--db-subnet-group-name aws-book-mysql56-subnet \
--preferred-maintenance-window Tue:04:00-Tue:04:30 \
--db-parameter-group-name aws-book-param-mysql56 \
--backup-retention-period 1 \
--preferred-backup-window 04:30-05:00 \
--port 3306 \
--multi-az \
--engine-version 5.6.19 \
--auto-minor-version-upgrade \
--license-model general-public-license \
--option-group-name aws-book-mysql56-option \
```

注3　本書執筆時点では、RDSインスタンス起動前の設定確認画面は表示されないので注意してください。

7.2 DB インスタンスの起動と接続

```
--no-publicly-accessible
{
    "DBInstance": {
        "PubliclyAccessible": false,
        "MasterUsername": "admin",
        "LicenseModel": "general-public-license",
        "VpcSecurityGroups": [
            {
                "Status": "active",
                "VpcSecurityGroupId": "sg-d9d01cbc"
            }
        ],
        "OptionGroupMemberships": [
            {
                "Status": "pending-apply",
                "OptionGroupName": "aws-book-mysql56-option"
            }
        ],
        "PendingModifiedValues": {
            "MasterUserPassword": "****"
        },
        "Engine": "mysql",
        "MultiAZ": true,
        "DBSecurityGroups": [],
        "DBParameterGroups": [
            {
                "DBParameterGroupName": "aws-book-param-mysql56",
                "ParameterApplyStatus": "in-sync"
            }
        ],
        "AutoMinorVersionUpgrade": true,
        "PreferredBackupWindow": "04:30-05:00",
        "DBSubnetGroup": {
            "Subnets": [
                {
                    "SubnetStatus": "Active",
                    "SubnetIdentifier": "subnet-703acc07",
                    "SubnetAvailabilityZone": {
                        "Name": "ap-northeast-1a",
                        "ProvisionedIopsCapable": false
                    }
                },
                {
                    "SubnetStatus": "Active",
                    "SubnetIdentifier": "subnet-f4ffebb2",
                    "SubnetAvailabilityZone": {
```

第7章 DBの運用（RDS）

```
                        "Name": "ap-northeast-1c",
                        "ProvisionedIopsCapable": false
                    }
                }
            ],
            "DBSubnetGroupName": "aws-book-mysql56-subnet",
            "VpcId": "vpc-6e947f0b",
            "DBSubnetGroupDescription": "mysql56-subnet",
            "SubnetGroupStatus": "Complete"
        },
        "ReadReplicaDBInstanceIdentifiers": [],
        "AllocatedStorage": 5,
        "BackupRetentionPeriod": 1,
        "DBName": "awsbook",
        "PreferredMaintenanceWindow": "tue:04:00-tue:04:30",
        "DBInstanceStatus": "creating",
        "EngineVersion": "5.6.19",
        "DBInstanceClass": "db.t2.micro",
        "DBInstanceIdentifier": "awsbook-rds"
    }
}
```

表7.8 rds create-db-instanceコマンドのオプション

オプション	説明
--db-name	DB名を指定する
--db-instance-identifier	RDSインスタンス名を指定する
--allocated-storage	RDSインスタンスで使うディスクを指定する
--db-instance-class	RDSインスタンスタイプを指定する
--engine	DBエンジンを指定する
--master-username	管理者ユーザを指定する
--master-user-password	管理者ユーザのパスワードを指定する
--vpc-security-group-ids	VPCセキュリティグループを指定する
--availability-zone	アベイラビリティゾーンを指定する（マルチAZ配置有効時には指定できない）
--db-subnet-group-name	起動するDBサブネットグループを指定する
--preferred-maintenance-window	メンテナンスウィンドウの時間を指定する
--db-parameter-group-name	DBパラメータグループを指定する
--backup-retention-period	自動バックアップの保存世代数を指定する
--preferred-backup-window	バックアップウィンドウの時間を指定する
--port	RDSインスタンスへの接続ポート番号を指定する
--multi-az、--no-multi-az	マルチAZ配置の有効、無効を指定する

7.2 DBインスタンスの起動と接続

オプション	説明
--engine-version	DBエンジンのバージョンを指定する
--auto-minor-version-upgrade --no-auto-minor-version-upgrade	自動マイナーバージョンアップ機能の有効、無効を指定する
--license-model	ライセンスモデルを指定する
--iops	IOPSの値を指定する
--option-group-name	DBオプショングループを指定する
--publicly-accessible --no-publicly-accessible	RDSインスタンスにパブリックIPアドレスを付与する、付与しないを指定する

クライアントからRDSインスタンスへの接続

　RDSインスタンスの起動が完了したら、次はクライアントからRDS上のDBに接続する手順を解説します。RDSはDBサービスですので、OSへのSSHやRDPのような操作系の接続ができないので注意してください。

　RDSの起動が完了すると、セキュリティグループやDB、管理者情報がすべて設定された状態になっています。RDSインスタンスはIPアドレスが固定化できないため、エンドポイントと呼ばれるFQDNに対して接続します。

　画面左メニューの *インスタンス* をクリックし、RDSの一覧画面で作成したRDSインスタンスを選択し、インスタンス名の左側にある右向き三角をクリックするか、虫眼鏡アイコンをクリックすると、設定情報の中にエンドポイントが表示されます(**図7.7**)。

図7.7　エンドポイントの表示

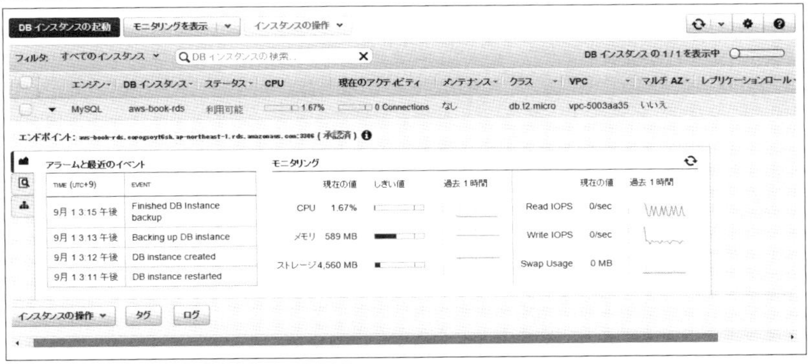

203

第7章 DBの運用（RDS）

　以下は、awsbook-rdsというRDSインスタンスを作成し、DBエンジンはMySQL5.6.19、adminという管理ユーザで接続した際のコマンド実行例です。実際には作成時に選択したDBエンジンや設定した待ち受けポート番号に合わせて、各DBクライアントからRDSインスタンスに接続してください。

```
$ mysql -u admin -h aws-book-rds.ct4xgcb3hxcr.ap-northeast-1.rds.amazonaws.com
 -P 3306 -p  実際は1行
Enter password:
Welcome to the MySQL monitor.  Commands end with ; or \g.
Your MySQL connection id is 4
Server version: 5.6.19-log MySQL Community Server (GPL)

Copyright (c) 2000, 2014, Oracle and/or its affiliates. All rights reserved.

Oracle is a registered trademark of Oracle Corporation and/or its
affiliates. Other names may be trademarks of their respective
owners.

Type 'help;' or '\h' for help. Type '\c' to clear the current input statement.

mysql>
```

7.3 既存のDBからのデータ移行

　これでRDSインスタンスの起動とクライアントからの接続が完了し、RDSを使える状態になりました。元々RDBを前提にDB設計や構築を実施している場合は特に気にしなくてもよいのですが、これまではRDS以外の環境でシステムを稼働させていて、今後はAWSにシステムを移行する場合はいくつかの作業が必要です。

　既存のDBからRDSにデータを移行する場合は、以下の方法が考えられます。

- 既存DBを停止し、dumpデータを使ってRDSへデータを移行する
- 既存DBの静止点を作り、dumpデータとレプリケーションでRDSへデータを移行する

　メンテナンスの時間を確保してDBを停止できる環境であれば、既存DBのdumpデータを取得してからRDSにインポートすれば1回の作業で移行が完了

します。しかし、DBデータのサイズによっては、dumpもインポートも時間を要してしまい、長時間のシステム停止を伴う可能性も否定できません。

dump、もしくはインポートする際は、いかに停止時間を短くするかがとても重要です。よって、可能な限り移行作業前にDBの不要データの削除しておくことをお勧めします。

RDSでは、インスタンスタイプをCPUやメモリの潤沢なタイプに一時的に変更したり、プロビジョンドIOPSを有効にして性能を上げることでインポートの時間を短縮することが可能です。また、既存DBでMySQLを使用している場合は、RDSをレプリカとして動作させる方法もサポートされています。

また、RDSはサービスとして提供されている関係で、権限周りの一部でユーザが変更できない個所があります。必ず既存DBからインポートができるかテストしてから移行作業を実施してください。

7.4 RDSの設定(マネジメントコンソール)

RDSでは、設定を間違った場合や必要なパフォーマンスが足りていない場合は、後から設定を変更することが可能です。以降ではマネジメントコンソールでRDSの設定を変更する方法について解説します。

セキュリティグループの設定

セキュリティグループの変更には、セキュリティグループ内のルール変更[注4]と、RDSインスタンスにアタッチされているセキュリティグループ自体を変更する2種類があります。また、EC2と同様に、セキュリティグループの付け替えや複数のグループをアタッチすることも可能です。

DBパラメータグループやDBオプショングループも同様ですが、RDSはEC2と違って設定変更を即時に反映させる方法と、次回メンテナンス時に反映させる方法と2種類あるので注意してください。

RDSのセキュリティグループは、対象のRDSインスタンスを選択し、`インスタンスの操作`を選択し、`変更`をクリックします。DBインスタンスの変更

注4 セキュリティグループ内のルール変更は、**3章**で解説しています。

第7章　DBの運用（RDS）

画面で設定を変更します（**図7.8**）。画面の下にある すぐに適用 にチェックを入れると設定は即時に反映されますが、チェックを入れないと次のメンテナンスウィンドウ時間に設定が反映されます。このタイミングの違いに注意してください。 次に ボタンをクリックすると、設定が変更されたものの値のみが表示されます。また、RDSインスタンスに複数のセキュリティグループを選択したい場合は、Ctrl を押しながら複数選択してください。

図7.8　RDSの設定変更画面

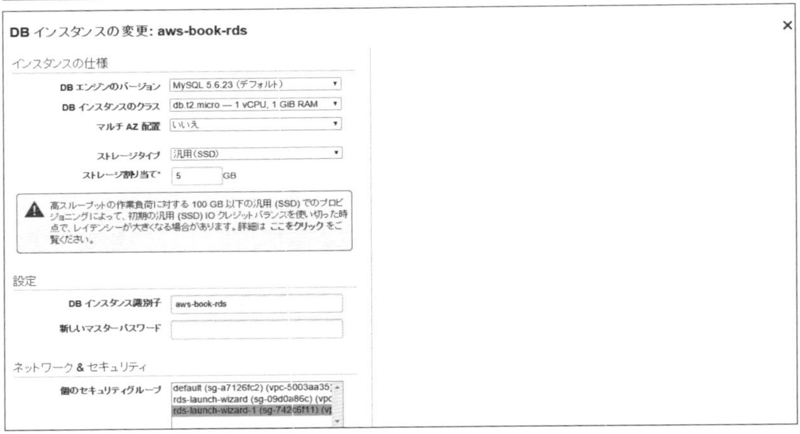

DBパラメータグループの設定

たとえば、RDSインスタンスへの最大接続数（max_connections）を変更する場合は、DBパラメータグループ内のパラメータを編集する必要があります。

画面左メニューの パラメータグループ から変更対象のパラメータグループを選択し、パラメーターの編集 をクリックすると、パラメータの編集が行えます（図7.2）。

「DBパラメータグループの作成」でも述べましたが、適用タイプが「dynamic」の個所は、パラメータ変更後にRDSインスタンスの再起動なしに適用できますが、「static」の個所は、RDSインスタンスの再起動が必須となります。また、パラメータを編集できる個所は、変更可能が「true」の個所のみなので注意してください。

パラメータグループ画面の許可された値内に収まるように 値の編集 欄を変更し、変更の保存 をクリックします。DBパラメータグループ自体を変更するには、

対象RDSインスタンスを選択し、**インスタンスの操作**を選択し、**変更**でRDSインスタンスにアタッチするパラメータグループが変更できます。パラメータグループ自体を変更した場合は、RDSインスタンスの**パラメータグループ**のステータスが「再起動の保留中」となっているので、RDSインスタンスを再起動し、設定変更を有効にしてください。

DBオプショングループの設定

　DBオプショングループはDBパラメータグループと同様に、DBエンジンによって設定できる内容が異なります。たとえば、DBエンジンがMySQLの場合は、memcachedのプラグインオプションの設定のみをサポートしていますが、DBエンジンがOracleの場合は、OEMや暗号化の設定、タイムゾーンの変更などがDBオプショングループで制御できます。

　また、DBオプショングループはオプションを任意で追加し、追加したオプションに対してパラメータを設定する方式を採用しています。追加したオプションは後から削除も可能ですが、DBオプショングループを用途に合わせて複数作成したほうが管理が楽になるでしょう。

　DBオプショングループは、画面左メニューの**オプショングループ**からDBオプショングループを選択し、**オプションの追加**ボタンをクリックするとオプションの追加、**オプションの変更**ボタンをクリックするとオプションのパラメータが変更できます。

　RDSインスタンスにアタッチされているDBオプショングループを変更する場合は、DBパラメータグループの変更と同様にRDSインスタンスの**変更**ボタンから実行してください。

タイムゾーンの設定

　RDSを運用するうえで注意しなければならないのがタイムゾーンです。たとえば、DBエンジンがMySQLの場合は、RDSインスタンスに接続してnow()関数を実行します。以下の例では、現在時刻（11時21分ごろ）から+9時間で現在時刻が表示されています。

```
mysql> select now();
+---------------------+
| now()               |
+---------------------+
```

```
| 2014-08-31 20:21:27 |
+---------------------+
1 row in set (0.00 sec)
```

　これはRDSインスタンスが稼働しているOSがUTC（*Coordinated Universal Time*、世界標準時）で動作していることに起因します。しかし、DBエンジンによってはDBパラメータグループやDBオプショングループでタイムゾーンの設定を変更できます。**表7.9**に変更できるDBエンジンと変更できないDBエンジンをまとめました。

表7.9　DBエンジンによるUTCの変更可否

DBエンジン	タイムゾーン変更の可否
MySQL	変更できない
PostgreSQL	DBパラメータグループで変更できる
Oracle	DBオプショングループで変更できる
MSSQL	変更できない

　PostgreSQLは前述したDBパラメータグループの編集でtimezoneパラメータを編集することでタイムゾーンの変更が可能です。OracleはDBオプショングループにTimezoneを追加することで変更が可能です。MySQLとMSSQLは、RDS側の設定ではタイムゾーンを変更できない仕様になっていますので、クライアントから接続時にタイムゾーンを定義する必要があります。MySQLの場合、セッション開始時に以下のように設定することでタイムゾーンを指定できます。毎回の設定が面倒であれば、ストアドプロシージャで実装してもよいでしょう。

```
SET SESSION time_zone = 'Asia/Tokyo';
```

　MSSQLも現時点ではタイムゾーンの変更に対応していません。また、MySQLのようにセッション単位でタイムゾーンを設定できないので、datetimeoffsetなどを使ってアプリケーション側で変換する必要があります。

7.5 RDSインスタンスの操作

RDSインスタンス自体の操作は大きく分けて、インスタンスタイプの変更とインスタンスの状態制御の2つがあります。以降では、RDSインスタンスのインスタンスタイプの変更、RDSインスタンスの再起動や削除方法を解説します。

RDSインスタンスタイプの変更

◆マネジメントコンソールの場合

RDSはEC2と同様に、インスタンスタイプ[注5]を変更することによって、スペックアップやスペックダウンが可能です。

RDSのインスタンスタイプを変更するには、画面左メニューの[インスタンス]から変更したいRDSインスタンスを選択し、[インスタンスの変更]を選択して[変更]をクリックします。[DBインスタンスのクラス]で任意のインスタンスタイプを選択します。インスタンスタイプは表7.10にあるタイプから選択が可能です。

表7.10　RDSのインスタンスタイプ

インスタンスタイプ	vCPU数	メモリ	ネットワークパフォーマンス
db.t2.micro	1	1GiB	低から中
db.t2.small	1	2GiB	低から中
db.t2.medium	2	4GiB	低から中
db.m3.medium	1	3.75GiB	中
db.m3.large	2	7.5GiB	中
db.m3.xlarge	4	15GiB	中
db.m3.2xlarge	8	30GiB	高
db.r3.large	2	15GiB	中
db.r3.xlarge	4	30.5GiB	中
db.r3.2xlarge	8	61GiB	高
db.r3.4xlarge	16	122GiB	高
db.r3.8xlarge	32	244GiB	10Gigabit

表7.10のほかに旧世代と呼ばれるインスタンスタイプ（表7.11）もありますが、

注5　インスタンスクラスと呼ぶこともありますが、インスタンスタイプと同義と考えて問題ありません。

第7章 DBの運用(RDS)

特に理由がない限りは、表7.10の新しいインスタンスタイプの中から選んだほうがコストパフォーマンスがよいでしょう。

表7.11 RDSのインスタンスタイプ(旧世代)

インスタンスタイプ	vCPU数	メモリ	ネットワークパフォーマンス
db.t1.micro	1	613MB	非常に低
db.m1.small	1	1.7GiB	低
db.m1.medium	1	3.75GiB	中
db.m1.large	2	7.5GiB	中
db.m1.xlarge	4	15GiB	高
db.m2.xlarge	2	17.1GiB	中
db.m2.2xlarge	4	34.2GiB	中
db.m2.4xlarge	8	68.4GiB	高
db.cr1.8xlarge	32	244GiB	高

DBインスタンスの変更画面で設定を変更したあと、 すぐに適用 にチェックを入れ、RDSインスタンスを再起動すれば、インスタンスタイプが変更されます。

➕ AWS CLIの場合

RDSインスタンスの設定は、rds modify-db-instanceコマンドで以下のように変更します。変更時のオプションは、rds create-db-instanceコマンドとほぼ同様ですが、apply-immediatelyが追加されているので注意してください(**表7.12**)。

```
$ aws rds modify-db-instance \
--db-instance-identifier aws-book-rds \
--db-instance-class db.t2.small \
--apply-immediately
{
[40/9708]
    "DBInstance": {
        "PubliclyAccessible": false,
        "MasterUsername": "admin",
        "LicenseModel": "general-public-license",
        "VpcSecurityGroups": [
            {
                "Status": "active",
                "VpcSecurityGroupId": "sg-d9d01cbc"
```

```
        }
    ],
    "InstanceCreateTime": "2014-10-15T23:32:58.572Z",
    "OptionGroupMemberships": [
        {
            "Status": "in-sync",
            "OptionGroupName": "aws-book-mysql56-option"
        }
    ],
    "PendingModifiedValues": {
        "DBInstanceClass": "db.t2.small"
    },
    "Engine": "mysql",
    "MultiAZ": true,
    "LatestRestorableTime": "2014-10-15T23:50:00Z",
    "DBSecurityGroups": [],
    "DBParameterGroups": [
        {
            "DBParameterGroupName": "aws-book-param-mysql56",
            "ParameterApplyStatus": "in-sync"
        }
    ],
    "AutoMinorVersionUpgrade": true,
    "PreferredBackupWindow": "04:30-05:00",
    "DBSubnetGroup": {
        "Subnets": [
            {
                "SubnetStatus": "Active",
                "SubnetIdentifier": "subnet-703acc07",
                "SubnetAvailabilityZone": {
                    "Name": "ap-northeast-1a",
                    "ProvisionedIopsCapable": false
                }
            },
            {
                "SubnetStatus": "Active",
                "SubnetIdentifier": "subnet-f4ffebb2",
                "SubnetAvailabilityZone": {
                    "Name": "ap-northeast-1c",
                    "ProvisionedIopsCapable": false
                }
            }
        ],
        "DBSubnetGroupName": "aws-book-mysql56-subnet",
        "VpcId": "vpc-6e947f0b",
```

第7章 DBの運用（RDS）

```
            "DBSubnetGroupDescription": "mysql56-subnet",
            "SubnetGroupStatus": "Complete"
        },
        "SecondaryAvailabilityZone": "ap-northeast-1c",
        "ReadReplicaDBInstanceIdentifiers": [],
        "AllocatedStorage": 5,
        "BackupRetentionPeriod": 1,
        "DBName": "awsbook",
        "PreferredMaintenanceWindow": "tue:04:00-tue:04:30",
        "Endpoint": {
            "Port": 3306,
            "Address": "awsbook-rds.ct4xgcb3hxcr.ap-northeast-1.rds.amazonaws.com"
        },
        "DBInstanceStatus": "available",
        "EngineVersion": "5.6.19",
        "AvailabilityZone": "ap-northeast-1a",
        "DBInstanceClass": "db.t2.micro",
        "DBInstanceIdentifier": "aws-book-rds"
    }
}
```

表7.12 rds modify-db-instanceコマンドのオプション

オプション	説明
--db-instance-identifier	変更するRDSインスタンス名を指定する
--allocated-storage	RDSインスタンスで使うディスクを指定する
--db-instance-class	RDSインスタンスタイプを指定する
--master-user-password	管理者ユーザのパスワードを指定する
--vpc-security-group-ids	VPCセキュリティグループを指定する
--preferred-maintenance-window	メンテナンスウィンドウの時間を指定する
--db-parameter-group-name	DBパラメータグループを指定する
--backup-retention-period	自動バックアップの保存世代数を指定する
--preferred-backup-window	バックアップウィンドウの時間を指定する
--multi-az、--no-multi-az	マルチAZ配置の有効、無効を指定する
--engine-version	DBエンジンのバージョンを指定する
--auto-minor-version-upgrade --no-auto-minor-version-upgrade	自動マイナーバージョンアップ機能の有効、無効を指定する
--iops	IOPSの値を指定する
--option-group-name	DBオプショングループを指定する
--new-db-instance-identifier	RDSインスタンス名を変更する場合の新しい名前を指定する
--apply-immediately --no-apply-immediately	設定変更をすぐに有効化するか、メンテナンスウィンドウ時間に有効化するかを指定する

RDSインスタンスの再起動

✤ マネジメントコンソールの場合

　RDSインスタンスのインスタンスタイプの変更や、DBパラメータグループの設定変更によっては、RDSインスタンスの再起動が必要になります。

　RDSインスタンスを再起動するには、画面左メニューの インスタンス から任意のRDSインスタンスを選択し、 インスタンスの操作 を選択して 再起動 をクリックします(図7.9)。通常は5〜15分程度で再起動が完了し、クライアントから接続できるようになります。

図7.9　RDSの再起動確認画面

✤ AWS CLIの場合

　RDSインスタンスは、rds reboot-db-instanceコマンドで以下のように再起動します。再起動時のオプションは**表7.13**の通りです。

```
$ aws rds reboot-db-instance \
--db-instance-identifier aws-book-rds
{
    "DBInstance": {
        "PubliclyAccessible": false,
        "MasterUsername": "admin",
        "LicenseModel": "general-public-license",
        "VpcSecurityGroups": [
            {
                "Status": "active",
                "VpcSecurityGroupId": "sg-d9d01cbc"
            }
        ],
        "InstanceCreateTime": "2014-10-17T23:00:21.508Z",
        "OptionGroupMemberships": [
            {
                "Status": "in-sync",
                "OptionGroupName": "aws-book-mysql56-option"
            }
```

第7章 DBの運用（RDS）

```
        ],
        "PendingModifiedValues": {},
        "Engine": "mysql",
        "MultiAZ": true,
        "LatestRestorableTime": "2014-10-17T23:35:00Z",
        "DBSecurityGroups": [],
        "DBParameterGroups": [
            {
                "DBParameterGroupName": "aws-book-param-mysql56",
                "ParameterApplyStatus": "in-sync"
            }
        ],
        "AutoMinorVersionUpgrade": true,
        "PreferredBackupWindow": "04:30-05:00",
        "DBSubnetGroup": {
            "Subnets": [
                {
                    "SubnetStatus": "Active",
                    "SubnetIdentifier": "subnet-703acc07",
                    "SubnetAvailabilityZone": {
                        "Name": "ap-northeast-1a",
                        "ProvisionedIopsCapable": false
                    }
                },
                {
                    "SubnetStatus": "Active",
                    "SubnetIdentifier": "subnet-f4ffebb2",
                    "SubnetAvailabilityZone": {
                        "Name": "ap-northeast-1c",
                        "ProvisionedIopsCapable": false
                    }
                }
            ],
            "DBSubnetGroupName": "aws-book-mysql56-subnet",
            "VpcId": "vpc-6e947f0b",
            "DBSubnetGroupDescription": "mysql56-subnet",
            "SubnetGroupStatus": "Complete"
        },
        "SecondaryAvailabilityZone": "ap-northeast-1c",
        "ReadReplicaDBInstanceIdentifiers": [],
        "AllocatedStorage": 5,
        "BackupRetentionPeriod": 1,
        "DBName": "awsbook",
        "PreferredMaintenanceWindow": "tue:04:00-tue:04:30",
        "Endpoint": {
            "Port": 3306,
```

```
            "Address": "aws-book-rds.ct4xgcb3hxcr.ap-northeast-1.rds.amazonaws.com"
        },
        "DBInstanceStatus": "rebooting",
        "EngineVersion": "5.6.19",
        "AvailabilityZone": "ap-northeast-1a",
        "DBInstanceClass": "db.t2.micro",
        "DBInstanceIdentifier": "aws-book-rds"
    }
}
```

表7.13 rds reboot-db-instanceコマンドのオプション

オプション	説明
--db-instance-identifier	再起動するRDSインスタンス名を指定する
--force-failover	マルチAZ配置有効時にフェイルオーバーを実施する

RDSインスタンスの削除

✛ マネジメントコンソールの場合

　RDSはEC2と違って停止という状態が存在せず、起動／再起動／削除の3つの状態で管理されています。停止という状態がないことによって、RDSインスタンスは起動もしくは削除されることになります。後述するRDSスナップショットでバックアップを取得しておけばいつでもRDSを復元できるので、ここではRDSインスタンスを削除する方法について解説します。

　RDSインスタンスを削除するには、画面左メニューの インスタンス から任意のRDSインスタンスを選択し、 インスタンスの操作 を選択し、 削除 をクリックします。そのあと、最終確認画面が表示されますので、削除前にRDSスナップショットを取得するか選択できます。削除前にRDSスナップショットを取得していれば先に進んで問題ありませんが、もし取得するのを忘れている場合は、この画面でスナップショットを作成してください。 削除 ボタンをクリックするとRDSインスタンスは削除されます（**図7.10**）。

第7章　DBの運用（RDS）

図7.10　RDSの削除確認画面

✚ AWS CLIの場合

RDSインスタンスは、rds delete-db-instanceコマンドで以下のように削除します。削除時のオプションは**表7.14**の通りです。

```
$ aws rds delete-db-instance \
--db-instance-identifier aws-book-rds \
--skip-final-snapshot
{
    "DBInstance": {
        "PubliclyAccessible": false,
        "MasterUsername": "admin",
        "LicenseModel": "general-public-license",
        "VpcSecurityGroups": [
            {
                "Status": "active",
                "VpcSecurityGroupId": "sg-d9d01cbc"
            }
        ],
        "InstanceCreateTime": "2014-10-17T23:00:21.508Z",
        "OptionGroupMemberships": [
            {
                "Status": "in-sync",
                "OptionGroupName": "aws-book-mysql56-option"
            }
        ],
        "PendingModifiedValues": {},
        "Engine": "mysql",
        "MultiAZ": true,
        "LatestRestorableTime": "2014-10-17T23:35:00Z",
        "DBSecurityGroups": [],
        "DBParameterGroups": [
            {
                "DBParameterGroupName": "aws-book-param-mysql56",
```

```
                "ParameterApplyStatus": "in-sync"
            }
        ],
        "AutoMinorVersionUpgrade": true,
        "PreferredBackupWindow": "04:30-05:00",
        "DBSubnetGroup": {
            "Subnets": [
                {
                    "SubnetStatus": "Active",
                    "SubnetIdentifier": "subnet-703acc07",
                    "SubnetAvailabilityZone": {
                        "Name": "ap-northeast-1a"
                    }
                },
                {
                    "SubnetStatus": "Active",
                    "SubnetIdentifier": "subnet-f4ffebb2",
                    "SubnetAvailabilityZone": {
                        "Name": "ap-northeast-1c"
                    }
                }
            ],
            "DBSubnetGroupName": "aws-book-mysql56-subnet",
            "VpcId": "vpc-6e947f0b",
            "DBSubnetGroupDescription": "mysql56-subnet",
            "SubnetGroupStatus": "Complete"
        },
        "SecondaryAvailabilityZone": "ap-northeast-1a",
        "ReadReplicaDBInstanceIdentifiers": [],
        "AllocatedStorage": 5,
        "BackupRetentionPeriod": 1,
        "DBName": "aws-book",
        "PreferredMaintenanceWindow": "tue:04:00-tue:04:30",
        "Endpoint": {
            "Port": 3306,
            "Address": "aws-book-rds.ct4xgcb3hxcr.ap-northeast-1.rds.amazonaws.com"
        },
        "DBInstanceStatus": "deleting",
        "EngineVersion": "5.6.19",
        "AvailabilityZone": "ap-northeast-1c",
        "StorageType": "standard",
        "DBInstanceClass": "db.t2.micro",
        "DBInstanceIdentifier": "aws-book-rds"
    }
}
```

第7章 DBの運用(RDS)

表7.14 rds delete-db-instanceコマンドのオプション

オプション	説明
--db-instance-identifier	削除するRDSインスタンス名を指定する
--skip-final-snapshot	削除前の最終スナップショットを作成しない
--final-db-snapshot-identifier	削除前の最終スナップショット名を指定する

7.6 DBの冗長化

　DBの冗長化は複雑で非常に重要な課題です。ハードウェアレベルのクラスタリングにするのか、レプリカを作っておけばよいのか、稼働するシステムによって要件は大きく変わってきます。

　RDSでは、マルチAZ配置オプションやリードレプリカ[注6]を利用することによって、オンプレミスのシステムと何ら遜色のないシステムを構成できます。

マルチAZ配置の作成(マネジメントコンソール)

　RDSの耐障害性を上げる非常に便利なオプションとしてマルチAZ配置があります。マルチAZ配置とは、複数のアベイラビリティゾーンにまたがってRDSインスタンスのマスタとスレーブを2台作成し、マスタ側に問題が発生した場合にスレーブに自動的に切り替わるオプションです(**図7.11**)。

注6　読み込み用のレプリカのことです。

図7.11 RDSにおけるマルチAZ配置

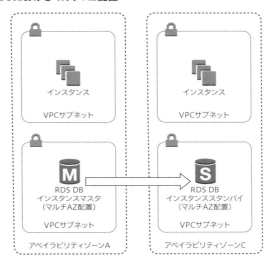

アベイラビリティゾーンを超えてDBのデータが同期され、問題が発生した際にはフェイルオーバーしてそのままRDSを継続して使い続けられるので、本番稼働するシステムの耐障害性を大きく上げられるでしょう。また、レプリケーションやフェイルオーバーなどの面倒な実装はAWSが担当してくれるので、ユーザはアプリケーションの開発やシステムの構築に有効に時間を使うことができるようになります。

マルチAZ配置を有効にした場合、バックグラウンドで2台のRDSインスタンスが起動します。2台のRDSインスタンスは同期レプリケーションでデータが同期されているので、データが欠損する可能性は極めて低いと言えるでしょう。2台のRDSインスタンスが起動しますがユーザからはマスタのRDSインスタンスしか操作できない状態になっています。スレーブ側のRDSインスタンスはAWSが管理しているのでユーザが意識する必要がありません。つまり、マルチAZ配置を有効にしない場合でも、有効にした場合でも使用感はまったく変わらずにRDSを利用できます。

仮にRDSインスタンスに問題が発生してフェイルオーバーした場合、RDSインスタンスの実IPアドレスは変わりますが、DNSのAレコードで管理されているため、クライアントから接続するエンドポイントが変わることなくそのまま利用し続けられます。RDSインスタンスに接続する際にエンドポイントを使う理由はここにあるのです。

第7章 DBの運用(RDS)

フェイルオーバーが発生する条件は、以下の通りです。

- マスタ側利用ゾーンの可用性損失
- マスタに対するネットワーク接続の喪失
- マスタ上でのコンピュートユニット障害
- マスタのストレージ不良

非常に便利なマルチAZ配置ですが、一部のリージョンで使えないDBエンジンもあるので注意してください(**表7.15**)。

表7.15　マルチAZ配置が利用可能なDBエンジン

DBエンジン	リージョン
MySQL	すべてのリージョンで利用可能
PostgreSQL	すべてのリージョンで利用可能
Oracle	すべてのリージョンで利用可能
MSSQL	3つのアベイラビリティゾーンが使えるリージョン(アイルランド、バージニア、オレゴン)で利用可能

マルチAZ配置は、RDSインスタンス起動時や起動後も簡単に有効にできます。起動時に有効にする場合は、RDSインスタンス起動ウィザードの途中に **マルチAZ配置** という項目があるので、「Yes」を選択するだけです。

RDSインスタンスが起動後にマルチAZ配置を有効にする場合は、対象RDSインスタンスを選択し、**インスタンスの操作** から **変更** を選択し、**マルチAZ配置** を「Yes」にして設定を反映させます(**図7.12**)。

図7.12　RDS起動後にマルチAZ配置を有効化

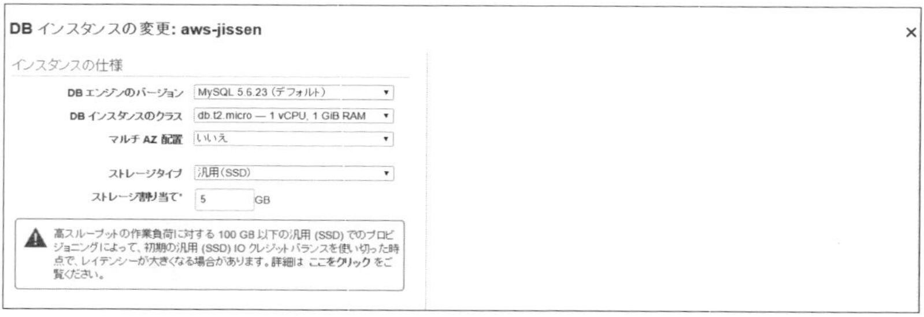

リードレプリカの作成

✚ マネジメントコンソールの場合

　RDSはリードレプリカも簡単に作成できます。リードレプリカとは、マルチAZ配置と同様に複数台のRDSインスタンスを起動し、マスタと同期された読み込み専用のRDSインスタンスを起動するオプションです。マルチAZ配置と異なる点は、読み込み専用のRDSインスタンスに接続して参照できることです。読み込み専用のRDSインスタンスに接続できるので、アプリケーションからDBの参照はリードレプリカに、更新はマスタにすることでRDSインスタンスの負荷を分散し、効率のよいシステムを作成できます。

　また、リードレプリカは、マスタ→スレーブ→スレーブのように多段のレプリケーションや、リージョンをまたがったレプリケーションも作成可能です。しかし、マルチAZ配置と同様にリードレプリカにも制限があり、リードレプリカに対応しているDBエンジンはMySQLとPostgreSQLになっています。

　リードレプリカは、RDSインスタンス作成後に有効にします。RDS画面左メニューの**インスタンス**から対象のRDSインスタンスを選択し、**インスタンスの操作**を選択して**リードレプリカの作成**をクリックします。リードレプリカDBインスタンスの作成画面が表示されるので、**表7.16**の項目を指定して起動します。

表7.16 リードレプリカの設定

項目	説明
DBインスタンスのクラス	リードレプリカのインスタンスタイプを選択する
ストレージタイプ	プロビジョンドIOPSを有効にするかどうかを選択する。有効にした場合はIOPSも指定する
リードレプリカのソース	リードレプリカの元になるRDSインスタンスを選択する
DBインスタンス識別子	リードレプリカのインスタンス名を入力する
送信先リージョン	リードレプリカを作成するリージョンを選択する
送信先DBサブネットグループ	リードレプリカを起動するDBサブネットグループを選択する
パブリックアクセス可能	インターネット経由でリードレプリカに接続させるか選択する
アベイラビリティゾーン	リードレプリカを起動するアベイラビリティゾーンを選択する
DBのポート	リードレプリカの待ち受けポートを指定する
マイナーバージョン自動アップグレード	自動マイナーバージョンアップを有効にした場合は、バージョンアップの開始時間を指定する。指定しない場合は、AWS側のルールに従って実行される

第7章 DBの運用（RDS）

また、リードレプリカを作成する場合は、RDSインスタンスが後述する自動バックアップが有効になっている必要があります。

➕ AWS CLIの場合

RDSインスタンスのリードレプリカは、rds create-db-instance-read-replicaコマンドで以下のように作成します。作成時のオプションは**表7.17**の通りです。

```
$ aws rds create-db-instance-read-replica \
--db-instance-identifier aws-book-rds-rr \
--source-db-instance-identifier aws-book-rds \
--db-instance-class db.t2.micro \
--availability-zone ap-northeast-1c \
--port 3306 \
--auto-minor-version-upgrade \
--option-group-name aws-book-mysql56-option \
--no-publicly-accessible
{
    "DBInstance": {
        "PubliclyAccessible": false,
        "MasterUsername": "admin",
        "LicenseModel": "general-public-license",
        "VpcSecurityGroups": [
            {
                "Status": "active",
                "VpcSecurityGroupId": "sg-d9d01cbc"
            }
        ],
        "OptionGroupMemberships": [
            {
                "Status": "pending-apply",
                "OptionGroupName": "aws-book-mysql56-option"
            }
        ],
        "PendingModifiedValues": {},
        "Engine": "mysql",
        "MultiAZ": false,
        "DBSecurityGroups": [],
        "DBParameterGroups": [
            {
                "DBParameterGroupName": "aws-book-param-mysql56",
                "ParameterApplyStatus": "in-sync"
            }
        ],
```

```
    "ReadReplicaSourceDBInstanceIdentifier": "aws-book-rds",
    "AutoMinorVersionUpgrade": true,
    "PreferredBackupWindow": "04:30-05:00",
    "DBSubnetGroup": {
        "Subnets": [
            {
                "SubnetStatus": "Active",
                "SubnetIdentifier": "subnet-703acc07",
                "SubnetAvailabilityZone": {
                    "Name": "ap-northeast-1a",
                    "ProvisionedIopsCapable": false
                }
            },
            {
                "SubnetStatus": "Active",
                "SubnetIdentifier": "subnet-f4ffebb2",
                "SubnetAvailabilityZone": {
                    "Name": "ap-northeast-1c",
                    "ProvisionedIopsCapable": false
                }
            }
        ],
        "DBSubnetGroupName": "aws-book-mysql56-subnet",
        "VpcId": "vpc-6e947f0b",
        "DBSubnetGroupDescription": "mysql56-subnet",
        "SubnetGroupStatus": "Complete"
    },
    "ReadReplicaDBInstanceIdentifiers": [],
    "AllocatedStorage": 5,
    "BackupRetentionPeriod": 0,
    "DBName": "awsbook",
    "PreferredMaintenanceWindow": "tue:04:00-tue:04:30",
    "DBInstanceStatus": "creating",
    "EngineVersion": "5.6.19",
    "AvailabilityZone": "ap-northeast-1c",
    "DBInstanceClass": "db.t2.micro",
    "DBInstanceIdentifier": "aws-book-rds-rr"
  }
}
```

第7章 DBの運用(RDS)

表7.17 rds create-db-instance-read-replicaコマンドのオプション

オプション	説明
--db-instance-identifier	リードレプリカインスタンス名を指定する
--source-db-instance-identifier	リードレプリカの元になるRDSインスタンス名を指定する
--db-instance-class	RDSインスタンスタイプを指定する
--availability-zone	アベイラビリティゾーンを指定する
--port	リードレプリカインスタンスへの接続ポート番号を指定する
--auto-minor-version-upgrade --no-auto-minor-version-upgrade	自動マイナーバージョンアップ機能の有効、無効を指定する
--iops	IOPSの値を指定する
--option-group-name	DBオプショングループを指定する
--publicly-accessible --no-publicly-accessible	RDSインスタンスにパブリックIPアドレスを付与、付与しないを指定する
--db-subnet-group-name	起動するDBサブネットグループを指定する

リードレプリカのマスタへの昇格

✚ マネジメントコンソールの場合

　リードレプリカ特有の機能にマスタへの昇格機能があります。これは、マスタからデータレプリケーションを受け取っていたリードレプリカがその関係を切って独立したRDSインスタンスとして動作させる機能です。

　リードレプリカはリージョンを超えて作成でき、マスタとなるRDSインスタンスが起動しているリージョンが何らかの問題で使えなくなった場合に、別のリージョンに作成しておいたリードレプリカをマスタに昇格させてDR対策(地域災害からの復旧、被害の軽減対策)を取るといった利用シーンが考えられます(**図7.13**)。

図7.13 リードレプリカの昇格

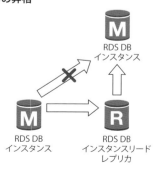

リードレプリカをマスタに昇格させるには、画面左メニューの インスタンス から任意のリードレプリカを選択し、インスタンスの操作 から リードレプリカの昇格 をクリックします。自動バックアップなどの設定後、リードレプリカは独立したRDSインスタンスへと昇格します。

✚ AWS CLIの場合

RDSのリードレプリカは、rds promote-read-replicaコマンドで以下のようにマスタに昇格します。昇格時のオプションは**表7.18**の通りです。

```
$ aws rds promote-read-replica \
--db-instance-identifier aws-book-rds-rr \
--backup-retention-period 1 \
--preferred-backup-window 04:30-05:00
{
    "DBInstance": {
        "PubliclyAccessible": false,
        "MasterUsername": "admin",
        "LicenseModel": "general-public-license",
        "VpcSecurityGroups": [
            {
                "Status": "active",
                "VpcSecurityGroupId": "sg-d9d01cbc"
            }
        ],
        "InstanceCreateTime": "2014-10-19T07:18:01.201Z",
        "OptionGroupMemberships": [
            {
                "Status": "in-sync",
                "OptionGroupName": "aws-book-mysql56-option"
            }
        ],
        "PendingModifiedValues": {
            "BackupRetentionPeriod": 1
        },
        "Engine": "mysql",
        "MultiAZ": false,
        "DBSecurityGroups": [],
        "DBParameterGroups": [
            {
                "DBParameterGroupName": "aws-book-param-mysql56",
                "ParameterApplyStatus": "in-sync"
            }
        ],
        "ReadReplicaSourceDBInstanceIdentifier": "aws-book-rds",
```

第7章 DBの運用（RDS）

```json
        "AutoMinorVersionUpgrade": true,
        "PreferredBackupWindow": "04:30-05:00",
        "DBSubnetGroup": {
            "Subnets": [
                {
                    "SubnetStatus": "Active",
                    "SubnetIdentifier": "subnet-703acc07",
                    "SubnetAvailabilityZone": {
                        "Name": "ap-northeast-1a",
                        "ProvisionedIopsCapable": false
                    }
                },
                {
                    "SubnetStatus": "Active",
                    "SubnetIdentifier": "subnet-f4ffebb2",
                    "SubnetAvailabilityZone": {
                        "Name": "ap-northeast-1c",
                        "ProvisionedIopsCapable": false
                    }
                }
            ],
            "DBSubnetGroupName": "aws-book-mysql56-subnet",
            "VpcId": "vpc-6e947f0b",
            "DBSubnetGroupDescription": "mysql56-subnet",
            "SubnetGroupStatus": "Complete"
        },
        "ReadReplicaDBInstanceIdentifiers": [],
        "AllocatedStorage": 5,
        "BackupRetentionPeriod": 0,
        "DBName": "aws-book",
        "PreferredMaintenanceWindow": "tue:04:00-tue:04:30",
        "Endpoint": {
            "Port": 3306,
            "Address": "aws-book-rds-rr.ct4xgcb3hxcr.ap-northeast-1.rds.amazonaws.com"
        },
        "DBInstanceStatus": "modifying",
        "EngineVersion": "5.6.19",
        "StatusInfos": [
            {
                "Status": "replicating",
                "StatusType": "read replication",
                "Normal": true
            }
        ],
        "AvailabilityZone": "ap-northeast-1c",
        "DBInstanceClass": "db.t2.micro",
```

```
        "DBInstanceIdentifier": "aws-book-rds-rr"
    }
}
```

表7.18 rds promote-read-replicaコマンドのオプション

オプション	説明
--db-instance-identifier	マスタに昇格するリードレプリカ名を指定する
--backup-retention-period	自動バックアップの保存世代数を指定する
--preferred-backup-window	バックアップウィンドウの時間を指定する

7.7 I/Oの高速化

DBに限らず、コンピュータの負荷が上がりやすいポイントとなるのがディスクへのI/Oです。RDSでは、プロビジョンドIOPSという機能を使うことで、ディスクI/O性能を向上させることが可能です。

プロビジョンドIOPSとは

EC2のEBSと同様にRDSでもプロビジョンドIOPSという機能があります。RDSが動作するインスタンスもバックグラウンドではEBSを使っていますので、プロビジョンドIOPS機能の詳細はEC2とほぼ同じです。

RDSでプロビジョンドIOPSを使う場合に推奨するインスタンスタイプはdb.m3.xlarge以上となっており、DBエンジンごとのプロビジョンドIOPSの上限値は**表7.19**の通りです。

表7.19 DBエンジンごとのプロビジョンドIOPSの上限値

DBエンジン	プロビジョンドIOPS上限値
MySQL	30000
PostgreSQL	30000
Oracle	30000
MSSQL	10000

第7章 DBの運用（RDS）

プロビジョンドIOPSの作成（マネジメントコンソール）

ストレージタイプを「プロビジョンドIOPS(SSD)」に設定すると、プロビジョンドIOPS値が入力できるようになります。

起動後のRDSにプロビジョンドIOPSを有効にする場合は、画面左メニューの**インスタンス**から任意のRDSインスタンスを選択し、**インスタンスの操作**から**変更**をクリックしてプロビジョンドIOPSを有効にします（**図7.14**）。プロビジョンドIOPSの値は、ストレージ容量の10倍が上限です。たとえば、100GBのストレージでRDSインスタンスを作成した場合は、プロビジョンドIOPSの値は「1000」になります。

図7.14 プロビジョンドIOPSの設定

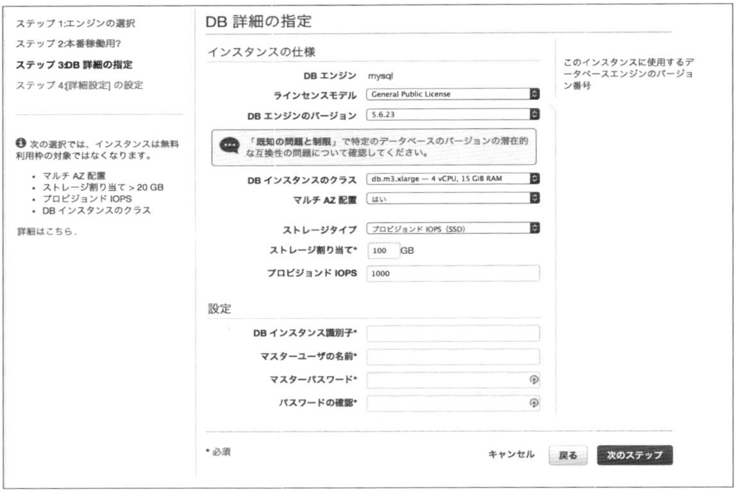

7.8 バックアップ

システムの大半は、必ず何らかの障害が発生するものとして設計されています。この考え方はAWSでも例外ではなく、必ずどこかに障害が発生することを想定してシステムを設計することが大切です。RDSでは、EC2と同様にスナップショット機能が提供されており、非常に簡単にバックアップと復元が実現

できます。

スナップショットの作成

✚ マネジメントコンソールの場合

　DBのバックアップはdumpファイルへの出力が一般的です。RDSもdumpファイルへ出力することでDBのバックアップが取得できますが、DBスナップショットを使えばもっと簡単にRDSのバックアップが可能になります。

　DBスナップショットはEC2のAMIとほぼ同じ機能で、RDSインスタンスの状態をほぼそのままインスタンスのイメージとして保存する機能です。DBスナップショットはRDSインスタンスの停止することなく取得できるので、本番稼働中のRDSインスタンスも気兼ねなくバックアップできます。

　DBスナップショットは、画面左メニューの インスタンス から任意のRDSインスタンスを選択し、インスタンスの操作 を選択して DBスナップショットの取得 をクリックします。DBスナップショットの取得画面で スナップショット名 に名前を入力し、スナップショットの取得 ボタンをクリックします（図7.15）。

図7.15　スナップショットの作成

　取得したスナップショットは、画面左メニューの スナップショット をクリックすると一覧で表示されます。また、不要になったDBスナップショットを削除するには、スナップショットの削除 ボタンをクリックします。

✚ AWS CLIの場合

　RDSインスタンスのスナップショットは、rds create-db-snapshotコマンドで以下のように作成します。作成時のオプションは**表7.20**の通りです。

```
$ aws rds create-db-snapshot \
--db-snapshot-identifier yyyymmdd-aws-book-rds \
--db-instance-identifier awsbook-rds
{
```

```
"DBSnapshot": {
    "Engine": "mysql",
    "Status": "creating",
    "AvailabilityZone": "ap-northeast-1a",
    "PercentProgress": 0,
    "MasterUsername": "admin",
    "LicenseModel": "general-public-license",
    "VpcId": "vpc-6e947f0b",
    "DBSnapshotIdentifier": "yyyymmdd-aws-book-rds",
    "InstanceCreateTime": "2014-10-19T06:56:34.352Z",
    "OptionGroupName": "aws-book-mysql56-option",
    "AllocatedStorage": 5,
    "EngineVersion": "5.6.19",
    "SnapshotType": "manual",
    "Port": 3306,
    "DBInstanceIdentifier": "aws-book-rds"
}
}
```

表7.20 rds create-db-snapshotコマンドのオプション

オプション	説明
--db-snapshot-identifier	スナップショットに付与する名前を指定する
--db-instance-identifier	スナップショットを取得するRDSインスタンス名を指定する

リージョン間スナップショットのコピー

✚ マネジメントコンソールの場合

　取得したDBスナップショットは、リージョンを超えてコピーできます。DR対策などの理由から複数のリージョンでスナップショットを保存する、もしくは別リージョンにRDSの起動イメージをコピーする必要がある場合に有効な機能です。EC2と同様にリージョン間のスナップショットコピーは差分でコピーされるので、よほど大きな更新がなければ通信料も抑えられるでしょう。

　DBスナップショットを別リージョンにコピーする場合は、画面左メニューの スナップショット から任意のDBスナップショットを選択し、 スナップショットのコピー をクリックします（図7.16）。 送信先リージョン にコピー先のリージョン、 新しいDBスナップショット識別子 に保存するDBスナップショット名を入力し、 スナップショットのコピー ボタンをクリックすると、リージョン間DBスナップショットコピーが開始します。

7.8 バックアップ

図7.16 リージョン間のスナップショット

✚ AWS CLIの場合

RDSインスタンスのスナップショットは、copy-db-snapshotコマンドで以下のようにコピーします。コピー時のオプションは**表7.21**の通りです。コマンドの実行例は東京リージョンのRDSスナップショットをシンガポールリージョンにコピーしています。

```
$ aws rds copy-db-snapshot \
--source-db-snapshot-identifier arn:aws:rds:ap-northeast-1:123456789123:snaps
hot:aws-jissen \     実際は1行
--target-db-snapshot-identifier aws-jissen \
--region ap-southeast-1
{
    "DBSnapshot": {
        "Engine": "mysql",
        "Status": "creating",
        "SourceRegion": "ap-northeast-1",
        "MasterUsername": "awsjissen",
        "Encrypted": false,
        "LicenseModel": "general-public-license",
        "StorageType": "gp2",
        "PercentProgress": 0,
        "DBSnapshotIdentifier": "aws-jissen",
        "InstanceCreateTime": "2015-09-03T23:37:17.412Z",
        "AllocatedStorage": 5,
        "EngineVersion": "5.6.23",
        "SnapshotType": "manual",
        "Port": 3306,
        "DBInstanceIdentifier": "aws-jissen"
    }
}
```

第7章 DBの運用(RDS)

表7.21　copy-db-snapshotコマンドのオプション

オプション	解説
--source-db-snapshot-identifier	コピー元のスナップショット名を指定する
--target-db-snapshot-identifier	コピー先のスナップショット名を指定する

スナップショットの復元

✚ マネジメントコンソールの場合

「バックアップしたデータは復元(リストア)するためにある」、これはシステムを運用するうえで常識とも言えるでしょう。RDSでは、取得したDBスナップショットから簡単にRDSインスタンスの復元が可能です。ただし、DBスナップショットから復元する場合は、新規にRDSインスタンスを起動しなければならないので注意してください。DBスナップショットから既存のRDSインスタンスにデータを復元できません。

DBスナップショットからRDSインスタンスを復元するには、画面左メニューの スナップショット から、任意のDBスナップショットを選択し、 スナップショットの復元 ボタンをクリックします(図7.17)。DBスナップショットからの復元はRDSインスタンスを新規で起動し、復元に必要な情報はRDSインスタンスを作成する情報と同じです。

図7.17　スナップショットの復元

DBスナップショットからRDSインスタンスを復元した場合は、DBパラメータグループとセキュリティグループがデフォルトの状態で起動するので適宜

7.8 バックアップ

設定を変更したほうがよいでしょう。

✚ AWS CLIの場合

スナップショットは、rds restore-db-instance-from-db-snapshotコマンドで以下のように復元します。復元時のオプションは**表7.22**の通りです。

```
$ aws rds restore-db-instance-from-db-snapshot \
--db-instance-identifier aws-book-rds-restore \
--db-snapshot-identifier yyyymmdd-aws-book-rds \
--db-instance-class db.t2.micro \
--engine MySQL \
--availability-zone ap-northeast-1a \
--db-subnet-group-name aws-book-mysql56-subnet \
--port 3306 \
--no-multi-az \
--auto-minor-version-upgrade \
--license-model general-public-license \
--option-group-name aws-book-mysql56-option
{
    "DBInstance": {
        "PubliclyAccessible": false,
        "MasterUsername": "admin",
        "LicenseModel": "general-public-license",
        "VpcSecurityGroups": [
            {
                "Status": "active",
                "VpcSecurityGroupId": "sg-c307fda6"
            }
        ],
        "OptionGroupMemberships": [
            {
                "Status": "pending-apply",
                "OptionGroupName": "aws-book-mysql56-option"
            }
        ],
        "PendingModifiedValues": {},
        "Engine": "mysql",
        "MultiAZ": false,
        "DBSecurityGroups": [],
        "DBParameterGroups": [
            {
                "DBParameterGroupName": "default.mysql5.6",
                "ParameterApplyStatus": "in-sync"
            }
        ],
```

第7章 DBの運用（RDS）

```
        "AutoMinorVersionUpgrade": true,
        "PreferredBackupWindow": "04:30-05:00",
        "DBSubnetGroup": {
            "Subnets": [
                {
                    "SubnetStatus": "Active",
                    "SubnetIdentifier": "subnet-703acc07",
                    "SubnetAvailabilityZone": {
                        "Name": "ap-northeast-1a",
                        "ProvisionedIopsCapable": false
                    }
                },
                {
                    "SubnetStatus": "Active",
                    "SubnetIdentifier": "subnet-f4ffebb2",
                    "SubnetAvailabilityZone": {
                        "Name": "ap-northeast-1c",
                        "ProvisionedIopsCapable": false
                    }
                }
            ],
            "DBSubnetGroupName": "aws-book-mysql56-subnet",
            "VpcId": "vpc-6e947f0b",
            "DBSubnetGroupDescription": "mysql56-subnet",
            "SubnetGroupStatus": "Complete"
        },
        "ReadReplicaDBInstanceIdentifiers": [],
        "AllocatedStorage": 5,
        "BackupRetentionPeriod": 1,
        "DBName": "aws-book",
        "PreferredMaintenanceWindow": "tue:04:00-tue:04:30",
        "DBInstanceStatus": "creating",
        "EngineVersion": "5.6.19",
        "AvailabilityZone": "ap-northeast-1a",
        "DBInstanceClass": "db.t2.micro",
        "DBInstanceIdentifier": "aws-book-rds-restore"
    }
}
```

7.8 バックアップ

表7.22 rds restore-db-instance-from-db-snapshotコマンドのオプション

オプション	説明
--db-instance-identifier	復元後のRDSインスタンス名を指定する
--db-snapshot-identifier	復元に使用するスナップショット名を指定する
--db-instance-class	RDSインスタンスタイプを指定する
--engine	DBエンジンを指定する
--availability-zone	アベイラビリティゾーンを指定する（マルチAZ配置有効時には指定できない）
--db-subnet-group-name	起動するDBサブネットグループを指定する
--port	RDSインスタンスへの接続ポート番号を指定する
--multi-az、--no-multi-az	マルチAZ配置の有効、無効を指定する
--engine-version	DBエンジンのバージョンを指定する
--auto-minor-version-upgrade --no-auto-minor-version-upgrade	自動マイナーバージョンアップ機能の有効、無効を指定する
--license-model	ライセンスモデルを指定する
--iops	IOPSの値を指定する
--option-group-name	DBオプショングループを指定する

特定時点への復元

✚ マネジメントコンソールの場合

　RDSはDBスナップショットバックアップとは別に特定時点への復元（Point In Time Recovery）機能が用意されています。特定時点への復元とは、RDSを5分前以上の任意の時間の状態に戻す機能のことです。

　バックグラウンドでは、RDSの自動バックアップとAWS側に保存された更新ログを合わせて、任意の時間の状態に戻しているようです。DBスナップショットからの復元と同様に、特定時点へ復元する場合も新規にRDSインスタンスが起動します。

　画面左メニューの インスタンス から任意のRDSインスタンスを選択し、インスタンスの インスタンスの操作 を選択して 特定時点への復元 をクリックします（図7.18）。RDSインスタンスの起動画面に似たDBインスタンスの復元画面が表示されますが、復元する時間を指定する個所があります。

第7章 DBの運用（RDS）

図7.18 特定時点への復元

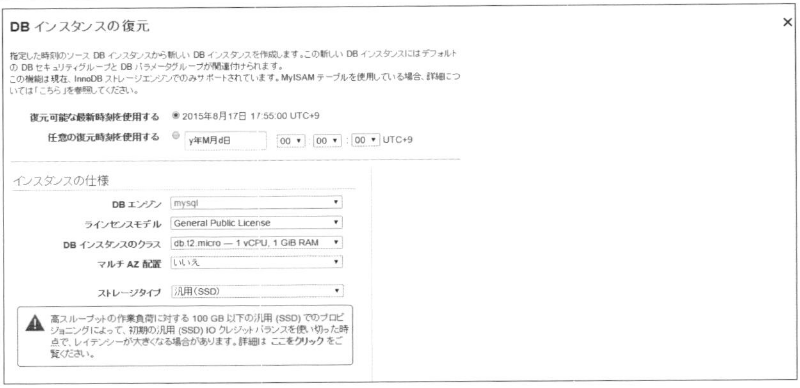

(図：DBインスタンスの復元ダイアログ)

復元可能な最新時刻を使用するを選択した場合は直前のバックアップからの復元、任意の復元時刻を使用するを選択した場合は時間を指定してバックアップから復元できます。なお、特定時点への復元も既存のRDSインスタンスへの復元ができないので注意してください。

✚ AWS CLIの場合

特定時点への復元はrds restore-db-instance-to-point-in-timeコマンドで以下のように復元します。ほぼrds restore-db-instance-from-db-snapshotコマンドとオプションが同じですが、復元する時間を指定するオプションがあるので注意してください。復元時のオプションは**表7.23**の通りです。

```
$ aws rds restore-db-instance-to-point-in-time \
--source-db-instance-identifier aws-book-rds \
--target-db-instance-identifier aws-book-rds-pitr \
--restore-time 2014-10-19T07:10:00Z \
--no-use-latest-restorable-time \
--db-instance-class db.t2.micro \
--engine MySQL \
--availability-zone ap-northeast-1a \
--db-subnet-group-name aws-book-mysql56-subnet \
--port 3306 \
--no-multi-az \
--auto-minor-version-upgrade \
--license-model general-public-license \
--option-group-name aws-book-mysql56-option
{
    "DBInstance": {
```

7.8 バックアップ

```
        "PubliclyAccessible": false,
        "MasterUsername": "admin",
        "LicenseModel": "general-public-license",
        "VpcSecurityGroups": [
            {
                "Status": "active",
                "VpcSecurityGroupId": "sg-c307fda6"
            }
        ],
        "OptionGroupMemberships": [
            {
                "Status": "pending-apply",
                "OptionGroupName": "aws-book-mysql56-option"
            }
        ],
        "PendingModifiedValues": {},
        "Engine": "mysql",
        "MultiAZ": false,
        "DBSecurityGroups": [],
        "DBParameterGroups": [
            {
                "DBParameterGroupName": "aws-book-param-mysql56",
                "ParameterApplyStatus": "in-sync"
            }
        ],
        "AutoMinorVersionUpgrade": true,
        "PreferredBackupWindow": "04:30-05:00",
        "DBSubnetGroup": {
           "Subnets": [
                {
                    "SubnetStatus": "Active",
                    "SubnetIdentifier": "subnet-703acc07",
                    "SubnetAvailabilityZone": {
                        "Name": "ap-northeast-1a",
                        "ProvisionedIopsCapable": false
                    }
                },
                {
                    "SubnetStatus": "Active",
                    "SubnetIdentifier": "subnet-f4ffebb2",
                    "SubnetAvailabilityZone": {
                        "Name": "ap-northeast-1c",
                        "ProvisionedIopsCapable": false
                    }
                }
            ],
```

第7章 DBの運用（RDS）

```
            "DBSubnetGroupName": "aws-book-mysql56-subnet",
            "VpcId": "vpc-6e947f0b",
            "DBSubnetGroupDescription": "mysql56-subnet",
            "SubnetGroupStatus": "Complete"
        },
        "ReadReplicaDBInstanceIdentifiers": [],
        "AllocatedStorage": 5,
        "BackupRetentionPeriod": 1,
        "DBName": "awsbook",
        "PreferredMaintenanceWindow": "tue:04:00-tue:04:30",
        "DBInstanceStatus": "creating",
        "EngineVersion": "5.6.19",
        "AvailabilityZone": "ap-northeast-1a",
        "DBInstanceClass": "db.t2.micro",
        "DBInstanceIdentifier": "aws-book-rds-pitr"
    }
}
```

表7.23　rds restore-db-instance-to-point-in-timeコマンドのオプション

オプション	説明
--source-db-instance-identifier	特定時点への復元の元になるRDSインスタンス名を指定する
--target-db-instance-identifier	復元するインスタンス名を指定する
--restore-time	復元する時間をUTCで指定する
--use-latest-restorable-time --no-use-latest-restorable-time	最後に取得したバックアップから復元の有効、無効を指定する
--db-instance-class	RDSインスタンスタイプを指定する
--engine	DBエンジンを指定する
--availability-zone	アベイラビリティゾーンを指定する（マルチAZ配置有効時には指定できない）
--db-subnet-group-name	起動するDBサブネットグループを指定する
--port	RDSインスタンスへの接続ポート番号を指定する
--multi-az、--no-multi-az	マルチAZ配置の有効、無効を指定する
--engine-version	DBエンジンのバージョンを指定する
--auto-minor-version-upgrade --no-auto-minor-version-upgrade	自動マイナーバージョンアップ機能の有効、無効を指定する
--license-model	ライセンスモデルを指定する
--iops	IOPSの値を指定する
--option-group-name	DBオプショングループを指定する

自動バックアップ（マネジメントコンソール）

　ここでは、これまでにいろいろなシーンで登場した自動バックアップ機能について説明します。RDSは自動でバックアップする機能を有しており、このオプションを有効にすると自動的にDBスナップショットが作成されます。

　自動的に取得されたDBスナップショットは、スナップショット画面にあるフィルタで 自動スナップショット を選択することで表示されます。自動バックアップされたDBスナップショットは手動で取得されたDBスナップショットと同様に扱うことができます。しかし、自動バックアップで取得されたDBスナップショットは、自動で削除されるため、手動でDBスナップショットを別途取得することをお勧めします。

7.9　RDSの運用

　RDSを日々運用していく中で直面するバージョンアップとログの管理について解説します。

DBのアップグレード（マネジメントコンソール）

　RDSインスタンス上で稼働している各DBは、脆弱性への対策やバグフィックスのために日々更新されています。更新情報を追い続けて自身の管理するシステムに適用するのがシステム管理者の仕事ですが、すべての更新情報を監視してDBに適用するのは、非常に手間のかかる仕事です。

　そんな忙しいシステム管理者の手間を軽減するRDSの機能が自動マイナーバージョンアップです。自動マイナーバージョンアップ機能を有効にした場合、各DBの更新情報に合わせてRDSインスタンスが自動的にマイナーバージョンアップします。

　このマイナーバージョンアップ作業は、後述するメンテナンスウィンドウで設定された時間に開始されます。マイナーバージョンアップが実施されるとRDSインスタンスが再起動するので、システムが比較的稼働していない時間にメンテナンスを実施するようにしてください。

　自動マイナーバージョンアップ機能は、RDSインスタンスの起動時のオプシ

ョンとして、RDSインスタンス起動後に変更することで設定を有効にできます。RDSインスタンスの起動ウィザードの[詳細設定]の設定画面の中に マイナーバージョン自動アップグレード という項目がありますので、ここで「はい」を選択することで自動マイナーバージョンアップ機能が有効になります（図7.19）。

図7.19 自動マイナーバージョンアップ（RDS起動時）

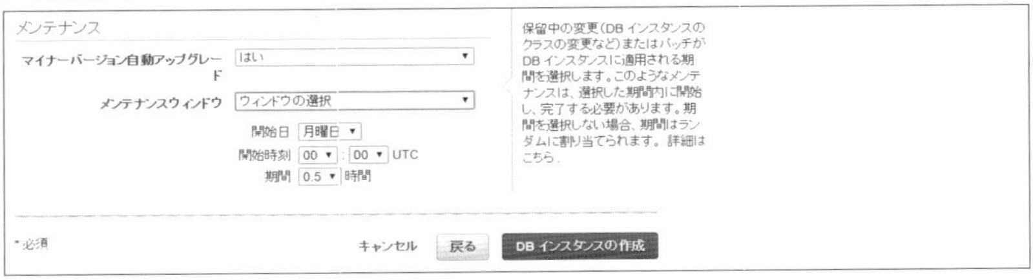

RDSインスタンス起動後に自動マイナーバージョンアップ機能を有効にする場合は、画面左メニューの インスタンス から任意のRDSインスタンスを選択し、インスタンスの操作 を選択して 変更 をクリックして表示されるDBインスタンスの変更画面の中にある マイナーバージョン自動アップグレード で「はい」を選択します。

DBログの確認

➕ マネジメントコンソールの場合

問題が発生した際の調査やアプリケーションの挙動を調査する際に有効な手段としてログの確認が挙げられます。RDSでは、DBのサービスとして提供されているので、RDSインスタンスが稼働しているOSが出力するログはAWSが管理しています。つまり、ユーザはOSのログを確認できない仕様になっています。

OSのログはAWSが管理しているので確認できませんが、DBのログは提供されているので確認できます。DBのログはOS上にファイルとして出力されるのが一般的ですが、RDSはDBの特定テーブル内に出力される仕様になっています。テーブルに出力されたログはマネジメントコンソール、もしくはAPIで確認できます。ログはDBエンジンにもよりますが、1週間経過したログから削除されてしまうので、1週間以上保存が必要な場合は、RDSインスタンスから出力して保存するようにしてください。

出力されるログは以下の3種類です。

- エラーログ
- スロークエリ
- ジェネラルログ

ただし、スロークエリとジェネラルログが標準で出力されない設定になっているので、DBパラメータグループで有効にする必要があります。有効にするDBパラメータグループのパラメータは、**表7.24**の通りです。

表7.24 DBパラメータグループのパラメータ

DBエンジン	項目	ログ保持期間
MySQL	general_log、slow_query_log	24時間
PostgreSQL	general_log	7日間
Oracle	なし	7日間
MSSQL	なし	7日間

マネジメントコンソールからログを確認する場合は、画面左メニューで**インスタンス**から任意のRDSインスタンスを選択し、インスタンスの詳細画面にある**ログ**ボタンをクリックすると確認できます(**図7.20**)。

図7.20 RDSログの確認

✚ AWS CLIの場合

RDSインスタンスのログは、rds download-db-log-file-portionコマンドでダウンロードします。ダウンロード時のオプションは**表7.25**の通りです。

```
$ aws rds download-db-log-file-portion \
```

第7章 DBの運用（RDS）

```
--db-instance-identifier aws-book-rds \
--log-file-name error/mysql-error-running.log \
| jq -r ".LogFileData | add"
2014-10-21 05:58:23 2588 [Note] Plugin 'FEDERATED' is disabled.
2014-10-21 05:58:23 2588 [Note] InnoDB: Using atomics to ref count buffer pool
pages
2014-10-21 05:58:23 2588 [Note] InnoDB: The InnoDB memory heap is disabled
2014-10-21 05:58:23 2588 [Note] InnoDB: Mutexes and rw_locks use GCC atomic
builtins
2014-10-21 05:58:23 2588 [Note] InnoDB: Compressed tables use zlib 1.2.3
2014-10-21 05:58:23 2588 [Note] InnoDB: Using Linux native AIO
2014-10-21 05:58:23 2588 [Note] InnoDB: Using CPU crc32 instructions
2014-10-21 05:58:23 2588 [Note] InnoDB: Initializing buffer pool, size =
598.0M
2014-10-21 05:58:24 2588 [Note] InnoDB: Completed initialization of buffer
pool
2014-10-21 05:58:24 2588 [Note] InnoDB: Highest supported file format is
Barracuda.
2014-10-21 05:58:24 2588 [Note] InnoDB: 128 rollback segment(s) are active.
2014-10-21 05:58:24 2588 [Note] InnoDB: Waiting for purge to start
2014-10-21 05:58:24 2588 [Note] InnoDB: 5.6.19 started; log sequence number
1813117
2014-10-21 05:58:24 2588 [Warning] No existing UUID has been found, so we
assume that this is the first time that this server has been started.
Generating a new UUID: 450f5f20-58e7-11e4-8bea-069431130870.
2014-10-21 05:58:24 2588 [Note] Server hostname (bind-address): '*'; port:
3306
2014-10-21 05:58:24 2588 [Note] IPv6 is available.
略
```

表7.25 rds download-db-log-file-portionコマンドのオプション

オプション	説明
--db-instance-identifier	ダウンロードするRDSインスタンス名を指定する
--log-file-name	ダウンロードするログファイルを指定する
--starting-token	ログを表示する開始位置を指定する
--max-items	ログの表示最大数を指定する

7.10 本番リリースに向けて

RDSを使ったシステムを本番リリースする際、考慮すべき点なのがAWSによるメンテナンスです。RDSはサービスとして提供されていますので、ハードウェアやソフトウェアのメンテナンスはAWSが対応しますが、ユーザ側でもある程度のコントロールが可能です。

メンテナンスウィンドウ

AWSの各サービスは、ハードウェアの故障対応やソフトウェアの更新などで不定期にメンテナンスが発生します。RDSでもまれにメンテナンスが発生しますが、ユーザはメンテナンスウィンドウを設定することでメンテナンス開始時間を大まかに指定できます。

AWSによるメンテナンスが発生する場合、基本的にはAWSに登録しているメールアドレスに事前にメンテナンス通知メールが送信されますが、緊急を要するメンテナンスの場合は例外として事前準備告知なく実施されることもあるので注意してください。このメンテナンスウィンドウで指定した時間でマイナーバージョンアップも実施されます（**図7.21**）。

図7.21 メンテナンスウィンドウでの設定（RDS起動時）

メンテナンスウィンドウを設定しない場合は、AWSが自動的に時間を設定します。また、RDSはメンテナンスウィンドウで設定する時間がUTCになっているので、東京リージョンを使用している場合は、+9時間と読み替えて設定してください。

第7章 DBの運用（RDS）

7.11 まとめ

　本章で解説したようにRDSはオプション1つで冗長化や対障害性を高めることができる非常に便利なサービスです。RDSを使うことで管理者の負担が大きく減ることが期待できますが、アプリケーションの作りやパッケージソフトの仕様で利用できないこともあるので導入の前にはしっかりと検証してください。

第8章
Webサーバの負荷分散（ELB）

第8章 Webサーバの負荷分散(ELB)

本章では、AWS上でELB (*Elastic Load Balancing*) を利用して、Webサーバの負荷分散を設定する手順について解説します。

8.1 ELB(Elastic Load Balancing)の概要

実際にELBを作成するステップを学ぶ前に、ELBがAWSの中でどのように構成されているのかを見ていきましょう。

ELBとは

ELBは、AWSが提供しているクラウドのロードバランシングサービスです。一般的なロードバランサーのアプライアンスと比較すると、レイヤ7の情報(たとえば、HTTPリクエストのヘッダの情報など)を参照して負荷分散するなどの機能が少ない部分もあります。しかし、その分非常にシンプルですぐに使用できるようになっており、クラウドの特性を十分に活かしたサービスとなっています。

スケールアウトとロードバランシング

Webサーバやアプリケーションサーバの負荷が高まった場合、サーバの性能を向上させる方法であるスケールアップを実施して負荷に対応するという方法もありますが、処理するサーバの数を増やして1台あたりの負荷を分散するスケールアウトという方法もあります。

Webサーバやアプリケーションサーバの負荷分散を行う場合、フロントにロードバランサーを配置するのが一般的ですが、AWSの中ではELBがその役割を担います。

ELBもそのほかのサービスと同様に高いレベルの耐障害性を持っており、クラウドの特徴を活かした自動的な拡張／縮小機能を備えています。また、課金モデルについてもそのほかのサービスと同様に時間単位で使用した分だけの請求となります。

本章では、これまでに構築したWebサーバを複数台構成にして、フロントエンドにELBを配置する流れを解説します。

ELBの特徴

➕ リージョンごとの構成

ELBを利用する場合、ユーザは任意のリージョンを選びます。つまり、ユーザが利用しているELBは、AWSのどこか1つのリージョンに所属していることになります。

➕ アベイラビリティゾーンをまたがる構成

リージョン内に存在しているELBはアベイラビリティゾーンにまたがるように構成できます（**図8.1**）。それは物理的に離れたデータセンターを使用した冗長構成となることを意味しています。

図8.1 ELBの構成例

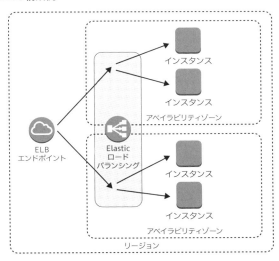

ELBは、このアベイラビリティゾーンをまたがって構成することにより、その高い耐障害性を実現しています。

➕ ELB自身のスケールアウト／スケールイン

ELBは、自分自身がユーザからのトラフィックに合わせるように自動的に拡張／縮小するように構成されています。この拡張／縮小時にユーザ側で設定変更などを行う必要はありません。ユーザはELBを利用するだけで、伸縮自在の

第8章 Webサーバの負荷分散(ELB)

ロードバランサーを手に入れることができます。

ただし、スケールアウト／スケールインにはいくつかの注意点がありますので、それはのちほど解説します。

✚ 安全性の確保

ELBは5章で解説したVPCと連携して安全性を確保できます。セキュリティグループの設定によって、特定のIPアドレスからのアクセスに限定することや、VPCの外部に公開しない構成にすることも可能です。

✚ 名前解決

ELBの接続ポイントへのアクセスはDNSを使用します。ELBを作成すると、それぞれにユニークなDNS名が割り当てられ、ユーザからのリクエストをそのDNS名に向けるようにします。独自ドメインを使用する場合は、DNSで別名を割り当てたりする必要があります。

ELBの接続ポイントは、複数のIPアドレスが応答するように設計されており、そのIPアドレスはELB自身が拡大／縮小するタイミングで変わる可能性がありますので、IPアドレスを直接使用することはせずにDNS名を使用してください。

✚ EC2インスタンスのヘルスチェック

一般的なロードバランサーと同様に、ELBは負荷分散対象となるEC2インスタンスの状態を監視できます。そのため、ELBからのヘルスチェックに失敗したEC2インスタンスは設定に応じて負荷分散対象から除外することも可能です。

8.2 ELBの作成

ここから実際にELBを作成する手順を解説していきます。今回のステップでは、1つのELBから2台のEC2インスタンスに負荷分散することを想定しています。作成済みのEC2インスタンス(Webサーバ)からAMIを作成して2台目のEC2インスタンスを用意しておいてください。

ELBの作成（マネジメントコンソール）

ELBを作成するには、EC2の画面左メニューの(ロードバランサー)をクリックします。前章までと同様にDefault VPC内にELBを作成してみましょう。

ロードバランサーの定義

(ロードバランサーの作成)ボタンをクリックすると、ELBの作成ウィザードが開始されます。最初にロードバランサーの基本設定を行います（図8.2）。

図8.2 ロードバランサーの定義

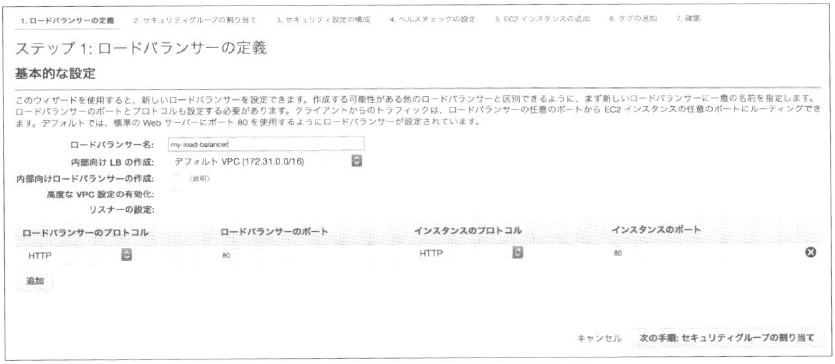

(ロードバランサー名)には、作成するロードバランサー名を入力します。(内部向けLBの作成)でどのVPCにELBを作成するかを選択します。内部的な負荷分散を行う場合は、(内部向けロードバランサーの作成)にチェックを入れます。(高度なVPC設定の有効化)にチェックを入れると、VPC内のどのサブネットにELBを配置するか明示的に指定できます。

また、(リスナーの設定)では、ELBがユーザからどのプロトコルでリクエストを受け付け、負荷分散対象となるEC2インスタンス（Webサーバ）にどのプロトコルで転送するかを設定します。本書では、**表8.1**のようにパラメータを指定しました。入力後は(次の手順: セキュリティグループの割り当て)ボタンをクリックし、次の手順に進んでください。

第8章 Webサーバの負荷分散(ELB)

表8.1 ロードバランサー基本設定の設定例

項目	設定値
ロードバランサー名	my-load-balancer
内部向けLBの作成	My Default VPC (172.31.0.0/16)
内部向けロードバランサーの作成	チェックなし
高度なVPC設定の有効化	チェックなし
リスナーの設定(ロードバランサーのプロトコル)	HTTP
リスナーの設定(ロードバランサーのポート)	80
リスナーの設定(インスタンスのプロトコル)	HTTP
リスナーの設定(インスタンスのポート)	80

✚ セキュリティグループの割り当て

次にELBに割り当てるセキュリティグループ[注1]を設定します(**図8.3**)。

図8.3 セキュリティグループの割り当て

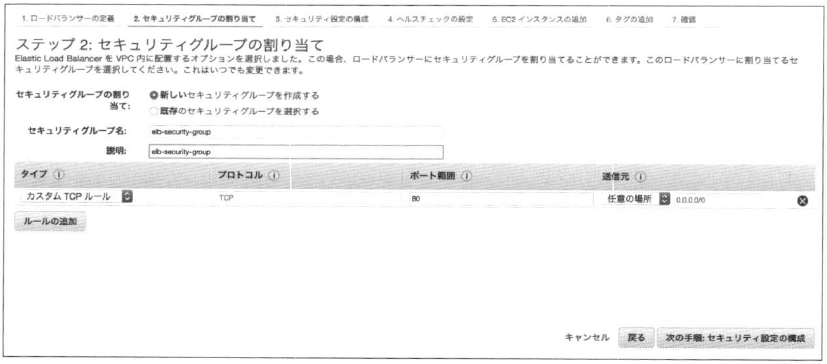

　EC2のセキュリティグループと同様に、**セキュリティグループの割り当て**で**既存のセキュリティグループを選択する**にチェックを入れると、すでに存在しているセキュリティグループを割り当てることができます。**新しいセキュリティグループを作成する**にチェックを入れると、新規のセキュリティグループを作成できます。本書では**表8.2**のようにセキュリティグループを新規作成しました。入力後は**次の手順:セキュリティ設定の構成**ボタンをクリックし、次の手順に進んでください。

注1　セキュリティグループについては**2章**で説明しています。

表8.2 セキュリティグループ割り当ての設定例

項目	設定値
セキュリティグループの割り当て	新しいセキュリティグループを作成する
セキュリティグループ名	elb-security-group
説明	elb-security-group
タイプ	HTTP
送信元	任意の場所

✚ セキュリティ設定の構成

前の手順でHTTPSまたはSSL以外のプロトコルを選択した場合は、**図8.4**のような画面が表示されます。今回、HTTPSに関しては後ほど追加しますので、 **次の手順: ヘルスチェックの設定** ボタンをクリックし、次の手順に進んでください。

図8.4 セキュリティ設定の構成

✚ ヘルスチェックの設定

次にELBからEC2インスタンスへの監視設定を行います(**図8.5**)。前述したように、ここで設定した値で、分散対象のEC2インスタンスに障害が発生した際にどのタイミングで分散対象から外したり、ELBの分散対象に新しくEC2インスタンスが追加されたときにどのタイミングでトラフィックを転送するかが決まります。

第8章 Webサーバの負荷分散(ELB)

図8.5 ヘルスチェックの設定

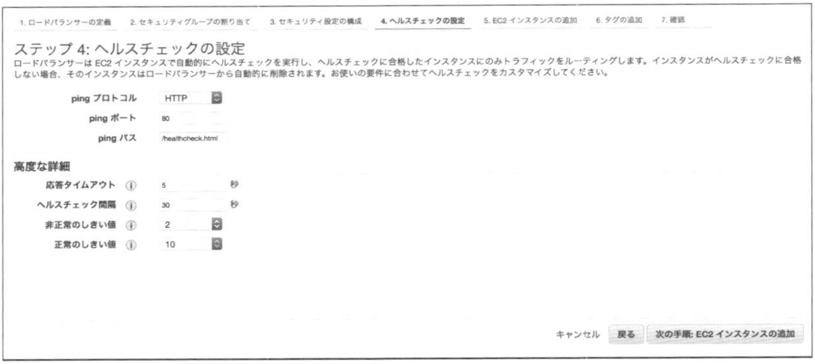

TCPとポート番号だけを組み合わせて簡単なチェックをしたり、HTTPやHTTPSで特定のコンテンツが200番で応答があるかをチェックすることも可能です。

`pingプロトコル`では「セキュリティグループの割り当て」で設定したプロトコル、`pingポート`、`pingパス`ではそれに伴った初期値があらかじめ入力されています。

高度な詳細では、`応答タイムアウト`でELBが監視リクエストを送ってからレスポンスがあるまでのタイムアウト時間、`ヘルスチェック間隔`でELBからの監視リクエストを送る間隔、`非正常のしきい値`でELBがEC2インスタンスを障害と判定するまでの監視失敗回数、`正常のしきい値`でELBがEC2インスタンスを健全と判定するまでの監視成功回数をそれぞれ指定します。

本書では、Webサーバにhealthcheck.htmlを用意し、表8.3のように設定しましたが、それぞれアプリケーションの特性などを踏まえて適宜変更してください。入力後は`次の手順: EC2インスタンスの追加`ボタンをクリックし、次の手順に進んでください。

表8.3 ヘルスチェックの設定の設定例

項目	設定値
pingプロトコル	HTTP
pingポート	80
pingパス	healthcheck.html
応答タイムアウト	5
ヘルスチェック間隔	30
非正常のしきい値	2
正常のしきい値	10

✚ EC2インスタンスの追加

次に、ELBが負荷分散対象にするEC2インスタンスを設定します（**図8.6**）。この設定は非常に簡単で、負荷分散対象のEC2インスタンスを選択するだけです。ここではすでに用意しているWebサーバ2台を負荷分散対象に追加します。

図8.6　EC2インスタンスの追加

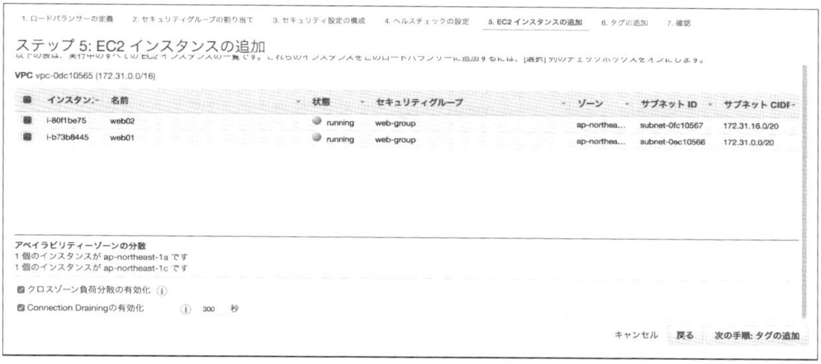

表示されている2つのインスタンスにチェックを入れ、必要に応じてアベイラビリティゾーンの分散以下にある **クロスゾーン負荷分散の有効化** と、**Connection Drainingの有効化** を設定します。

ELBでは、接続ポイントとしてDNS名を使用しています。ELBの動作として、DNS名にひもづく複数のIPアドレスへの分散にDNSラウンドロビンを使用しており、そのIPアドレスはいずれかのアベイラビリティゾーンに所属しています。そこで同一アベイラビリティゾーンに所属するEC2インスタンスにリクエストを転送したほうが距離的な遅延が少なくなります。

ユーザが不特定多数の場合はこの構成で問題ありませんが、特定のユーザが特定のアプリケーションで接続する場合は、アプリケーション側でDNS名を名前解決した結果をキャッシュしてしまい、特定のIPアドレスに偏って接続することがあります。それによって、特定のアベイラビリティゾーンやEC2インスタンスにリクエストが偏ることになります。

このような場合、**クロスゾーン負荷分散の有効化** にチェックを入れると、ELB側がどちらのアベイラビリティゾーンでリクエストを受け付けても、配下のEC2インスタンスが配置されているアベイラビリティゾーンに関係なく分散するように動作します。

また、EC2インスタンスをメンテナンスするなど、一時的にEC2インスタンスをELBの負荷分散対象から外したい場合は、すぐにELBの分散対象から外

第8章 Webサーバの負荷分散（ELB）

れると、オープンなネットワーク接続が切れてしまいユーザへの影響が出ます。そのような場合、 Connection Drainingの有効化 を設定しておくと、EC2インスタンスを負荷分散対象から除外したあとも、指定した秒数だけオープンなネットワークに限って接続を継続できます。

入力後は 次の手順:タグの追加 ボタンをクリックし、次の手順に進んでください。

➕ タグの追加

タグの追加画面では、リソースを整理して識別しやすくするために、リソースにタグを適用できます（**図8.7**）。設定する場合は、 キー と 値 に任意の文字列を入力します。複数のタグが必要な場合は、 タグの作成 ボタンをクリックしてください。入力後は 確認と作成 ボタンをクリックすると確認画面が表示されるので、問題がなければ 確認と作成 ボタンをクリックしてください。

図8.7 タグの追加

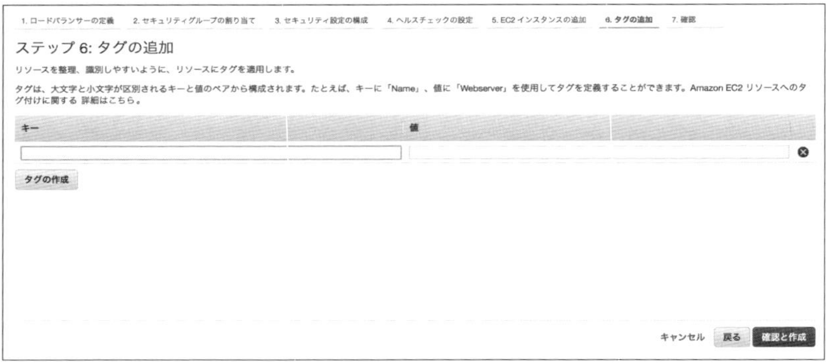

➕ 設定の確認

これまでのステップで新しくELBを作成するための設定が終了しました。最後に設定内容に間違いがないことを確認し（**図8.8**）、 作成 ボタンをクリックしてください。

8.2 ELBの作成

図8.8 設定の確認

ELBの削除

ELBの削除方法は非常に簡単です。削除対象のELBを選択し、削除したいELBを選択して アクション - 削除 をクリックし、出てきた画面で はい、削除します ボタンをクリックすると、その時点で課金もストップします（**図8.9**）。

図8.9 ELBの削除確認

ELBの作成（AWS CLI）

これまでマネジメントコンソールによるELBの作成手順を解説しましたが、ここではAWS CLIを使ったELBの操作について解説します。

マネジメントコンソールでは、ウィザードで手順を進めていきましたが、AWS CLIでは必要な情報をオプションパラメータとして渡すため、事前に以下のものを用意しておいてください。

- デフォルトVPCのサブネットID（アベイラビリティゾーン）
- ELBに割り当てるセキュリティグループのID
- ELBにアタッチするEC2インスタンスのID

255

第8章 Webサーバの負荷分散(ELB)

＋ ELBの作成

ELBは、elb create-load-balancerコマンドで以下のように作成します。作成時のオプションは**表8.4**の通りです。

```
$ aws elb create-load-balancer \
--load-balancer-name my-load-balancer-cli \
--listeners Protocol=HTTP,LoadBalancerPort=80,InstanceProtocol=HTTP,InstanceP
ort=80 \  実際は1行
--subnets subnet-0ec10566 subnet-0fc10567 \
--security-groups sg-e422df81
```

表8.4 elb create-load-balancerコマンドのオプション

オプション	説明
--load-balancer-name	ロードバランサーに割り当てる名前を指定する
--listeners	ロードバランサーが受け付けるプロトコル／ポート番号と、負荷分散対象のEC2インスタンスが受け付けるプロトコル／ポート番号を指定する
--subnet	ELBが所属するVPC Subnet IDを指定する
--security-group	ELBに割り当てるSecurity Group IDを指定する

＋ ヘルスチェックの設定

ELBのヘルスチェック設定は、elb configure-health-checkコマンドで以下のように実行します。設定時のオプションは**表8.5**の通りです。

```
$ aws elb configure-health-check \
--load-balancer-name my-load-balancer-cli \
--health-check Target=HTTP:80/healthcheck.html,Interval=30,UnhealthyThreshold
=2,HealthyThreshold=10,Timeout=5  実際は1行
```

表8.5 elb configure-health-checkコマンドのオプション

オプション	説明
--load-balancer-name	ヘルスチェック設定を行うELB名を指定する
--health-check	ヘルスチェックに設定するルールを指定する

ELB動作モードの設定

ELBの動作モード設定は、elb modify-load-balancer-attributesコマンドで以下のように実行します。設定時のオプションは**表8.6**の通りです。この設定例では上から順番に以下のような設定を行っています。

- クロスゾーン負荷分散の有効化
- Connection Drainingの有効化
- アイドルタイムアウトの時間設定
- アクセスログの設定

```
$ aws elb modify-load-balancer-attributes \
--load-balancer-name my-loadbalancer-cli \
--load-balancer-attributes "{\"CrossZoneLoadBalancing\":{\"Enabled\":true}}"
```

```
$ aws elb modify-load-balancer-attributes \
--load-balancer-name my-loadbalancer-cli \
--load-balancer-attributes "{\"ConnectionDraining\":{\"Enabled\":true,\"Timeout\":300}}"  実際は1行
```

```
$ aws elb modify-load-balancer-attributes \
--load-balancer-name my-loadbalancer-cli \
--load-balancer-attributes "{\"ConnectionSettings\":{\"IdleTimeout\":60}}"
```

```
$ aws elb modify-load-balancer-attributes \
--load-balancer-name my-loadbalancer-cli \
--load-balancer-attributes "{\"AccessLog\":{\"Enabled\":true,\"S3BucketName\":\"my-loadbalancer-cli-access-log\"}}"  実際は1行
```

表8.6 elb modify-load-balancer-attributesコマンドのオプション

オプション	説明
--load-balancer-name	動作を変更するELB名を指定する
--load-balancer-attributes	モードと動作を指定する

第8章 Webサーバの負荷分散(ELB)

＋ EC2インスタンスの登録／除外

ELBにEC2インスタンスを登録／除外する場合は、elb register-instances-with-load-balancerコマンドで登録し、elb deregister-instances-from-load-balancerで除外します。設定時のオプションは**表8.7**の通りです。

```
$ aws elb register-instances-with-load-balancer \
--load-balancer-name my-load-balancer-cli \
--instances i-5270ac4b i-aef2c0a8
```

```
$ aws elb deregister-instances-from-load-balancer \
--load-balancer-name my-load-balancer-cli \
--instances i-5270ac4b i-aef2c0a8
```

表8.7 elb register-instances-with-load-balancerコマンドのオプション

オプション	説明
--load-balancer-name	EC2インスタンスを登録するELB名を指定する
--instances	ELBに登録するEC2インスタンスIDを指定する

＋ ELBの削除

ELBを削除する場合は、elb delete-load-balancerコマンドで以下のように実行します。削除時のオプションは**表8.8**の通りです。

```
$ aws elb delete-load-balancer \
--load-balancer-name my-load-balancer-cli
```

表8.8 elb delete-load-balancerコマンドのオプション

オプション	説明
--load-balancer-name	削除対象のELB名を指定する

8.2 ELBの作成

Column
その他のELB関連コマンド

これまでAWS CLIを使ってELBを作成してから削除するまで流れを一通り紹介しました。AWS CLIにはほかにも以下のような参照系のコマンドもあります。

- elb describe-load-balancer コマンド
- elb describe-load-balancer-attributes コマンド
- elb describe-instance-health コマンド

ELB情報の見方

　ELBの作成は完了しましたが、実際に運用する際はELBのさまざまな情報を把握しておく必要があります。ELBの情報は、一覧画面から対象のELBを選択して画面下に出てくるタブから確認できます（図8.10、表8.9）。

図8.10 ELB情報のタブ

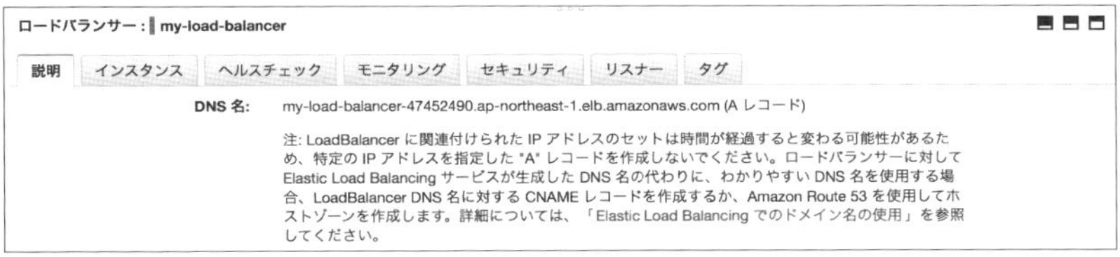

```
ロードバランサー: | my-load-balancer

説明  インスタンス  ヘルスチェック  モニタリング  セキュリティ  リスナー  タグ

DNS名:  my-load-balancer-47452490.ap-northeast-1.elb.amazonaws.com (A レコード)

注: LoadBalancerに関連付けられたIPアドレスのセットは時間が経過すると変わる可能性があるた
め、特定のIPアドレスを指定した"A"レコードを作成しないでください。ロードバランサーに対して
Elastic Load Balancingサービスが生成したDNS名の代わりに、わかりやすいDNS名を使用する場
合、LoadBalancer DNS名に対するCNAMEレコードを作成するか、Amazon Route 53を使用してホ
ストゾーンを作成します。詳細については、「Elastic Load Balancingでのドメイン名の使用」を参照
してください。
```

表8.9 ELB情報のタブ

タブ	説明
説明	ELBの基本情報などを確認できる。ELBへの接続ポイントであるDNS名などを確認するなど、オーバービューの機能を提供する。DNS名にELBに割り当てられたDNS名が記載されており、このDNS名を指定してアクセスする必要がある
インスタンス	ELB配下に登録されているEC2インスタンスや、ヘルスチェックのステータスなどの確認や編集ができる
ヘルスチェック	ELBに設定したヘルスチェックの確認や編集ができる
モニタリング	AWSのモニタリングサービスであるCloudWatchを使用したELBのステータスを確認できる
セキュリティ	ELBに割り当てるセキュリティグループの確認や編集ができる
リスナー	ELB側で受け付けるポートや、転送先のEC2インスタンスのポート番号などの確認や編集ができる
タグ	ELBへ付与するタグの追加、削除、編集が可能

第8章 Webサーバの負荷分散（ELB）

8.3 ELBの設定変更

　実際にELBの運用を開始すると、新規EC2インスタンスの登録や、不要になったEC2インスタンスの除外など、さまざまな設定変更の機会があります。本節では、マネジメントコンソールから行える主なELBの設定変更について解説します。

マネジメントコンソールによる設定変更

＋ ELBへのEC2インスタンスの登録と除外

　負荷分散対象のWebサーバを登録／除外する場合は、表8.9の（インスタンス）タブから設定します（図8.11）。（インスタンスの編集）ボタンをクリックして、登録／除外するEC2インスタンスを選択するだけで簡単に設定を変更できます。

図8.11　EC2インスタンスの追加と除外

＋ SSL Terminationの使用

　ELBはHTTPSの暗号化／復号化処理を代理で行うことができます。先ほど作成したELBに新しいリスナーとして、HTTPSを追加する場合について解説します。

　表8.9の（リスナー）タブから（編集）ボタンをクリックして、リスナーの編集画面に移ります。（追加）ボタンをクリックして、表8.10のように設定を追加します（図8.12）。

8.3 ELBの設定変更

表8.10　新規リスナーとしてHTTPSを追加する設定例

設定項目	設定値
ロードバランサーのプロトコル	HTTPS
ロードバランサーのポート	443
インスタンスのプロトコル	HTTP
インスタンスのポート	80
暗号	変更
SSL証明書	変更

図8.12　SSL証明書の設定

　`SSL証明書`の「変更」をクリックすると、SSLサーバ証明書をアップロードすることができます。`証明書タイプ`で「新しいSSL証明書のアップロード」を選択し、`証明書名`に任意の名前を入力し、プライベートキーに秘密鍵、パブリックキー証明書にSSLサーバ証明書、証明書チェーンに中間証明書の内容をペーストします。なお、ELBにアップする秘密鍵のパスフレーズは、解除しておく必要がありますので注意してください[注2]。

✚ SSL証明書の運用

　SSL証明書を更新する場合もマネジメントコンソールから行えます。表8.9の`リスナー`タブを開き、`SSL証明書`の「変更」をクリックするとSSLサーバ証明書の切り替えなどが可能です（図8.13）。

注2　ELBに割り当てたセキュリティグループでHTTPSを許可してください。

第8章 Webサーバの負荷分散(ELB)

図8.13 SSL証明書の変更

AWS CLIによる設定変更

✚ SSL Terminationリスナーの追加

ELBにSSL Terminationのリスナーを追加する場合は、最初にSSLサーバ証明書をAWSにアップする必要があります。SSLサーバ証明書をアップするのはIAMの機能を利用します。iam upload-server-certificateコマンドで以下のように実行します。実行時のオプションは**表8.11**の通りです。

```
$ aws iam upload-server-certificate \
--server-certificate-name "example-domain.com" \
--certificate-body file://~/example-domain.com.cer \
--private-key file://~/example-domain.com.key \
--certificate-chain file://~/example-domain.com.mid
```

表8.11 iam upload-server-certificateコマンドのオプション

オプション	説明
--server-certificate-name	サーバ証明書や秘密鍵のセットに付ける名前を指定する
--certificate-body	アップロードするサーバ証明書のファイルパスを指定する
--private-key	アップロードする秘密鍵のファイルパスを指定する
--certificate-chain	アップロードする中間証明書のファイルパスを指定する

✚ SSLサーバ証明書の割り当てとHTTPSのリスナーの追加

アップロードしたSSLサーバ証明書をELBに割り当てHTTPSのリスナーを追加する場合は、elb create-load-balancer-listenersコマンドで以下のように実行します。追加時のオプションは**表8.12**の通りです。

```
$ aws elb create-load-balancer-listeners \
--load-balancer-name my-load-balancer-cli \
--listeners Protocol=HTTPS,LoadBalancerPort=443,InstanceProtocol=HTTP,Instanc
```

262

```
ePort=80,SSLCertificateId=arn:aws:iam::xxxxxxxxxxxx:server-certificate/
example-domain.com  実際は1行
```

表8.12 elb create-load-balancer-listenersコマンドのオプション

オプション	説明
--load-balancer-name	SSLサーバ証明書を割り当てるELBの名前を指定する
--listeners	ロードバランサーが受け付けるプロトコル/ポート番号と負荷分散対象のEC2インスタンスが受け付けるプロトコル/ポート番号、SSLサーバ証明書IDを指定する。SSLサーバ証明書IDは、iam upload-server-certificateコマンドを実行後に標準出力される

✚ HTTPSリスナーのSSLサーバ証明書の変更

SSLサーバ証明書を新しいものに更新するなど、すでに存在するHTTPSのリスナーのSSLサーバ証明書を変更する場合は、elb set-load-balancer-listener-ssl-certificateコマンドで以下のように実行します。変更時のオプションは**表8.13**の通りです。

```
$ aws elb set-load-balancer-listener-ssl-certificate \
--load-balancer-name my-load-balancer-cli \
--load-balancer-port 443 \
--ssl-certificate-id arn:aws:iam::xxxxxxxxxxxx:server-certificate/new-example
-domain.com  実際は1行
```

表8.13 elb set-load-balancer-listener-ssl-certificateコマンドのオプション

オプション	説明
--load-balancer-name	SSLサーバ証明書を更新する対象のELB名を指定する
--load-balancer-port	更新対象のロードバランサー側のポート番号を指定する
--ssl-certificate-id	変更するSSLサーバ証明書IDを指定する

✚ 作成済みリスナーの削除

作成済みのリスナーを削除する場合は、elb delete-load-balancer-listenersコマンドで以下のように実行します。削除時のオプションは**表8.14**の通りです。

```
$ aws elb delete-load-balancer-listeners \
--load-balancer-name my-load-balancer-cli \
--load-balancer-ports 443
```

第8章 Webサーバの負荷分散（ELB）

表8.14 elb delete-load-balancer-listenersコマンドのオプション

オプション	説明
--load-balancer-name	リスナーを削除するELBの名前を指定する
--load-balancer-ports	削除するリスナーのロードバランサー側のポート番号を指定する

✚ 既存のSSLサーバ証明書の削除

SSLサーバ証明書が不要になったなど、既存のSSLサーバ証明書を削除する場合は、iam delete-server-certificateコマンドで以下のように実行します。削除時のオプションは**表8.15**の通りです。

```
$ aws iam delete-server-certificate \
--server-certificate-name example-domain.com
```

表8.15 iam delete-server-certificateコマンドのオプション

オプション	説明
--server-certificate-name	削除対象のSSLサーバ証明書セットの名前を指定する

8.4 Webサーバとの連携

　ELBの分散対象となるEC2インスタンスのWebサーバにはいくつかの注意点があります。ここではその中でも主なものを解説します。すべての設定がWebサーバに行う必須の設定ではありませんが、運用の方針などと照らし合わせて適宜設定してください。

KeepAliveの設定

　ELBでは、Webサーバとの通信において無通信の場合でもセッションを60秒維持するように設計されています。TCPのセッションを維持、再利用することによってスリーウェイハンドシェイクをする時間とコストがなくなり、高速化や負荷の減少を実現しています。

　そのため、分散対象となるWebサーバ側でもそれに対応するためにKeepAlive

の設定を有効にし、60秒以上セッションを維持しておく必要があります。nginxやApacheなどのWebサーバではどちらもデフォルトでこちらの機能は有効になっているので、以下のように秒数の調整をしてください。

Apacheの場合
```
KeepAlive on
KeepAliveTimeout 120
```

nginxの場合
```
keepalive_timeout 120;
```

ELBのヘルスチェック

ELBからWebサーバへのヘルスチェックが設定されると、指定したパスにELBからのヘルスチェックが行われます。nginxやApacheなどのWebサーバのデフォルト設定では、ヘルスチェックが実行されるたびにログ出力されますが、ログが不要になる場合は、以下のような設定でELBからのヘルスチェックのみログ出力を無効にできます。

Apacheの場合
```
SetEnvIf User-Agent "ELB-HealthChecker/1\.0" nolog
CustomLog "logs/access_log" combined env=!nolog
```

nginxの場合
```
location = /healthcheck.html {
    access_log off;
    empty_gif;
}
```

クライアント情報の取得（クライアントIPアドレス、接続先ポート）

ELBはリバースプロキシの構成となっており、導入するとWebサーバへのアクセスはクライアントから直接ではなく、ELBからアクセスされます。Webサーバ側でクライアントの情報を取得する場合は、以下のHTTPヘッダを取得することでクライアントの情報を取得できます。

- X-Forwarded-For
- X-Forwarded-Proto

- X-Forwarded-Port

以下はnginx、Apacheのログでクライアントの IP アドレスを取得する場合の設定例です。

Apacheの場合
```
LogFormat "%h %{X-Forwarded-For}i %l %u %t \"%r\" %>s %b \"%{Referer}i\" \"%{User-Agent}i\"" combined
```

nginxの場合（HttpRealipModule有効が前提）
```
http {
略
  set_real_ip_from    172.31.0.0/16;
  real_ip_header      X-Forwarded-For;
略
}
```

Cookieによる維持設定

ELBに限らずWebサーバのロードバランシングを行う場合、セッション情報をどのように維持するかが非常に重要になります。

アプリケーションでセッション情報がデータベースなどで管理されている場合は、ロードバランサー側で意識する必要はありませんが、セッション情報が各Webサーバのローカルで管理されている場合は、アクセスしたWebサーバが変更になると、アプリケーションが正常に動作しなくなります。そのような状況に対応するために、ELBでは最初に負荷分散されたサーバに2回目以降のアクセスも固定する機能があります。

表8.9の 説明 タブの ポート構成 で 編集 をクリックし、維持設定の編集画面で設定できます（図8.14）。不要な場合は「維持の無効化」、ELBで生成するCookieを使う場合は「ロードバランサーによって生成されたCookieによる維持を有効化」、アプリケーションで生成するCookieを使用する場合は「アプリケーションによって生成されたCookieの維持を有効化」を選択します。

8.5 ELB運用のポイント

図8.14 維持設定の設定

カスタムドメインを使用するときの注意点

　前述したように、ELBのエンドポイントはパブリックにアクセス可能なDNS名が割り当てられます。しかし、通常サービスを公開する場合は、オリジナルのDNS名を割り当てます。その場合はCNAMEレコードを使ってオリジナルのドメイン名でアクセスできるようにしてください。このとき間違っても、割り当てられたパブリックなDNS名を名前解決して応答があったIPアドレスをAレコードで設定するなどしないように注意してください。

　ELBは自分自身の負荷に合わせてスケールするしくみとなっています。そのスケーリングするタイミングでELBは割り当てられているDNS名にひもづくIPアドレスも変わります。もしIPアドレスをAレコードで設定していると、このタイミングでアクセスができなくなる可能性があります。

　しかし、CNAMEレコードはDNSの仕様上、Zone Apex（example.comなどのサブドメインがない）で使用してはなりません。そのような場合は、Route 53のエイリアス機能との連携を利用します。この機能はRoute 53独自のものです。Aレコードを選択時にAliasを有効にすることで、Zone Apexであった場合もELBを使用できるようになります（**図8.15**）。

第8章 Webサーバの負荷分散(ELB)

図8.15 Ailasを使ったAレコードの設定

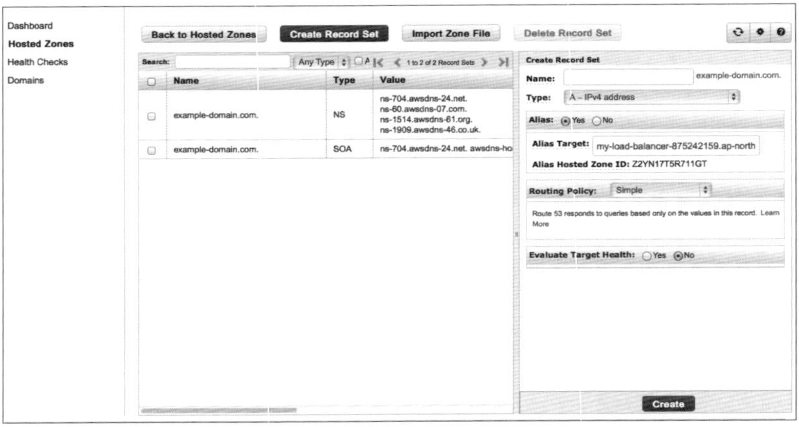

暖機運転

　ELB自身のスケーリングでは、さらに注意すべき点があります。自分自身の負荷に応じてスケールするということは、突発的に負荷が高くなったなどの場合では、スケールアウトが間に合わない可能性があるということです。

　サービスのリリース直後にアクセスが集中する場合や、サイトのキャンペーンがある場合などは、通常のスケールアウトとは別の対応が必要になります。たとえば、想定したトラフィックを事前にかけてELBをスケールアウトをさせておく(暖機運転)などです。このときも負荷は突発的にではなく、徐々にかけていったほうがELBのダウンというアクシデントが発生しないはずです。また、この暖機運転はAWSのサポートから問い合わせすることでも実施できます。

アイドルセッション

　ELBではクライアン側、サーバ側とも、通信がアイドル状態となっているコネクションのタイムアウトを60秒と設定しています。通常ではこのタイムアウトであまり問題になりませんが、バックエンドで時間がかかる処理が走っている場合などは、デフォルト値を変更できます。

　表8.9の 説明 タブの 接続設定 で 編集 をクリックし、接続設定の設定画面で設定できます(図8.16)。アプリケーションの特性を踏まえて適切に設定してく

ださい。

図8.16 アイドルタイムアウトの設定

ELBアクセスログの取得

ELBは自身へアクセスがあった際のログも取得できます。ユーザの行動を解析する場合や、障害時の原因追跡にアクセスログは非常に大切な情報となります（デフォルトでは無効）。

表8.9の **説明** タブの **アクセスログ** で **編集** をクリックし、アクセスログの設定画面で設定できます（図8.17）。ELBのログはS3バケットに出力されるので、必要に応じてS3のライフサイクル機能を使用して管理してください。

図8.17 アクセスログの設定

8.6 まとめ

本章では、Webサーバやアプリケーションサーバの負荷対策としてスケールアウトを行う場合にELBを使用することと、ELBの特徴や使い方について学

第8章　Webサーバの負荷分散（ELB）

びました。ELBはクラウドの特徴を持ったサービスであり、ユーザの運用コストを軽減してくれるサービスとなっています。

　しかしながら、ELBを使ううえでの注意点や特徴をきちんと理解することで、ELBの優位性をさらに活かすことができるのも事実です。

　また、マネジメントコンソールではあまり意識しないようなこともAWS CLIではしっかりとオプションとして指定する必要があります。AWS CLIを使うことでオプションなどの理解も深まると思うので、両方共ぜひ試してみてください。

第9章

モニタリングと Webサーバのスケーリング
（CloudWatch/Auto Scaling）

第9章 モニタリングとWebサーバのスケーリング（CloudWatch/Auto Scaling）

クラウドの環境であっても、システムを運用する際にサーバのモニタリングを行うことが一般的です。本章ではAWSで用意されているモニタリングと、その後のスケーリングについて解説します。

9.1 AWSにおけるモニタリングとスケーリングの概要

システム運用において、それを支えるサーバのモニタリングは欠かすことができません。サーバのモニタリングでは、死活監視やリソース監視などを行ってシステムがダウンしていないか、サービスを継続するうえで必要なリソースが十分に確保されているかなどを定期的にチェックします。

死活監視に失敗していればサーバを復旧させ、リソースが不足していれば必要なリソースを追加しなければなりません。こういったシステムを監視するソフトウェアはさまざまなツールがあります。本章では、監視ソフトウェアについては触れませんが、AWSならではのモニタリングと復旧やリソース投入の方法について解説しつつ、本書のサンプル構成に適用していきます。

CloudWatch

前述した通り、システム監視ソフトウェアにはさまざまなものがありますが、AWSではAmazon CloudWatch（以下CloudWatch）と呼ばれるサービスが用意されています。CloudWatchはEC2だけではなく、さまざまなAWSサービスの監視やモニタリングができるサービスです。

CloudWatchはクラウド用モニタリングサービスであるため、監視サーバなどを別途用意することなく利用でき、たとえば、EC2やRDSでは、インスタンスを起動した時点で特別な設定を行うことなく利用できるのも大きな特徴の1つです。

とはいえ、CloudWatchはAWSが踏み込むことができる領域からモニタリングする情報を取得するため、通常の監視ソフトウェアと比較するとモニタリングできる情報が少なくなります[注1]。

CloudWatchでもカスタムメトリクスと呼ばれるユーザがカスタマイズ可能

注1　たとえば、EC2ではデフォルトでメモリやディスク使用量などはモニタリングできません。

なモニタリング項目を使用することで、より多くの情報を取得できますが、使い慣れた監視／モニタリングソフトウェアがすでにある場合は、それらのツールとCloudWatchを組み合わせて運用したほうがよいでしょう。

それでは、CloudWatchは、どのようなときにその効力を発揮するのでしょうか。CloudWatchはユーザが定義する閾値(いきち)を登録し、さらにその条件を満たしたタイミングでユーザが定義したアクションを実行させることができます。この機能を後述するAuto Scalingと組み合わせることで、変動する負荷に柔軟に対応することができるのです。

本章では、CloudWatchとAuto Scalingの組み合わせについても解説していきます。

Auto Scaling

前章までで、ELBとEC2を組み合わせ、EC2インスタンスの台数を手動で増減することによる、スケールアウト／スケールインができるようになりました。ユーザからのアクセス数の推移などがある程度わかっていたり、アクセス数にあまり変化がない場合は、手動でスケールアウト／スケールインすれば十分でしょう。

しかし、ユーザアクセス数の変化が読みづらい場合は、このスケールアウト／スケールインの方法を自動化することにメリットが出てきます。たとえば、意図しないタイミングなどで、ユーザからのアクセスが増えて手動による対応が間に合わないといったことを減らせます。また、従量課金であるAWSにおいては、増減の自動化がコストの最適化につながります。

Auto Scalingは、このようなスケールアウト／スケールインの自動化ができるサービスです。

9.2 CloudWatchとAuto Scalingの利用

CloudWatchへのアクセス

最初にCloudWatchへの簡単なアクセス方法を紹介します。

第9章 モニタリングとWebサーバのスケーリング（CloudWatch/Auto Scaling）

✚ EC2の場合

EC2の場合は、マネジメントコンソールを使って対象のEC2インスタンスを選択（すでに起動しているWebサーバを選択してみてください）した状態で、モニタリングタブをクリックすれば、表9.1に挙げた情報を取得できます。それぞれのメトリックスを開くと 統計 、 時間範囲 、 期間 を選択してモニタリング内容の調整もできるようになっています（図9.1）。

表9.1　CloudWatchで取得できるEC2の情報

メトリクス	説明
CPU使用率	CPUの使用率
ディスク読み取り	エフェメラルディスクから読まれたデータ量
ディスク読み取り操作	完了したディスク読み込みオペレーション回数
ディスク書き込み	エフェメラルディスクに書き込まれたデータ量
ディスク書き込み操作	完了したディスク読み込みオペレーション回数
ネットワーク入力	ネットワークのデータ受信量
ネットワーク出力	ネットワークのデータ送信量
ステータスチェックに失敗（すべて）	インスタンスを使用可能かどうかの監視結果。成功時は0、失敗時は1となり、ステータスチェックに失敗のインスタンス、またはシステムのいずれかが失敗したら1となる
ステータスチェックに失敗（インスタンス）	個々のインスタンスのソフトウェアやネットワークの監視結果。成功時は0、失敗時は1となり、失敗した場合はユーザ側で解決する必要がある
ステータスチェックに失敗（システム）	インスタンスを使用するために必要なAWSシステムの監視結果。成功時は0、失敗時は1となり、失敗した場合はAWSによって問題が修正されるのを待つか、インスタンスを停止／起動や置き換えをして復旧させる
CPUクレジット使用状況	T2インスタンスを使用した場合のCPUクレジットの使用状況
CPUクレジット残高	T2インスタンスを使用した場合のCPUクレジットの累積状況

図9.1　CloudWatchによるEC2のモニタリング

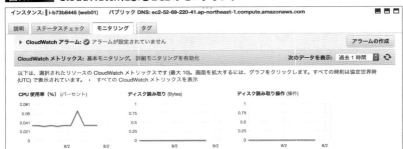

CloudWatchとAuto Scalingの利用 **9.2**

　CloudWatchで取得されるEC2インスタンスデータの取得間隔は、デフォルトで5分間隔です。画面上部の アクション から CloudWatchのモニタリング 、詳細モニタリングの有効化 をクリックすることで、1分間隔でのデータ取得もサポート[注2]されています。

✚ RDSの場合

　RDSの場合は、DBインスタンスを選択した状態で、マルチモニタリングビューかシングルモニタリングビューを選択することで、CloudWatchの情報にアクセスできます（**図9.2**、**表9.2**）。

図9.2 **CloudWatchによるRDSのモニタリング**

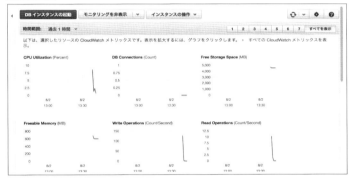

注2　ただし、有料オプションです。

第9章 モニタリングとWebサーバのスケーリング（CloudWatch/Auto Scaling）

表9.2 CloudWatchで取得できるRDSの情報

メトリクス	説明
Bin Log Disk Usage（Byte）	マスタでバイナリログが占有するディスク領域の量
CPU Utilization（Percent）	CPU使用率
Database Connections（Count）	使用中のデータベース接続数
Disk Queue Depth（Count）	未処理のディスクI/Oアクセス（読み取り／書き込みリクエスト）の数
Freeable Memory（Byte）	使用可能なRAMの容量
Free Storage Space（Byte）	使用可能なストレージ領域の容量
Replica Lag（Seconds）	ソースDBインスタンスからリードレプリカDBインスタンスまでのラグ
Swap Usage（Byte）	DBインスタンスで使用するスワップ領域の量
Read IOPS（Count）	1秒あたりのディスクI/O操作の平均読み取り回数
Write IOPS（Count）	1秒あたりのディスクI/O操作の平均書き込み回数
Read Latency（Seconds）	1回のディスクI/O操作にかかる平均読み取り時間
Write Latency（Seconds）	1回のディスクI/O操作にかかる平均書き込み時間
Read Throughput（Bytes）	1秒あたりのディスクからの平均読み取りバイト数
Write Throughput（Bytes）	1秒あたりのディスクへの平均書き込みバイト数

　そのほかにも、マネジメントコンソール画面上部にある サービス から CloudWatchをクリックすると、さまざまなサービスを横断して情報を閲覧できます。

Auto ScalingとCloudWatchの組み合わせ

　ここからは、Auto ScalingとCloudWatchと組み合わせていきます（図9.3）。Auto ScalingとCloudWatchを連動させるには、いくつかの設定項目が必要となります。

9.2 CloudWatchとAuto Scalingの利用

図9.3 Auto Scalingの全体図

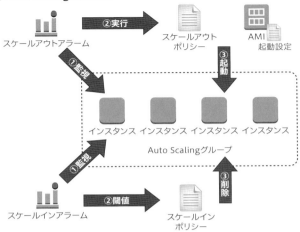

✚ 起動設定

　Auto Scalingを使用してスケールアウトをする際に、AMIなど、どのようなEC2インスタンスを起動するか設定しなければなりません。このような設定を起動設定と呼びます。実際にここで定義することは、AMI、セキュリティグループ、SSHキーなど、EC2インスタンスを起動するときに指定したものと同じですので、ここまで読み進めたみなさんであれば難しいものではありません。

✚ Auto Scalingグループ

　Auto Scalingグループは、Auto Scalingにおける全体的な設計となります。Auto Scalingを使う場合、スケーリングの対象となるEC2インスタンスはすべてこのグループに所属し、その管理下に置かれるようになります。

　このグループの設定として、使用する起動設定、グループ内のEC2インスタンス最大台数、最小台数、使用するVPCサブネット、アタッチするELBなどを設定します。

✚ スケーリングポリシー

　スケーリングポリシーは、スケーリング活動（スケールアウト／スケールイン）を行うときの振る舞いを定義します。具体的には、適用するAuto Scalingグループ、スケーリングを行うときに増減させるEC2インスタンスの台数や、一度スケーリングが行われたあとの待機時間などを定義します。

277

第9章　モニタリングとWebサーバのスケーリング（CloudWatch/Auto Scaling）

今回の場合は、スケールアウトとスケールインの両方を行う予定ですので、1つずつ用意します。

✚ CloudWatchアラーム

CloudWatchアラームは、その名の通りAuto Scalingではなく、CloudWatchで設定します。CloudWatchでどのような状態になればアラーム状態にするかを定義し、アラーム状態になったときにどんなアクションを実行するかを設定します。

たとえば、Auto Scalingグループ内のEC2インスタンスのCPU使用率が70％を超えた場合をアラーム状態とし、そのときのアクションとしてスケールアウト用に作成したスケーリングポリシーを指定するなどの設定です。

ここまで見てわかる通り、Auto Scalingを実現する場合は、複数の設定項目が連動して実現されています。強力な分、少し複雑な設定となりますが、実際に設定してしっかりと理解するようにしてください。

9.3　Auto Scalingの作成（マネジメントコンソール）

ここからは、実際にAuto ScalingとCloudWatchを使って環境を作成していきます。先ほどの説明と同様に、以下のような順番で設定し、Webサーバが自動的にスケーリングするようにします。Auto Scalingの構成ではAMIを使用しますので、事前に最新のものを用意しておいてください。

- 起動設定
- Auto Scalingグループ
- スケーリングポリシー
- CloudWatchアラーム

起動設定の作成

Auto Scalingの設定はEC2のマネジメントコンソールから行うことができます。左側メニューのAUTO SCALINGの下にある Auto Scalingグループ をクリックします。

Auto Scalingの作成（マネジメントコンソール） **9.3**

起動設定が1つも存在しない場合は、 Auto Scalingグループの作成 ボタンをクリックします（図9.4）。次にAuto Scalingの解説ページの右下にある 起動設定の作成 ボタンをクリックします。

図9.4 Auto Scalingの初期画面

EC2作成時のAMIの選択画面に似た起動設定の作成画面で、既存のAMIから起動するために、 マイAMI からAuto Scalingで使用するAMIを選択します（図9.5）。

図9.5 AMIの選択

次はEC2インスタンスタイプの選択画面となります。今回は「t2.micro」を選択します。

その次の画面では、起動設定の詳細について設定します。ここで起動設定の名前も指定します。高度な詳細では今回はデフォルトの設定でかまいませんが、要件に応じて設定してください。Auto Scalingで起動時に何らかの処理を実施

第9章 モニタリングとWebサーバのスケーリング（CloudWatch/Auto Scaling）

したい場合にユーザデータを活用したり、IPアドレスタイプではパブリックIPアドレスのアサインについて設定できます。

EBSやエフェメラルディスクの設定ではすでにAMI化されており、その構成のままで起動する場合は、そのまま次に進んでください。

セキュリティグループの選択画面では、すでにWebサーバ用に作成されていると思いますので、そのグループを選択します（図9.6）。

図9.6 セキュリティグループの設定

最後に今まで行った設定が一覧で表示されますので（図9.7）、間違いがなければ 起動設定の作成 ボタンをクリックし、SSHキーを選択して作成が完了します（図9.8）。

図9.7 確認画面

9.3 Auto Scalingの作成(マネジメントコンソール)

図9.8 SSHキーペアの選択

既存のキーペアを選択するか、新しいキーペアを作成します。

キーペアは、AWSが保存するパブリックキーとユーザーが保存するプライベートキーファイルで構成されます。組み合わせて使用することで、インスタンスに安全に接続できます。Windows AMIの場合、プライベートキーファイルは、インスタンスへのログインに使用されるパスワードを取得するために必要です。Linux AMIの場合、プライベートキーファイルを使用してインスタンスにSSHで安全に接続できます。

Note: The selected key pair will be added to the set of keys authorized for this instance. Learn more about removing existing key pairs from a public AMI.

既存のキーペアを選択

キーペアの選択
web-key

☑ 選択したプライベートキーファイル(web-key.pem)へのアクセス権があり、このファイルなしではインスタンスにログインできないことに同意します。

キャンセル　起動設定の作成

　ここまでで起動設定の作成は終了しました。ウィザードはAuto Scalingグループの設定へと進みます。

Auto Scalingグループの設定

　引き続き、Auto Scalingグループ、スケーリングポリシー、CloudWatchアラームを作成していきます。起動設定とは異なり、Auto Scaling特有の考え方もありますので注意してください。

✚ Auto Scalingグループの設定内容

　最初のステップでは、Auto Scalingグループの設定として**表9.3**のように設定を行います。

表9.3 Auto Scalingグループの設定内容

項目	説明	設定値
グループ名	Auto Scalingグループに割り当てる任意の名前を指定する	my-autoscaling-group
グループサイズ	Auto Scalingが作られたタイミングで、EC2インスタンスを何台起動するかを指定する	2
ネットワーク	Auto Scalingで起動するEC2インスタンスを配置するVPCを指定する	デフォルト
サブネット	ネットワークで指定したVPC内のどのサブネットで起動するかを指定する	デフォルトに存在するサブネット両方

第9章 モニタリングとWebサーバのスケーリング（CloudWatch/Auto Scaling）

項目	説明	設定値
ロードバランシング	Auto Scalingで起動するEC2インスタンスがELBを経由してアクセスされる場合はオンにしてELB名を指定する	my-load-balancer
ヘルスチェックのタイプ	Auto Scalingグループ内のEC2インスタンスの死活監視方法。これに失敗するとAuto ScalingグループはEC2インスタンスがダウンしたと判断して新しいものに置き換える。EC2のステータスチェックか、ELBからのヘルスチェックを死活監視にするか選択する	ELB
ヘルスチェックの猶予期間	EC2インスタンスが起動されたあと、死活監視を開始するまでの時間	300
モニタリング	EC2の詳細モニタリングを有効にするかしないかの設定	起動設定で設定済

　今回はすべてデフォルトVPC上にシステムを構成しているため、Auto Scalingグループもそれに合わせてデフォルトを使用します。

　ヘルスチェックのタイプでは、OSは正常に動いていてもApacheやnginxが単体でダウンした場合に検知できるようにELBを使用しています。ヘルスチェックの猶予期間は、システムが起動後にどのくらいの時間で使用可能になるかによって微調整します（図9.9）。

図9.9　Auto Scalingグループの詳細設定

✚ スケールアウト／スケールインの設定

　次のステップでは、スケールアウト／スケールインに関する設定を行います。スケーリング範囲に続くところにAuto Scalingグループ内で起動させるEC2インスタンスの最小台数と最大台数を入力、スケーリングポリシーを使用して、

「このグループのキャパシティを調整する」をチェックし、グループサイズの増加とグループサイズの減少について、それぞれのスケーリングポリシーを作成します。

グループサイズの増加と、グループサイズの減少のそれぞれに存在する「新しいアラームの追加」をクリックし、CloudWatchアラームを新規で作成します（表9.4～表9.6、図9.10）。

表9.4 CloudWatchアラームの設定項目

項目	説明
通知の送信先	Amazon SNSを使用して、アラームが発生した際に通知するSNSトピックを指定する
次の時	CloudWatchのメトリクスと統計値を指定する
状況	アラームに設定する閾値を指定する
最低発生期間	期間中に何回閾値を超えた場合にアラーム状態にするかを指定する
アラーム名	CloudWatchアラーム名を任意の名前で指定する

表9.5 グループサイズ増加の場合のCloudWatchアラーム設定

項目	設定値
通知の送信先	OFF
次のとき	Average of CPU Utilization
状況	>= 70
最低発生期間	3度次の間隔で発生15Minutes
アラーム名	scale-out-alarm

表9.6 グループサイズ減少の場合のCloudWatchアラーム設定

項目	設定値
通知の送信先	OFF
次のとき	Average of CPU Utilization
状況	<= 30
最低発生期間	3度次の間隔で発生15Minutes
アラーム名	scale-in-alarm

第9章 モニタリングとWebサーバのスケーリング（CloudWatch/Auto Scaling）

図9.10 スケールアウト用アラームの作成（グループサイズ増加の場合）

╋ スケーリングポリシーの設定

次に、それぞれのスケーリングポリシーを設定します（**表9.7〜表9.9、図9.11**）。

表9.7 スケーリングポリシーの設定項目

項目	説明
名前	スケーリングポリシーに割り当てる名前を設定する
次の場合にポリシーを実行	CloudWatchアラームを指定して、ポリシーを実行するタイミングを設定する
アクションを実行	スケーリングポリシーで増減させる台数を指定する
インスタンス	スケーリングアクティビティが発生したときに、次のスケーリングアクティビティが動作するまでの待機時間

表9.8 グループサイズ増加の場合のスケーリングポリシー設定

項目	設定値
名前	scale-out-policy
次の場合にポリシーを実行	scale-out-alarm
アクションを実行	add 2 instances
インスタンス	600

表9.9 グループサイズ減少の場合のスケーリングポリシー設定

項目	設定値
名前	scale-in-policy
次の場合にポリシーを実行	scale-in-alarm
アクションを実行	remove 2 instances
インスタンス	600

9.3 Auto Scalingの作成（マネジメントコンソール）

図9.11 スケーリングポリシーの設定（グループサイズ増加の場合）

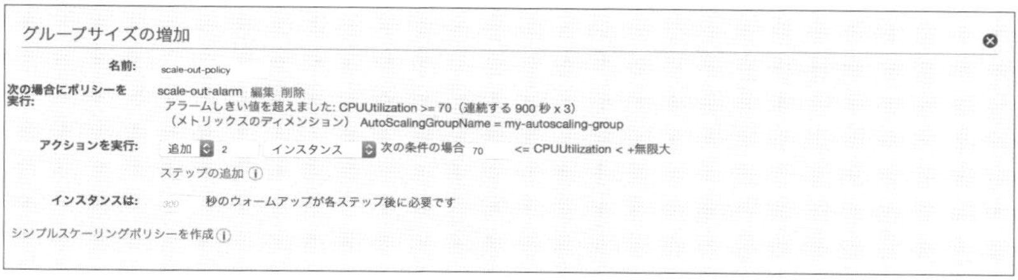

＋ SNS通知の設定

Auto ScalingでEC2インスタンスの起動、削除など、何かしらのイベントが発生した際に、SNSで通知する設定を行います。必須ではありませんが、設定する場合は 次の手順：通知の設定 をクリックし、**表9.10**にあるように指定します（**図9.12**）。

表9.10 SNS通知の設定

項目	説明	設定値
通知の送信先	SNS通知に設定する任意の名前を指定する	my-autoscalig-group-notification
受信者	SNS通知で通知するメールアドレスを指定する	your-email@example.com
インスタンスで次のイベントが発生したとき	どのイベントが発生したら通知するかを指定する	すべてON

図9.12 SNS通知の設定

＋ タグの設定

次はAuto Scalingグループに付けるタグと、起動されたEC2インスタンスに割り当てるタグを設定します。新しいインスタンスにタグ付けする にチェックを入

第9章 モニタリングとWebサーバのスケーリング(CloudWatch/Auto Scaling)

れると、起動したEC2インスタンスにも割り当てられます(**表9.11**)。

表9.11 タグの設定

キー	設定値
Name	web-auto-scaling

➕ 設定の確認

最後にこれまでの設定が一覧で表示されますので(**図9.13**)、間違いないか確認し、Auto Scalingグループを作成します。

図9.13 設定の確認

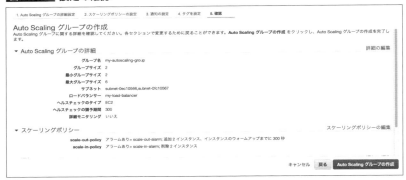

Auto Scalingグループの作成が完了すると、設定した台数分EC2インスタンスが起動されるのがわかります(**図9.14**)。

図9.14 Auto Scalingグループ内に起動されたインスタンス

SNSの通知を行った場合は、指定したメールアドレスに以下のようなEメールが届きます。

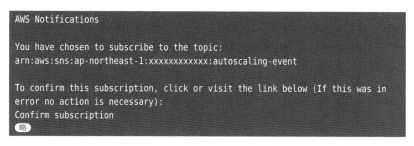

メールに記載されているリンクにアクセスし、サブスクリプションを完成させます。また、今までWebサーバとして使用していたEC2インスタンスが不要であれば削除してください。

9.4 Auto Scalingの運用（マネジメントコンソール）

作成したAuto Scalingは、左側メニューのAUTO SCALINGの下の 起動設定 を選択すると、作成済の起動設定の閲覧、削除、新しい起動設定の追加などができます（**図9.15**）。

図9.15 起動設定の詳細タブ

Auto Scalingグループでは、Auto Scalingグループの設定の閲覧、編集、追

第9章 モニタリングとWebサーバのスケーリング（CloudWatch/Auto Scaling）

加などのオペレーションができるほか、Auto Scalingグループに所属しているEC2インスタンスの状態を表示したり、アクティビティ履歴タブからは、過去に発生したイベントを確認できます（**図9.16**）。

図9.16 Auto Scalingグループの詳細タブ

Auto Scalingの動作確認

ここでは、実際にAuto Scalingが適用されたWebサーバが設定通りにスケールアウト／スケールインするかを試してみましょう。

最初にスケールアウトを確認します。作成したAuto Scalingでは、Auto Scaling内のEC2インスタンスのCPU使用率が70％以上になると、2台ずつEC2インスタンスが追加されるように設定しています。今回はWebサーバがLinuxとなりますので、yesコマンドを使用して意図的にEC2インスタンスのCPU使用率を上げてみます。

まず、起動している2台のWebサーバ両方にSSHでログインし、以下のようにyesコマンドを実行します。

```
$ yes >> /dev/null
```

しばらくしてから、yesコマンドを実行したEC2インスタンスの モニタリング タブをクリックして確認すると、CPU使用率が100％の状態になるはずです。さらにそのままの状態にしておくと、新規にEC2インスタンスが起動し、スケールアウトされたことが確認できると思います。

また、Auto Scalingグループのアクティビティ履歴にアクセスすると、EC2インスタンスが起動されていることが表示されていると思います。これでスケ

Auto Scalingの運用（マネジメントコンソール） **9.4**

　ールアウトの動作確認は完了です。

　次はスケールインの動作確認を行います。スケールインは先ほど実行したコマンドを Ctrl + C でストップするだけです。

　次第にCloudWatchのCPU使用率が下がっていき、閾値である30%を下回ります。そのあと、EC2インスタンスが削除され、アクティビティ履歴にそのイベントが記録されているはずです。

　Auto Scaling作成時にSNSを使った通知を有効にしている場合は、登録したEメールアドレスにメールが届いているかをチェックしてみてください。

　このようにEC2インスタンスにログインして負荷をかけることで、スケールアウトやスケールインの基本動作を確認できます。

　実際の本番環境でAuto Scalingを導入する場合は、設定する閾値、台数、ヘルスチェックの猶予期間や、スケーリングの待機時間などはもう少し慎重に設定してください。先ほどの動作確認ではCPU使用率をスケーリング活動の基準として閾値に使用し、インスタンス内で意図的にCPUに負荷をかけました。

　しかしながら、運用しているシステムがいつもCPU使用率をスケーリング活動の基準にすることが適切であるとは限りません。ネットワークのトラフィックや、そのほかの設定項目のほうが重要になるケースもあるでしょう。

　たとえば、Jmeter[注3]など、いくつかのツールは、実環境に近い形のシナリオを作成し、それに添うようにアクセスをかけることができますので、それらのツールを使用することも検討してみてください。

　テストは一度だけではなく複数回実施し、細やかに調整することをお勧めします。また、運用開始後も自分たちが望むような形でスケーリングされているか、定期的に設定を見直す必要があります。

Auto Scalingの削除

　使用した環境を削除するには、以下の3つのステップがあります。もしSNSの通知を設定している場合は、そちらも削除してください。

- CloudWatchアラームの削除
- Auto Scalingグループの削除
- 起動設定の削除

注3　http://jmeter.apache.org/

第9章 モニタリングとWebサーバのスケーリング（CloudWatch/Auto Scaling）

✚ CloudWatchアラームの削除

CloudWatchアラームの削除は、CloudWach画面の左メニューの アラーム から削除対象のアラームを選択して削除します（図9.17）。

図9.17　CloudWatchアラームの削除

✚ Auto Scalingグループの削除

Auto Scalingグループを削除する場合は、削除対象のAuto Scalingグループを選択してから削除します（図9.18）。

図9.18　Auto Scalingグループの削除

✚ 起動設定の削除

削除対象の起動設定を選択して削除します（図9.19）。以上ですべての環境が削除されました。

9.4 Auto Scalingの運用（マネジメントコンソール）

図9.19 起動設定の削除

運用におけるその他の注意点

Auto Scalingでは、そのほかにもスケールアウト/スケールインするときの注意点があります。

✚ アプリケーションをデプロイするときの注意点

まず、はじめに本番環境への最新アプリケーション適用方法です。

アプリケーションサーバが複数台存在する場合は、複数台のサーバに対して一度に最新のアプリケーションを適用するために何かしらのデプロイツールを使用することが一般的です。これはAuto Scalingの環境でも同じ考え方となりますが、Auto Scalingで起動したEC2インスタンスは、ランダムにパブリックDNSのアクセス先が設定されます。そのため、デプロイツールを実行する場合は、AWS CLIなどを使用して最新のデプロイ対象となるアクセス先を動的に取得することが必要となるでしょう。

また、最新のソースをデプロイしたあと、起動設定で使用しているAMIはどうでしょうか。すでに稼働しているEC2インスタンスは最新のソースがデプロイされていますが、当然ながらAMIにまだ適用されていません。

このような場合は、最新のソースコードがデプロイされたEC2インスタンスから新しくAMIを再作成し、最新の起動設定の作成とAuto Scalingグループの更新を行う必要があります。

または、cloud-initなどを使用し、EC2インスタンスが起動時に自動的に最新ソースコードを適用するという方法もあります。このとき、ソースコードの適用完了後に、トラフィックが転送されるようにするなどの工夫も必要です。

第9章 モニタリングとWebサーバのスケーリング(CloudWatch/Auto Scaling)

前者の場合、最新のソースコードがデプロイされるたびに、AMI再作成などの運用コストがかかるというデメリットがあるものの、EC2インスタンスが起動してからサービスインまでの時間に影響はありません。後者の場合は、一度起動時のしくみを作成してしまえば、運用コストを下げることができますが、EC2インスタンスが起動してからデプロイが行われるため、サービスインまでに時間がかかることと、ヘルスチェックの猶予期間の調整などが必要になるでしょう。

ログファイルの取り扱い

ログファイルの取り扱いをどのようにするかも検討しておく必要があります。Auto Scalingで設定されたルールによってスケールインする場合、EC2インスタンスは削除されます。当然、削除した場合は、EC2インスタンス内部に存在していたログファイルなどにアクセスできないようになります。

スケールインが自動化されているので、そのときに備えてログファイルなどのコンテンツは、外部のログサーバなどに転送するなどのしくみが必要になります。

Column

LifeCycleHookの利用

Auto Scaling内のEC2は基本的に以下のようなライフサイクルがあります。

- インスタンスの起動
- Auto Scalingグループへの追加
- Auto Scalingグループからの削除
- インスタンスの削除

LifeCycleHook機能は、Auto ScalingグループのEC2インスタンスが上記のようなライフサイクルの追加、削除されるタイミングで何かしらのアクションを実行するものです。

この機能はマネジメントコンソールではまだ対応しておらず、AWS CLIだけの機能ですが、この機能によって起動時のソフトウェアインストールや削除時のバックアップなど、さらに柔軟な運用ができるはずです。

9.5 Auto Scalingの作成と削除（AWS CLI）

9.3と9.4でマネジメントコンソールを使ってAuto Scalingを作成する流れを解説してきました。本節では、AWS CLIによるAuto Scalingの作成について解説します。

前章までと同じようにAWS CLIを使って作業する場合は、必要な情報をオプションパラメータとして指定します。ここでは、以下のオプションパラメータを使いますので、事前に用意しておいてください。

- EC2インスタンス起動に使用するAMI ID
- EC2インスタンスに割り当てるセキュリティグループID
- EC2インスタンスで使用するSSHキー名
- デフォルトVPCのサブネットID（アベイラビリティゾーン）

起動設定の作成

起動設定は、autoscaling create-launch-configurationコマンドで以下のように作成します。作成時のオプションは表9.12の通りです。

```
$ aws autoscaling create-launch-configuration \
--launch-configuration-name my-launch-configuration-cli \
--image-id ami-xxxxxxxx \
--key-name your-ssh-key \
--security-groups web-group \
--instance-type t2.micro
```

表9.12 autoscaling create-launch-configurationコマンドのオプション

オプション	説明
--launch-configuration-name	起動設定に割り当てる名前を指定する
--image-id	EC2インスタンス起動に使用するAMIのIDを指定する
--key-name	EC2インスタンス起動時に指定するSSHキー名を指定する
--security-groups	EC2インスタンスに割り当てるセキュリティグループIDを指定する
--instance-type	起動するEC2インスタンスのインスタンスタイプを指定する

第9章 モニタリングとWebサーバのスケーリング(CloudWatch/Auto Scaling)

Auto Scalingグループの作成

Auto Scalingグループは、autoscaling create-auto-scaling-groupコマンドで以下のように作成します。作成時のオプションは**表9.13**の通りです。

```
$ aws autoscaling create-auto-scaling-group \
--auto-scaling-group-name my-autoscaling-group-cli \
--launch-configuration-name my-launch-configuration-cli \
--min-size 2 \
--max-size 4 \
--desired-capacity 2 \
--default-cooldown 300 \
--load-balancer-names my-load-balancer \
--health-check-type ELB \
--health-check-grace-period 300 \
--vpc-zone-identifier subnet-xxxxxxxx subnet-xxxxxxxx \
--tags ResourceId=tags-auto-scaling-group,ResourceType=auto-scalinggroup,Key=Role,Value=WebServer  実際は1行
```

表9.13 autoscaling create-auto-scaling-groupコマンドのオプション

オプション	説明
--auto-scaling-group-name	Auto Scalingグループに割り当てる名前を指定する
--launch-configuration-name	Auto Scalingグループで使用する起動設定名を指定する
--min-size	Auto Scalingグループ内で稼働させるEC2インスタンスの最小台数
--max-size	Auto Scalingグループ内で稼働させるEC2インスタンスの最大台数
--desired-capacity	Auto Scalingグループ内で稼働させるEC2インスタンスのあるべき台数、指定しない場合は--min-sizeと同じ値が設定される
--default-cooldown	スケーリングが発生した場合に必ず待機する時間(秒)
--load-balancer-names	Auto Scalingグループ内のEC2インスタンスをELBの負荷分散対象に加える場合はELB名を指定する
--health-check-type	Auto Scalingグループ内のEC2インスタンスが正常に稼働しているかどうかのチェックをEC2インスタンスのステータスチェックで判断するか、ELBのヘルスチェックを使用するかを指定する
--health-check-grace-period	Auto Scalingグループ内でEC2インスタンスが起動してからヘルスチェックの判定を開始するまでの時間を指定する(秒)
--vpc-zone-identifier	Auto Scalingグループで起動するEC2インスタンスを起動するVPCサブネットIDを指定する
--tags	Auto Scalingグループで使用するタグを指定する

スケーリングポリシーの作成

スケールアウト／スケールインのスケーリングポリシーは、autoscaling put-scaling-policyコマンドで以下のように作成します。作成時のオプションは**表9.14**の通りです。

```
$ aws autoscaling put-scaling-policy \
--auto-scaling-group-name my-auto-scaling-group-cli \
--policy-name scale-out-policy \
--adjustment-type ChangeInCapacity \
--scaling-adjustment 2
```

```
$ aws autoscaling put-scaling-policy \
--auto-scaling-group-name my-auto-scaling-group-cli \
--policy-name scale-in-policy \
--adjustment-type ChangeInCapacity \
--scaling-adjustment -2
```

表9.14 autoscaling put-scaling-policyコマンドのオプション

オプション	説明
--auto-scaling-group-name	スケーリングポリシーを割り当てるAuto Scalingグループ名を指定する
--policy-name	作成するスケーリングポリシーに割り当てる名前を指定する
--adjustment-type	スケーリングで追加／削除する台数のタイプ（ChangeInCapacity、ExactCapacity、PercentChangeInCapacity）を選ぶ
--scaling-adjustment	adjustment-typeと組み合わせて、EC2インスタンスを追加／削除する数値を指定する

CloudWatchアラームの登録

CloudWatchアラームを登録して完了です。cloudwatch put-metric-alarmコマンドで以下のように登録します。登録時のオプションは**表9.15**の通りです。

```
$ aws cloudwatch put-metric-alarm \
--alarm-name scale-out-alarm \
--period 300 \
--dimensions Name=AutoScalingGroupName,Value=my-auto-scaling-group \
--metric-name CPUUtilization \
```

第9章 モニタリングとWebサーバのスケーリング（CloudWatch/Auto Scaling）

```
--namespace AWS/EC2 \
--statistic Average \
--evaluation-periods 1 \
--threshold 70.0 \
--comparison-operator GreaterThanOrEqualToThreshold \
--alarm-actions arn:aws:autoscaling:ap-northeast-1:xxxxxxxxxxxx:scalingPolicy
:c64b88a4-136b-49d4-b205-c25c83ba648f:autoScalingGroupName/my-auto- scalinggr
oup:policyName/scale-out-policy 　実際は1行
```

```
$ aws cloudwatch put-metric-alarm \
--alarm-name scale-in-alarm \
--period 300 \
--dimensions Name=AutoScalingGroupName,Value=my-auto-scaling-group \
--metric-name CPUUtilization \
--namespace AWS/EC2 \
--statistic Average \
--evaluation-periods 1 \
--threshold 30.0 \
--comparison-operator LessThanOrEqualToThreshold \
--alarm-actions arn:aws:autoscaling:ap-northeast-1:xxxxxxxxxxxx:scalingPolicy
:afdbb9ef-6519-4faf-94ad-67342ddeebee:autoScalingGroupName/my-auto- scalinggr
oup:policyName/scale-in-policy 　実際は1行
```

表9.15 cloudwatch put-metric-alarmコマンドのオプション

オプション	説明
--alarm-name	アラームに割り当てる名前を指定する
--period	アラームを判定する期間を指定する(秒)
--dimensions	アラームに割り当てるディメンションを指定する
--metric-name	アラームに割り当てるメトリクスを指定する
--namespace	アラームを判定するネームスペースを指定する
--statistic	アラームの判定に使用する統計を指定する
--evaluation-periods	アラームの判定に使用する回数を指定する
--threshold	アラームの判定に使用する条件を指定する
--alarm-actions	アラーム時に実行するアクションを指定する[注a]

注a　指定値は、autoscaling put scaling-policyコマンド実行後に出力されたものになります。

イベントの通知設定

Auto Scalingでイベントが発生したときに通知する場合は、autoscaling put-notification-configurationコマンドを使います。イベントの通知設定時のオプションは表9.16の通りです。

```
$ aws autoscaling put-notification-configuration \
--auto-scaling-group-name my-autoscaling-group-cli \
--topic-arn arn:aws:sns:ap-northeast-1:xxxxxxxxxxxx:autoscale-event \
--notification-type autoscaling:EC2_INSTANCE_LAUNCH autoscaling:EC2_INSTANCE_
LAUNCH_ERROR autoscaling:EC2_INSTANCE_TERMINATE autoscaling:EC2_INSTANCE_TERM
INATE_ERROR  実際は1行
```

表9.16 autoscaling put-notification-configurationコマンドのオプション

オプション	説明
--auto-scaling-group-name	通知を設定するAuto Scalingグループ名を指定する
--topic-arn	通知を設定するSNSトピックのARNを指定する
--notification-type	Auto Scalingでどのようなイベントが発生したときに通知するかを指定する

設定の削除

設定には依存関係があるため、AWS CLIでAuto Scalingの設定を削除する際は、削除する順番に注意してください。作成した順番と逆に実行すれば迷うことなく削除できます。

✚ イベント通知設定の削除

Auto Scalingにイベントが発生したときに通知する設定を以下のように削除します。削除時のオプションは表9.17の通りです。

```
$ aws autoscaling delete-notification-configuration \
--auto-scaling-group-name my-autoscaling-group-cli \
--topic-arn arn:aws:sns:ap-northeast-1:xxxxxxxxxxxx:autoscale-event
```

表9.17 autoscaling delete-notification-configurationコマンドのオプション

オプション	説明
--auto-scaling-group-name	削除する通知設定が割り当てられているAuto Scalingグループを指定する
--topic-arn	削除するSNSトピックのARNを指定する

✚ CloudWatchアラームの削除

CloudWatchアラームを削除するには、cloudwatch delete-alarmsコマンドで以下のように実行します。削除時のオプションは表9.18の通りです。

第9章 モニタリングとWebサーバのスケーリング（CloudWatch/Auto Scaling）

```
$ aws cloudwatch delete-alarms \
--alarm-names scale-out-alarm scale-in-alarm
```

表9.18 cloudwatch delete-alarmsコマンドのオプション

オプション	説明
--alarm-names	設定を削除するアラーム名を指定する

✚ Auto Scalingグループの削除

次にAuto Scalingグループを削除します。Auto ScalingグループでrunningStateのEC2インスタンスもまとめて削除する場合は--force-deleteオプションを付与して削除します。削除時のオプションは**表9.19**の通りです。

```
$ aws autoscaling delete-auto-scaling-group \
--auto-scaling-group-name my-auto-scaling-group-cli \
--force-delete
```

表9.19 autoscaling delete-auto-scaling-groupコマンドのオプション

オプション	説明
--auto-scaling-group-name	設定を削除するAuto Scalingグループ名を指定する
--force-delete	running状態のEC2インスタンスもまとめて削除する場合はオプションを付与する

✚ 起動設定の削除

最後に起動設定を削除します。削除時のオプションは**表9.20**の通りです。

```
$ aws autoscaling delete-launch-configuration \
--launch-configuration-name my-launch-configuration-cli
```

表9.20 autoscaling delete-launch-configurationコマンドのオプション

オプション	説明
--launch-configuration-name	設定を削除する起動設定名を指定する

> **Column**
>
> ## Auto Scaling関連のその他のコマンド
>
> 　Auto Scalingについては、そのほかに以下のような参照系のコマンドや、更新系のコマンドがありますので利用してください。
>
> - autoscaling describe-launch-configurations コマンド
> - autoscaling describe-auto-scaling-groups コマンド
> - autoscaling update-auto-scaling-group コマンド
> - autoscaling describe-policies コマンド
> - cloudwatch describe-alarms コマンド

9.6 その他のAuto Scalingの運用

スケジュールアクションの設定

　これまでに解説したように、Auto ScalingではCloudWatchがアラーム状態になったことをトリガーにして、スケーリングポリシーによってスケールアウト／スケールインすることが基本となります。

　サービスの拡張などによって、アクセス数が少しずつ増えるようなケースでは、この基本形だけでも大きな問題はありませんが、たとえば、テレビ放送でサービスが紹介されたり、ECサイトのセールが始まったタイミングなど、非常に短い期間に急激にアクセスが増える場合は、この基本形だけでは対応しきれないことがあります。

　これは、急激にアクセスが増えたことによって、CloudWatchがアラームと判断するまでの間にスケールアウトが間に合わないという現象ですが、このような場合はスケジュールアクションを利用します。

　この機能は執筆時点ではマネジメントコンソールでサポートされていません。AWS CLIでautoscaling put-scheduled-update-group-actionコマンドを実行します。設定時のオプションは**表9.21**の通りです。

```
$ aws autoscaling put-scheduled-update-group-action \
--auto-scaling-group-name my-autoscaling-group-cli \
--scheduled-action-name scheduled-scale-out \
```

第9章 モニタリングとWebサーバのスケーリング（CloudWatch/Auto Scaling）

```
--start-time 2010-06-01T00:00:00Z \
--end-time 2010-06-01T00:00:00Z \
--min-size 6 \
--max-size 10 \
--desired-capacity 6
```

表9.21 autoscaling put-scheduled-update-group-actionコマンドのオプション

オプション	説明
--auto-scaling-group-name	スケジュールアクションを実行させるAuto Scalingグループの名前を指定する
--scheduled-action-name	登録するスケジュールアクションに割り当てる任意の名前を指定する
--start-time	スケジュールアクションを開始する時間を指定する
--end-time	スケジュールアクションを終了する時間を指定する
--recurrence	スケジュールアクションの開始時間をcron形式で指定する
--min-size	スケジュールアクションによって値を変更する最小台数を指定する
--max-size	スケジュールアクションによって値を変更する最大台数を指定する
--desired-capacity	スケジュールアクションによって値を変更する、Auto Scalingグループ内で起動されるべきEC2インスタンスの台数を指定する

　Auto Scalingの基本形で通常のアクセス増加に対応し、計画されたアクセス増加の際には、スケジュールアクションを利用することで、さらに柔軟にアクセス増に対応できます。

スタンバイの設定

　Auto Scalingを利用してサービスを運用している際に、1台のWebサーバだけメンテナンスを行いたいというケースがあります。このとき、たとえば再起動や停止状態にした結果、Auto Scalingで設定されているヘルスチェックに失敗すると、インスタンスが削除されてしまいます。
　本書では、ELBのヘルスチェックをAuto Scalingのヘルスチェックでも使用しているので、OSは稼働していてもWebサーバのプロセスが停止すると、ヘルスチェックに失敗して削除されます。このようにAuto Scalingグループ内のEC2インスタンスをメンテナンスするときに使うのがスタンバイの機能です。

9.6 その他のAuto Scalingの運用

✚ EC2インスタンスのスタンバイ設定

AWS CLIを使って、Auto Scalingグループ内のEC2インスタンスをスタンバイにするには、autoscaling enter-standbyコマンドを実行します。オプションは表9.22の通りです。

```
$ aws autoscaling enter-standby \
--instance-ids i-xxxxxxxx \
--auto-scaling-group-name my-autoscaling-group-cli \
--no-should-decrement-desired-capacity
```

表9.22 autoscaling enter-standbyコマンドのオプション

オプション	説明
--instance-ids	Auto ScalingグループからスタンバイにしたいEC2インスタンスのIDを指定する
--auto-scaling-group-name	スタンバイにしたいEC2インスタンスが存在するAuto Scalingグループ名を指定する
--should-decrement-desired-capacity	スタンバイにしたときにAuto Scalingグループ内で稼働させるEC2インスタンスのあるべき台数の値を小さくする
--no-should-decrement-desired-capacit	スタンバイにしたときにAuto Scalingグループ内で稼働させるEC2インスタンスのあるべき台数の値を小さくしない

✚ スタンバイから実行中に切り戻す

EC2インスタンスをスタンバイから実行中に切り戻す場合は、autoscaling exit-standbyコマンドを実行します。オプションは表9.23の通りです。

```
$ aws autoscaling exit-standby \
--instance-ids i-xxxxxxxx \
--auto-scaling-group-name my-autoscaling-group-cli
```

表9.23 autoscaling exit-standbyコマンドのオプション

オプション	説明
--instance-ids	スタンバイから実行状態に戻したいEC2インスタンスのIDを指定する
--auto-scaling-group-name	スタンバイから実行状態に戻したいEC2インスタンスが所属するAuto Scalingグループ名を指定する

デタッチ／アタッチの設定

デタッチとアタッチの機能は、スタンバイと機能が似ていますが、こちらは

301

第9章 モニタリングとWebサーバのスケーリング（CloudWatch/Auto Scaling）

完全に Auto Scaling グループからデタッチしたり、Auto Scaling に関係なかった EC2 インスタンスを Auto Scaling グループに加えるなどの機能です。

✚ デタッチの設定

デタッチを設定するには、autoscaling detach-instances コマンドを実行します。デタッチ時のオプションは**表9.24**の通りです。

```
$ aws autoscaling detach-instances \
--instance-ids i-xxxxxxxx \
--auto-scaling-group-name my-autoscaling-group-cli \
--should-decrement-desired-capacity
```

表9.24 autoscaling detach-instancesコマンドのオプション

オプション	説明
--instance-ids	Auto Scaling グループからデタッチしたい EC2 インスタンスの ID を指定する
--auto-scaling-group-name	デタッチしたい EC2 インスタンスが存在する Auto Scaling グループ名を指定する
--should-decrement-desired-capacity	デタッチしたときに Auto Scaling グループ内で稼働させる EC2 インスタンスのあるべき台数の値を小さくする
--no-should-decrement-desired-capacit	デタッチしたときに Auto Scaling グループ内で稼働させる EC2 インスタンスのあるべき台数の値を小さくしない

✚ アタッチの設定

アタッチを設定するには、autoscaling attach-instances コマンドを実行します。アタッチ時のオプションは**表9.25**の通りです。

```
$ aws autoscaling attach-instances \
--instance-ids i-xxxxxxxx \
--auto-scaling-group-name my-autoscaling-group-cli
```

表9.25 autoscaling attach-instancesコマンドのオプション

オプション	説明
--instance-ids	Auto Scaling グループにアタッチしたい EC2 インスタンスの ID を指定する
--auto-scaling-group-name	EC2 インスタンスをアタッチしたい Auto Scaling グループ名を指定する

9.7 まとめ

　本章ではAWS環境における監視の概要と、Web／アプリケーションサーバが高負荷になった場合に手動によるスケールアウトではなく、自動的にスケールアウトし、負荷が落ち着いた際に、自動的にスケールインするAuto Scalingの使い方を学びました。

　Auto Scalingは、ユーザのアクセスに対する柔軟な対応だけでなく、従量課金のAWSにおいてコストを最適な状態に保つという意味でも、非常に強力なものです。

　しかし、Auto Scalingをシステムに適用する場合は、意図した通りにスケーリングが行われるかの調整や、最新アプリケーションの適用方法、ログの取り扱いなど確実に押さえておくべきポイントがあります。マネジメントコンソールではサポートされていない機能もありますので、AWS CLIでも実践してAuto Scalingでできることをしっかりと理解するようにしてください。

第 10 章
アクセス権限の管理
(IAM)

第10章 アクセス権限の管理(IAM)

本章では、AWS上のサービスおよびリソースへのアクセスを安全にコントロールするためのサービスであるIAM(*Identity and Access Management*)の設定について解説します。

10.1 IAM(Identity and Access Management)の概要

IAMとは

プロジェクトが進行していく中で、複数の会社や複数のユーザでAWSのサービスを利用することがあります。そのような場合、会社AのユーザはS3とEC2のみアクセスできるようにしたい、会社BはRDSにしかアクセスさせないといったように、会社や役割によってアクセス権限を分ける必要が出てきます。

IAMは、AWSのサービスを利用するうえで、ユーザとユーザ権限を管理するためのサービスです。

AWSでは、利用を開始するとまず、AWSアカウントを使用してサインインなどを行います。このAWSアカウントは、OSでのrootユーザにあたるものですべての権限を持っています。これに対し、IAMで作成したユーザには特定の権限を付与できますので、そのユーザで認証してサービスを利用している限りは、許可されたAWSのリソースにのみアクセスが可能になります。

AWSリソースとは、EC2インスタンスやS3オブジェクトのようにアクセス可能なAWS内の資源を指します。AWSリソースにはそれぞれARN(*Amazon Resource Name*)という統一されたリソースのIDがあり、これを指定して権限を付与します。

10.2 IAMユーザとIAMグループの作成

IAMユーザは、AWSコンソールにサインインしたり、APIにアクセスした

りするときに一意に識別されるユーザで、自分用の認証情報を持っています。IAMユーザの権限は、ユーザ自身や所属しているIAMグループに付与されます。

IAMユーザの作成

　IAMユーザを作成してみましょう。マネジメントコンソールのトップ画面で Identity & Access Management をクリックし、画面左メニューの ユーザ をクリックします。 新規ユーザの作成 ボタンをクリックすると、IAMユーザ名の入力欄が表示されます。複数ユーザを同時作成できますが、ここでは1人だけ登録します。認証情報（アクセスキーとシークレットキー）を作成しない場合は、 ユーザごとにアクセスキーを生成 のチェックを外します。

　ここではチェックを入れたままで 作成 ボタンをクリックします。すると、アクセスキーを作成するようにチェックを入れた場合は、次の画面で認証情報の画面が表示されます（図10.1）。認証情報を取得できるのはこの画面が最初で最後になります。取得し忘れた場合は、新しい認証情報を作成する必要があります。

図10.1　認証情報の表示

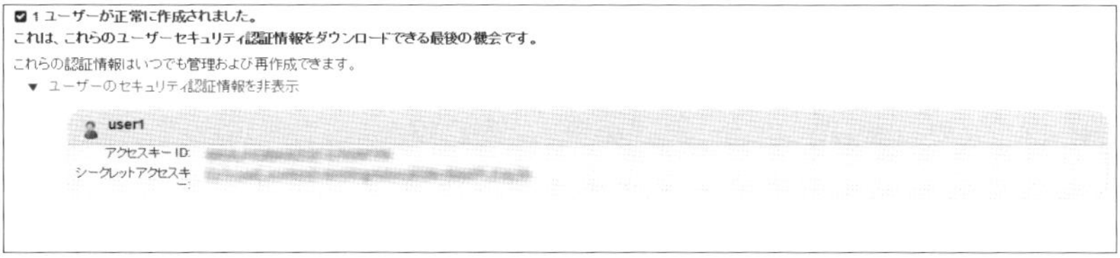

　ここで必ず認証情報をメモするかダウンロードして、大切に保管してください。認証情報が外部に漏れると、悪意を持った相手に自分のAWSリソースを勝手に利用されてしまう可能性があります。

　通常は管理者がこの認証情報をIAMユーザに対して供与し、使用してもらうことになります。

グループの作成

　ユーザに対して直接的に権限を設定することもできますが、ユーザをひとまとめにし、グループに対して権限を設定すると、所属しているユーザが同じ権

第10章 アクセス権限の管理（IAM）

限を持つことになります。同じ権限を持たせたいユーザが複数いる場合に便利です。

　グループを作成するには、画面左メニューの「グループ」をクリックし、「新しいグループの作成」ボタンをクリックします。グループ名を入力して「次のステップ」ボタンをクリックすると、ポリシーのアタッチ画面が表示され、現在使用できるポリシーの一覧が表示されます。

　後述しますが、ポリシーとはひとかたまりの権限設定を表します。この画面では「ポリシー」を選択し、グループに割り当てたい権限を決定します。

　例としてここでは「AmazonEC2FullAccess」を選択し、「次のステップ」ボタンをクリックします。確認画面で内容を確認し、グループの作成ボタンをクリックするとグループが作成され、グループ一覧に新しいグループができていることが確認できます。

　また、グループ名をクリックすると、グループ詳細画面に設定した内容が表示されます。アタッチしたポリシーは編集や削除を行うことができ、新しいポリシーを追加することもできます。

✚ グループへのユーザ追加

　先ほど作成したグループにユーザを追加してみましょう。画面左メニューの「グループ」を選択し、グループ一覧からユーザを追加したいグループをダブルクリックします。ユーザエリアにある「グループにユーザーを追加」ボタンをクリックすると、ユーザ一覧が表示されるので、追加したいユーザを選択して「ユーザの追加」ボタンをクリックします。

　これでグループ詳細画面に所属ユーザとして表示され、ユーザにはこのグループの権限が与えられたことになります（**図10.2**）。

図10.2 グループへのユーザ追加

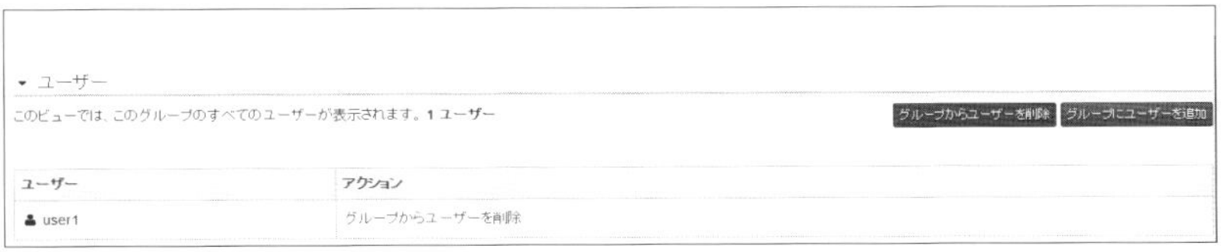

ユーザー	アクション
user1	グループからユーザーを削除

10.3 IAM権限の管理

権限の種類

グループの作成に伴って権限を作成しましたが、権限にはユーザベースとリソースベースの2種類の権限があります。

ユーザベースの権限

ユーザベースの権限では、IAMのユーザ、グループまたはロールに対して権限の付与を行います。たとえば、以下のようなケースがそれにあたります。

- ユーザAは、EC2のインスタンスXのフルアクセスとS3のすべてのリード権限を持つ
- グループBは、IAM以外のすべてのリソースのフルアクセス権限を持つ
- ロールCは、S3のYバケット内のZというオブジェクトの読み取り権限だけを持つ

ユーザベースの権限は、IAMコンソールやIAMのAPIで設定します。

リソースベースの権限

S3、SQS、SNSに限り、そのリソースにアクセスできるユーザの設定をすることができます。たとえば、例として以下のように設定できます。

- S3のmy-videoバケットのjp/my-movie.movは221.212.5.36からのアクセスに限り読み取り権限を持つ
- SQSのmy-queueはmy-iamユーザだけがフルアクセス権限を持つ

第10章 アクセス権限の管理（IAM）

リソースベースの権限設定は、各リソースのコンソールやAPIで行います。

ポリシー

ポリシーとは前述した通り、アクセス権限を記したひとかたまりの設定を指し、JSON形式のテキストで表現されます。IAMや一部のリソースの権限は間接的、または直接的にこのポリシーを設定して付与することになります。以下はEC2のすべてのリソースに対してのすべての操作を許可する場合のポリシーの例です。

```
{
  "Version": "2012-10-17",
  "Statement": [
    {
      "Effect": "Allow",
      "Action": "ec2:*",
      "Resource": "*"
    }
  ]
}
```

ポリシーは、権限の単位であるステートメントの配列から構成されています。ステートメントには、主に以下の3つの要素で構成されています。

✚ Action

Actionは対象となるアクションです。ec2:StopInstances（EC2インスタンスの停止）、s3:PutObject（S3へのアップロード）などのアクションを指定します。

✚ Effect

Effectでは、アクションを許可する（Allow）または拒否する（Deny）を決めます。

✚ Resource

Resourceは、アクションの対象になるAWSのリソースです。ほぼすべてのAWSリソースはARNを持っています。

- 特定のEC2インスタンス：arn:aws:ec2:リージョン名:アカウントID:instance/インスタンスID

- 特定のS3バケットの指定パス：arn:aws:s3:::S3バケット名/S3オブジェクトパス

ポリシーでは、これらの要素を使用して複雑な権限を設定していきます。

ポリシーは画面左メニューのポリシーで管理できます。 ポリシーの作成 ボタンをクリックすると、ポリシー作成方法の選択画面が表示され、「AWS管理ポリシーをコピー」「Policy Generator」「独自のポリシーを作成」の3つの選択肢から選べます。

AWS管理ポリシー

AWS管理ポリシーは、すでに用意されているプリセットのことで、そのままグループやユーザーにアタッチすることもでき、また新しくポリシーを作成する際に、カスタマイズして利用することもできます。

AWS管理ポリシーではIAMユーザ、グループ、ロールへの権限設定で使用できます。 AWS管理ポリシーをコピー を選ぶと、プリセットで用意したポリシーの一覧が表示され、編集元になるポリシーを選択するとJSONの編集画面が現れます。 適宜修正をしてポリシーの作成 ボタンをクリックすると、ポリシー一覧で作成したポリシーを確認できます。

AWS Policy Generatorの利用

AWS Policy Generatorは、ポリシーの実際の構成要素をGUIで選択して組み立てていくツールです。

✚ AWS Policy Generatorの選択

ポリシー画面でポリシーを作成する際に Policy Generator を選択すると、AWS Policy Generatorのページが表示されます（図10.3）。

第10章 アクセス権限の管理(IAM)

図10.3 AWS Policy Generator

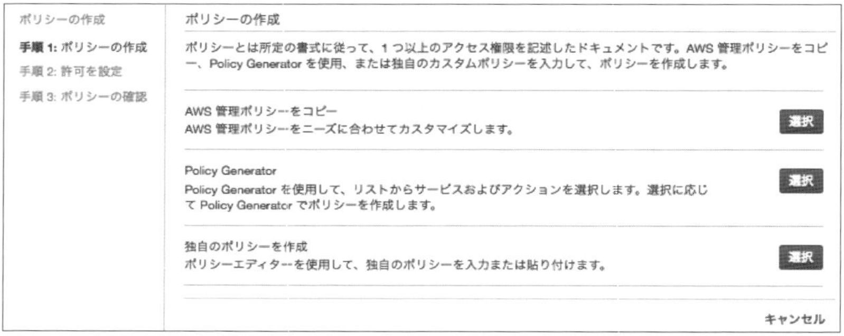

◆ ステートメントの追加

次のステップはステートメントの作成と追加です。まずは 効果 で「Allow(許可)」か「Deny(拒否)」を選択します。次に AWSサービス で対象のサービスを選択すると、 アクション の選択肢がそのサービスのアクションに変わるので、その中から対象となるアクションを選択し、 Amazonリソースネーム(ARN) にARN名を記述します(**図10.4**)。たとえば、リージョン名が「ap-」を含む場合に限るなど条件付けしたい場合は、 条件の追加 のリンクを使用して条件を指定します。

図10.4 ステートメントの追加

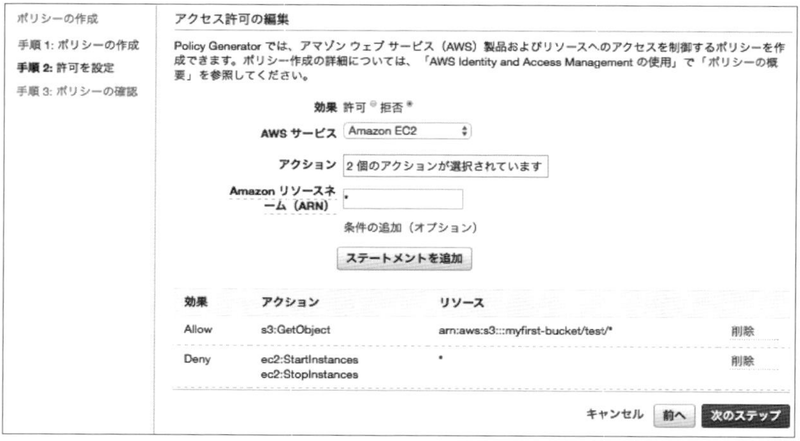

最後に ステートメントを追加 ボタンをクリックすると、下部にステートメントが追加されます。必要な設定の数だけこのステップを繰り返します。

312

10.3 IAM権限の管理

ここでは**表10.1**のように設定しています(リソースのARNは各自のリソースを指定してください)。

表10.1 ステートメントの追加例

効果	アクション	リソース	コンディション
許可	s3:GetObject	arn:aws:s3:::myfirst-bucket/test/*	なし
拒否	ec2:StartInstances, ec2:StopInstances	*	なし

➕ ポリシーの生成

最後はここまでの設定をポリシーのJSONテキストとして生成します。**次のステップ**ボタンをクリックします。

すると、ポリシードキュメントのページが表示されテキストエリアにポリシーのJSONが表示されます(**図10.5**)。テキストエリアのポリシーは直接編集が可能です。

図10.5 ポリシーの生成

実際に編集してみましょう。EC2のターミネイトも禁止したいので、禁止アクションを追加して**リスト10.1**のように編集します。

313

第10章 アクセス権限の管理(IAM)

リスト10.1 ポリシーの設定例

```
{
  "Version": "2012-10-17",
  "Statement": [
    {
      "Sid": "Stmt1410044003000",
      "Effect": "Allow",
      "Action": [
        "s3:GetObject"
      ],
      "Resource": [
        "arn:aws:s3:::myfirst-bucket/test/*"
      ]
    },
    {
      "Sid": "Stmt1410044027000",
      "Effect": "Deny",
      "Action": [
        "ec2:StartInstances",
        "ec2:StopInstances",
        "ec2:TerminateInstances"
      ],
      "Resource": [
        "*"
      ]
    }
  ]
}
```

直接記述することで細かい権限設定を行うことができます。慣れてきたら、 ポリシーの作成 で「独自のポリシーを作成」を選択してゼロから書き始めるのもよいでしょう。

最初のうちは土台となる大まかな設定をポリシーのコピーやAWS Policy Generatorで作成してから、直接編集するとスムーズに権限の設定ができるかと思います。

最後に ポリシーの作成 ボタンをクリックすると、ポリシー一覧にユーザ作成のポリシーが追加されます。

ここで先ほどのグループの詳細画面で ポリシーのアタッチ から今作成したグループを選択してアタッチすると、グループに新しいポリシーが追加されます(**図10.6**)。

10.4 サインイン

図10.6 ポリシーの追加

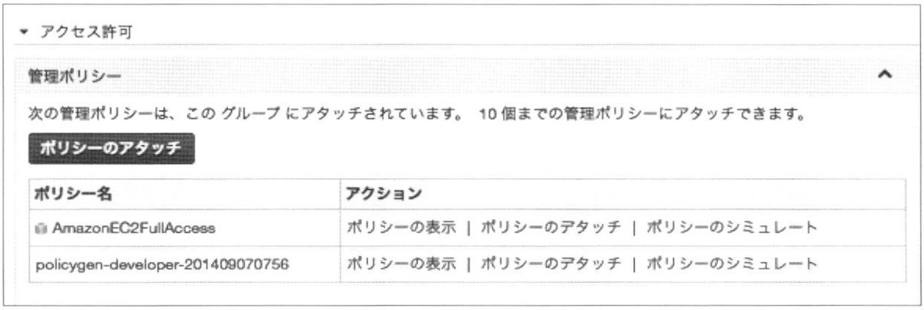

ポリシーテンプレートで設定したEC2のフルアクセス権限がある一方、新たにEC2インスタンスのスタート、ストップ、ターミネイトを追加しました。ポリシーの基本的な原則として、明示的にステートメントを指定しない限りデフォルトで拒否になります。

また同じリソース、アクションに対して許可と拒否の明示的なステートメントが混在している場合、拒否が優先されます。結果として、EC2に対してスタート、ストップ、ターミネイト以外のすべてのアクションが許可されることになります。

パスワードポリシーの設定

ここまでIAMユーザを作成し、所属グループに権限を割り当てました。このIAMユーザで実際にサインインをしてみましょう。

IAMユーザでサインインするには、パスワードを設定する必要があります。このままでもIAMユーザにパスワードを設定できますが、その前にアカウント全体のパスワードポリシーを設定してみましょう。

パスワードポリシーとは、アカウント全体でユーザのパスワードの書式やライフサイクルなどを決めるルールです。会社やプロジェクトなどによって、セキュリティ基準はそれぞれです。パスワードポリシーでは、たとえば、12文字以上で大文字アルファベット1文字以上を含んだパスワードしか認めないよう

第10章 アクセス権限の管理（IAM）

にするなどの設定が可能です。

　パスワードポリシーを設定していきます。画面左メニューの アカウント設定 を選択してパスワードポリシー画面を開きます。デフォルトのパスワードポリシーは以下の通りです。

- 6文字以上
- ユーザは自分のパスワードが変更されるのを許可

　ここでは、**表10.2**にあるようにパスワードの設定を変更してみましょう（**図10.7**）。

表10.2 パスワードポリシーの設定例

変更内容	設定項目	設定例
12文字以上にする	パスワードの最小長	12
1文字以上の大文字を含む	少なくとも1つの大文字が必要	チェックを入れる
1文字以上の小文字を含む	少なくとも1つの小文字が必要	チェックを入れない
1文字以上の数字を含む	少なくとも1つの数字が必要	チェックを入れる
1文字以上の英数字以外の文字を含む	少なくとも1つの英数字以外の文字が必要	チェックを入れない
ユーザは自分のパスワードを変更できる	ユーザにパスワードの変更を許可	チェックを入れる
パスワードの有効期限は30日	パスワードの失効を許可	チェックを入れる
	パスワードの有効期間	30
変更する場合、同じパスワードは過去5回の間は再利用できない	パスワードの再利用を禁止	チェックを入れる
	記憶するパスワードの数	5
ユーザは自分のパスワードを変更できる	パスワードの有効期限で管理者のリセットが必要	チェックを入れない

図10.7 パスワードポリシーの設定

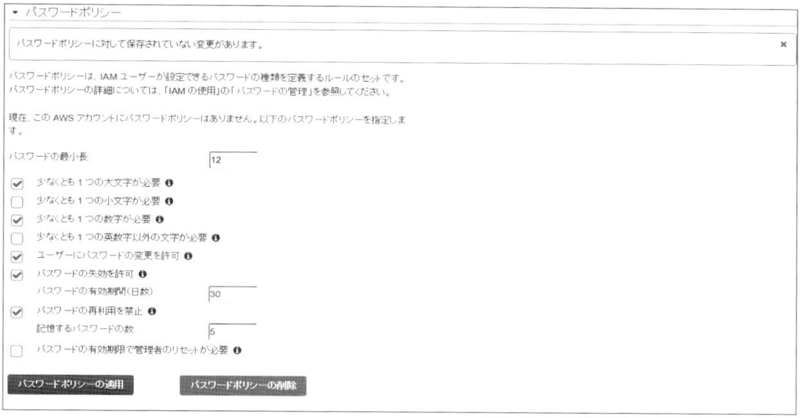

設定完了後に パスワードポリシーの適用 ボタンをクリックして設定を適用します。

これによって、ユーザにパスワードを入力させる場合や、パスワード付与権限を持つ管理ユーザに対して、パスワード入力のルールを強制させることができます。

パスワードの設定

パスワードポリシーの設定が完了したら、IAMユーザにパスワードを設定します。作成されたIAMユーザにはまだパスワードがないため、このままではサインインできません。画面左メニューの ユーザー を選択し、認証情報画面の サインイン認証情報 にある パスワードの管理ボタン をクリックします。

すると、サインインパスワード管理ページが表示されます。デフォルトでは 自動作成パスワードの割り当て にチェックが入っていますが、カスタムパスワードの割り当て にチェックを入れて、パスワード と パスワードの確認 に、自分でパスワードを入力します（図10.8）。ここで、先ほど設定したパスワードポリシーに反する入力はエラーになります。

第10章 アクセス権限の管理(IAM)

図10.8　パスワードの設定

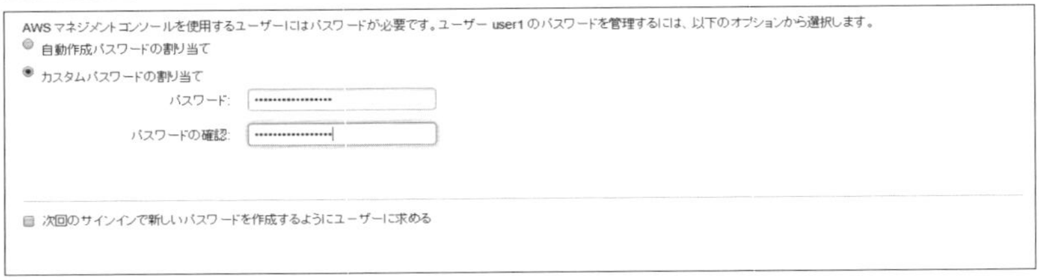

また、**次回のサインインで新しいパスワードを作成するようにユーザーに求める**にチェックを入れると、初回サインイン成功後に新しいパスワードに変更するための入力を求められます。

IAMユーザのサインイン

IAMユーザでサインインするには、IAMユーザ用のサインインURLを使用します。ルートアカウントの画面左メニューの**ダッシュボード**を選択すると、IAMのトップ画面にIAMユーザ用のURLが表示されています。このURLは以下の形式となっています。

```
https://あなたのAWSアカウントID.signin.aws.amazon.com/console
```

URLにアカウントIDがあると覚えにくいという場合は、ダッシュボードに記載されているURLの右側にある**カスタマイズ**をクリックし、**アカウントエイリアス**に任意の文字列を入力することで、アカウントIDの部分をわかりやすいURLにすることも可能です(**図10.9**)。

図10.9　IAMユーザ用URLの変更

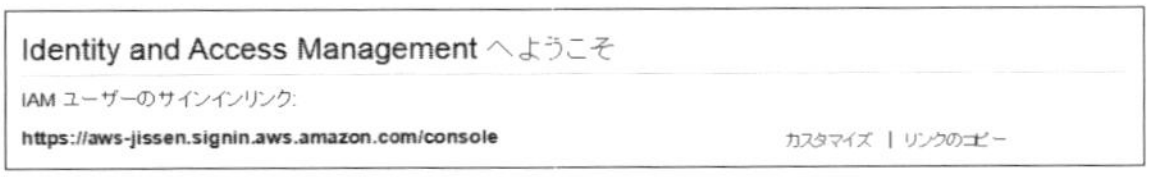

IAMユーザを使用する担当者にこのURLを知らせ、ブラウザでアクセスしてもらうと、ルートアカウントと違ったサインインページが表示されます。このページでは、アカウント欄にAWSアカウントID、もしくはアカウントエイリアスが入力済みになっています。**アカウント**に先ほど作成したIAMユーザ名、**パスワード**にその際設定したパスワードを入力して**サインイン**ボタンをクリックすれば、IAMユーザでサインインができます。

ここで、先ほど設定した権限を試してみましょう。任意のEC2インスタンスをターミネイトしてみると、図10.10のようなエラーになり権限が絞られていることがわかります。

図10.10　ターミネイトのエラー

このように限られた権限のユーザを利用することにより、万が一、IAMユーザの認証情報が悪意のある第三者に渡った場合でも被害を最小限に抑えることができます。

MFAの有効化

これまででIAMユーザを利用することで権限を制限し、セキュリティをアップすることができました。次はサインイン認証時に、MFA（*Multi Factor Authorization*）を利用することで、より安全にサインインする方法を紹介します。

MFAは多要素認証と呼ばれ、通常のサインイン項目のほかにアクティベートされたデバイスに表示されるトークンも入力させることで、そのデバイスの保持者でないとサインインできないというしくみです。安全な認証方式としてGoogleやDropboxなどのサービスでも採用されています。

MFAで使用するデバイスには、専用のMFA端末を用いるハードウェアMFAデバイスと、スマートフォンなどのアプリとして動作するバーチャルMFAデバイスがあります。

今回はバーチャルMFAデバイスとしてGoogle Authenticatorを使用します。iPhoneやAndroidのアプリとしてGoogleが提供していますので、自分のスマートフォンにインストールしておきましょう。

アカウントのルートユーザの場合は、グローバルヘッダのユーザ名のプルダ

第10章 アクセス権限の管理（IAM）

ウンから 認証情報 をクリックし、表示されたルートユーザ用のセキュリティページを表示し、 Multi-Factor Authentication（MFA） で MFAの有効化 ボタンをクリックします。

IAMユーザのMFAの場合は、画面左メニューの ユーザ を選択し、作成したIAMユーザをクリックすると出てくる認証情報画面の MFAのデバイス管理 ボタンをクリックします。

ルートユーザ、IAMユーザのどちらの場合も、 仮想MFAデバイス か ハードウェアMFAデバイス を選択できます。ここでは 仮想MFAデバイス にチェックが入っていることを確認して、 次のステップ ボタンをクリックします（**図10.11**）。

図10.11　MFAデバイスの設定

次の画面では、スマートフォンにAWSのMFAと互換性のあるアプリケーションをインストールをするようにという指示がありますので、そのまま 次のステップ ボタンをクリックします。

すると次の画面にQRコードが表示されます（**図10.12**）。

サインイン **10.4**

図10.12 QRコードの表示

ここで、手元のスマートフォンにインストールしたGoogle Authenticatorを起動します。⊞ボタンを押してバーコードをスキャンを選び、このQRコードを写します。するとルートユーザの場合は以下のようにトークンが表示されます。

root-account-mfa-device@アカウントIDまたはアカウントエイリアス

IAMユーザの場合は以下のようにトークンが表示されます。

IAMユーザ名@アカウントIDまたはアカウントエイリアス

このトークンは一定時間で期限が切れてしまい、トークンが表示されていきます(**図10.13**)。

図10.13 トークンの表示

この一定時間で変わっていくトークンを連続で2つ、QRコードのページの 認証コード1 と 認証コード2 に入力し、 次のステップ ボタンをクリックします。

321

第10章 アクセス権限の管理（IAM）

するとデバイスが正しくアクティベートされた旨を示すメッセージが表示されます。これによってMFAを登録できます。

次回以降サインインする場合は、ユーザおよびパスワードを入力後に、MFAの認証コードの入力を促されます。その時点でMFAに表示されているトークンを入力してサインインしてください。IAMユーザの場合は、MFAトークンを持っている旨のリンクがあるのでクリックし、MFAトークンの入力欄を表示させて入力してください。

これで万が一ユーザやメールアドレスとパスワードが漏洩してもデバイスを盗まれない限りはサインインできません。少なくともアカウントのルートユーザにはMFAを設定するようにしましょう。

> **Column**
> ## CloudTrail
>
> 　IAMの機能ではありませんが、AWSのサービスの一つであるCloudTrailを使用すると、コンソール操作を含めたAWSのAPI呼び出しをJSON形式のログとして記録し、指定のS3バケットに保存できます。
>
> 　複数のユーザがいる場合、それぞれがアカウントに対して行った作業を全体として確認したい場合や、認証情報などの漏洩によりAWSのアカウントが不正なアクセスを受けた可能性がある場合に、CloudTrailのログを確認することでアカウントのリソースにどのようなアクションがあったのかを知ることができます。
>
> 　CloudTrailの設定は簡単です。CloudTrailのコンソールを開いて既存もしくは新規S3バケットやログファイル名のプリフィクスなど数項目を指定するだけでログの観測が可能になります。問題や不明点があった場合に、あとから調査、判断するための材料としてCloudTrailの利用をお勧めします。

10.5 APIアクセス権限の管理

アクセスキーの設定

本章では、ほとんどマネジメントコンソールを通じてAWSのリソースをコントロールしてきましたが、裏側ではすべてAPIがコールされています。

AWSを利用するユーザアプリケーションの場合、AWSの各言語のSDKを利用したり、AWS CLIを使用してAWSのリソースにアクセスします。

これらSDKやAWS CLIは、グラフィカルなインタフェースではないので、マネジメントコンソールのように画面でサインインしません。SDKやAWS CLIでアクセスする場合は、アクセスキーとシークレットキーという専用のキーで認証します。アクセスキーとシークレットキーは、本章でIAMユーザを作成したときのように、ユーザごとに発行されます。

アクセスキーやシークレットキーもコンソールの認証情報と同じように悪意のある第三者に漏洩した場合、自分のAWSリソースを悪用されてしまうおそれがあります。そのため、アクセスキーとシークレットキーは1ユーザにつき複数作成でき、削除したり、有効／無効を切り替えてローテーションさせたりすることができます。

アクセスキーの追加、削除、有効無効の切り替えは、ユーザ詳細ページの認証情報画面にあるアクセスキーというエリアでコントロールします。

アクセスキー、シークレットキーを追加する場合は、 Create Access Key ボタン、有効／無効を切り替えるには Make InActive 、削除するには Delete をクリックします。またIAMユーザ作成の際にも触れましたが、シークレットキーはアクセスキー作成の直後にしかダウンロードできないため、必ずダウンロードし、大切に保管してください。

10.6 ロールの管理

ロールの作成

IAMにはユーザ、グループのほかにロールという要素があります。ロールにも権限を設定できますが、ユーザのオペレーションにはロールは関与しません。ロールを使用するのは、ユーザのアプリケーションやEC2などのAWSリソースです。また、ロールは恒久的な認証情報ではなく一時的な認証情報です。

ロールを与えられたリソースやプログラムは、間接的に一時的な認証情報を得てAWSのAPIにアクセスを行うため、アクセスキーやシークレットキーを直接保持するよりも安全で、キー管理を考える必要がなくなり、アプリケーシ

第10章 アクセス権限の管理（IAM）

ョンやインスタンスの扱いが楽になります。

3章においてバックアップスクリプトをAWS CLIで使用した際に、アクセスキーとシークレットキーを記述した設定ファイルを利用してAPIにアクセスしましたが、ロールを使うとその必要がなくなります。

それではロールの作成を行ってみましょう。今回は、EC2からEBSのボリュームを参照できるようにしてみます。ロールは作成の手順はグループの作成とたいへん似ています。画面左メニューの ロール をクリックし、新しいロールの作成 ボタンをクリックします。ロール名の設定画面で ロール名 に名前を入力して 次のステップ ボタンをクリックします。

次にロールタイプを選択します。デフォルトで AWSサービスロール にチェックが入っているのを確認してから、ここではEC2インスタンスへロールを割り当てるので、「Amazon EC2」の 選択 ボタンをクリックします（図10.14）。

図10.14 ロールタイプの選択

次のポリシーのアタッチ画面では、テンプレートを元にしても、ゼロからのカスタムでもかまわないので、EC2へのリード権限を**リスト10.2**のように設定します。

リスト10.2 EC2へのリード権限の設定例

```
{
  "Version": "2012-10-17",
  "Statement": [
    {
      "Effect": "Allow",
      "Action": [
        "ec2:Get*",
```

```
      "ec2:Describe*"
    ],
    "Resource": "*"
  }
 ]
}
```

 ここまでできたら、**次のステップ**ボタンをクリックして、内容の確認を行ったあと、**ロールの作成**ボタンをクリックすればロールの作成が完了します。

EC2インスタンスへのロール付与

 次に、新しいインスタンスをAmazon Linux AMIから起動します。インスタンスタイプを選択したあと、インスタンス設定の画面に**IAMロール**という項目があります。選択肢を確認してみると、先ほど作成したロールの名前があることが確認できるはずです。

 これを選択し、あとは通常通りの手順を進めてインスタンスを起動します。これでこのインスタンスにEC2のリード権限を与えられたことになります。

ロールによるAWS CLIの利用

 先ほど作成したインスタンスにSSHでサインインし、以下のコマンドを実行すると、結果が返ってくるはずです。

```
$ aws ec2 describe-volumes --region ap-northeast-1
{
    "Volumes": [
        {
            "AvailabilityZone": "ap-northeast-1b",
            "Attachments": [
                {
                    "AttachTime": "2014-08-24T18:18:06.000Z",
                    "InstanceId": "i-78a2ce61",
                    "VolumeId": "vol-ae860ca4",
                    "State": "attached",
                    "DeleteOnTermination": false,
                    "Device": "/dev/sdk"
                }
(略)
            }
```

第10章 アクセス権限の管理（IAM）

```
    ]
}
```

このようにロールを使用すると、EC2インスタンスなどのAWSリソースからアクセスキーとシークレットキーなしでAWSのAPIにアクセスできます。

> **Column**
>
> ## そのほかのIAM機能
>
> 本章ではIAMの機能について解説してきましたが、その他にもいろいろな機能を備えています。ここではその一部を簡単に紹介します。
>
> **クロスアカウントアクセス許可**
> IAMロールの機能を利用すると、別のアカウントに権限を絞ってアクセスの許可を与えることができます。
>
> **IDフェデレーション**
> 社内のシステムなどですでに社員がIDを持っている場合、IAMロールの機能を通じてAWSへのアクセス権限を社内IDに対して付与できます。また、社内のIDシステムがSAML（*Security Assertion Markup Language*）をサポートしている場合、SAMLを利用してAWSコンソールへのシングルサインオンを行うことも可能です。

10.7 まとめ

本章では、AWSのサービスやリソースを安全に利用するために必要なIAMによるアクセス権限のコントロールについて説明しました。AWSのバックエンドはさまざまなセキュリティによって堅牢に守られていますが、アカウントとそこで構築するユーザのサービスのセキュリティレベルをコントロールするのはユーザ自身です。要件に応じて適切な設定を行い、柔軟かつセキュアな構成を心がけましょう。

第11章 ビリング(Billing)

第11章 ビリング(Billing)

AWSのサービスは従量課金となっているため、サービスを使った分だけ課金されることになります。本章では、AWSの課金の種別や確認方法について解説します。

11.1 料金の考え方

AWS利用料金はすべて、従量課金モデルで成り立っています。これは電気料金や水道料金に例えると理解しやすく、「使ったら使った分だけ」の課金が発生します。また、AWSの利用料金はクレジットカードでの支払いが基本となります。利用にあたってはこれらの前提事項を十分に理解したうえで、最適なコストでの利用を進める必要があります。

本章では、ビリングの基本の理解と最適コスト運用の方法について説明します。

AWSの料金の基本

AWSの利用料金は、基本的に1時間単位の従量課金モデルで成り立っています[注1]。最も利用ユーザが多いと言われるEC2の場合、課金の対象となるのは以下の4点です。

- 稼働時間
- データ量
- データ転送量
- ディスクI/O

各サービスごとに単価が定められており、この単価はすべてのユーザに公開され、平等に提供されます。

- AWS 課金体系と見積り方法について
  http://aws.amazon.com/jp/how-to-understand-pricing/

注1 サービスの中には、Amazon WorkSpaces(クラウド上の仮想デスクトップサービス)やAmazon WorkDocs(完全マネージド型のセキュアなエンタープライズストレージおよび共有サービス)など月額課金固定料金のものもあります。

11.1 料金の考え方

たとえば、月額単位の従量課金モデルであるS3を東京リージョンで利用した場合、単価は$0.033/GBです（2015年9月現在）。つまり、S3に1GBのデータを1ヵ月間保管しておくと、$0.033の課金が発生します。実はAWS側ではさらに細かく従量計算を行っており、たとえば1GBのデータを半月間だけS3に保管した場合、$0.033*1/2の利用料金が課金されます。

AWSの明細を確認すると「おや？」と思うこともありますが、上記のように詳細な計算が行われていることがその理由です。

データ転送量課金モデルの例

図11.1は東京リージョンにおけるデータ転送量課金モデルです。サービス間のデータ転送によって料金が設定されていることがわかると思います。

図11.1 東京リージョン内で利用した場合のデータ転送量課金モデル参考図（2015年9月時点）

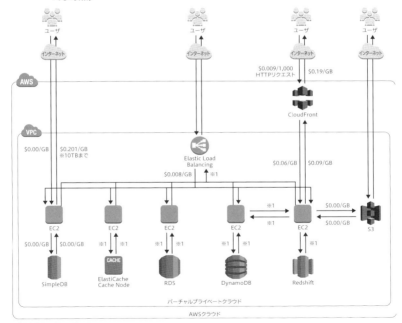

第11章 ビリング(Billing)

従量課金モデル料金の種別

AWSでは、いくつかのサービスにおいて特別な課金モデルが提供されています。本節では、EC2における課金モデルをベースに解説します。

✚ オンデマンドインスタンス

オンデマンドインスタンスは、従量課金モデルの中で標準として定義されているものです。「AWSの定価」と位置付けるとわかりやすいでしょう。

✚ リザーブドインスタンス

リザーブドインスタンスは、従量課金モデルのうち、予約金を支払うことで割引の権利を得ることができるものです。これは割引クーポン券を購入するのと似ており、購入するクーポン券の金額が大きければ大きいものほど、割引率も大きくなります。

リザーブドインスタンスのモデルは、**表11.1**に挙げた3つに分類されます。期間は1年または3年から選択できます。3年を購入した場合、3年間の間に価格変更があった場合や、インスタンスファミリータイプを変更したい場合に不都合が生じる可能性もあるため、1年を選択することを推奨します。また、3つのリザーブドインスタンスはすべて月額固定金額となり、初期費用(予約金)を支払うことで割引価格でインスタンスを利用できます。

表11.1 リザーブドインスタンスのタイプ

タイプ	初期費用	月額費用
No Upfront[注a]	無料	10～20%の割引
Partial Upfront	オンデマンドインスタンス利用時のおよそ5ヵ月分	20～40%の割引
All Upfront	オンデマンドインスタンス利用時のおよそ9ヵ月分	30～50%の割引

注a　3年利用のリザーブドインスタンスではNo Upfrontは提供されていません。

リザーブドインスタンス購入時には、以下のポイントに留意しましょう。

- 購入する際は複数インスタンスを購入する
- 購入するタイミングを合わせる
- 購入するインスタンスのファミリーを合わせる

- インスタンスファミリー内では、リザーブドインスタンスを分け合うことができる

    たとえば、m3.largeインスタンスのAll Upfrontを1インスタンス分購入した場合、m3.mediumインスタンスのAll Upfront×2インスタンスに分配することが可能。そのため、複数のインスタンスを稼働している場合にリザーブドインスタンスを購入しておくと、いずれかのインスタンスに割引が適用されるため、恩恵に預かりやすくなる

- 3年ものの購入はよく吟味する

    一度購入したリザーブドインスタンスは、途中、AWSの値下げが発表されてもその恩恵を受けることができない（2015年9月現在）。これまでにAWSは42回以上の値下げを発表しており、今後も値下げを発表する可能性があるため、値下げの恩恵を受けたい場合は、1年のリザーブドインスタンスを購入することを推奨する

Column

リザーブドインスタンスの売買

自分が購入したリザーブドインスタンスをほかのユーザに売ったり、逆にほかのユーザが購入したリザーブドインスタンスを買ったりすることができます。

売買を行うには、アメリカに法人契約があることが前提となります。2015年9月現在は、まだ日本での利用ユーザは少なく、USリージョンを利用しているユーザが活発に利用しているようです。

✚ スポットインスタンス

スポットインスタンスは、開発環境や短期的に高度な処理能力のあるコンピュータを利用したい場合など、一時的な利用に適しています。利用を開始する時点で「支払える上限」をユーザが指定し、ほかのユーザがその指定した価格を上回る金額で利用を開始しない間は、継続してその設定した金額でサービスを利用できます。ただし、ほかのユーザが上回る金額を設定したその時点で、強制的にサービスを停止されるため注意が必要です。AWS CLIで現在のスポットインスタンスの価格履歴や現在稼働中のインスタンスの課金状況を取得できます。

ボリュームディスカウント

各種サービスにおいて、ボリュームディスカウントが適用されるものが存在します。これは、サービスの利用量が増えた場合に単価が安くなるもので、特にデータ量、データ転送量において適用されます。たとえばS3の場合は、**表11.2**のような単価でボリュームディスカウントを受けることができます[注2]。

注2　CloudFrontにおけるボリュームディスカウントはAWSに直接問い合わせ、交渉を行う必要があります。

第11章 ビリング（Billing）

表11.2　ボリュームディスカウント（1GBあたり、東京リージョンの場合）

ボリューム	価格
1TBまで	$0.033
1TB〜49TB未満	$0.0324
49TB〜450TB未満	$0.0319

11.2 請求

AWSの各種サービスの利用料金は、画面上部にあるアカウント名をクリックし、 請求とコスト管理 をクリックすると確認できます。

請求レポートの取得

請求レポートを取得するには、請求とコスト管理画面の左メニューの レポート をクリックし、 レポートを有効化 ボタンをクリックします。いったん有効化すると、 AWS使用状況レポート をクリックすることでXML形式やCSV形式でレポートをダウンロードできます。

一括請求（Consolidated Billing）

複数のAWSアカウントの料金を1つに束ねて管理や精算ができるサービスとしてConsolidated Billingが提供されています。

たとえば、企業の部署ごとにAWSの利用料金を管理したい場合や、サービスごとに利用料金を分けて管理したい場合などに利用できます。

Consolidated Billingでまとめられた複数のアカウントは、共有の概念のもとに成立し、1つのアカウントとして扱われます。そのため、Consolidated Billingで束ねられたアカウント全体の合計利用量に対し、ボリュームディスカウントが適用されます。より、低価格でのAWSの利用が実現できるようになります。

リザーブドインスタンスについても購入後、どのAWSアカウントのどのリソースに割り当てるかユーザで指定することはできず、合計利用料の一部にリザーブドインスタンスの価格が適用される形になります。

AWSから出力された明細のうち、東京リージョンで利用したリソース、東京リージョン以外のリージョンで利用したリソース、消費税の課税、非課税が表記されます。課税対象については、「CT」と記載され、非課税のものについては何も記載されません。

11.3 料金確認／料金試算ツール

　AWSの利用料金やリソース利用量などを確認するためのツールが数多く用意されています。本節では、その中でも主なものを簡単に紹介します。

請求とコスト管理（マネジメントコンソール）

　マネジメントコンソールで利用料金を確認するには、画面上部の 請求とコスト管理 をクリックします。最初に表示されている請求＆コスト管理ダッシュボード画面では、現在の月の利用料金やサービス別利用料金をグラフで確認できます。さらに、直近3ヵ月や特定の1日の利用料金を確認することも可能です。

　画面左メニューの コストエクスプローラー をクリックし、コストエクスプローラーを起動 をクリックすると、利用料金を期間指定、条件検索、グループ指定などを指定して、いろいろな種類のグラフで料金を確認できます。

✜ Trusted Advisor（マネジメントコンソール）

　Trusted Advisor[注3]では、自分のリソースの利用状況をグラフで確認できます（図11.2）。特に無駄なリソースの確認を行う際に適しています。たとえば、利用しないまま放置されているインスタンスやディスクなども確認でき、それらを削除することによってコストの最適化を図ることができます。

注3　https://aws.amazon.com/support/trustedadvisor

第11章 ビリング（Billing）

図11.2 Trusted Advisor

Trusted Advisorを起動するには、マネジメントコンソールのトップ画面から Trusted Advisor をクリックします。コスト最適化を行いたい場合は、Trusted Advisorダッシュボード画面で コスト最適化 のアイコンをクリックします。ここで利用率の低いインスタンスや、配下にインスタンスが存在しないELB、まったく利用されていないEBS Volumeなどを確認し、整理することによって料金の最適化を実現できます。

✚ Salesforce

Salesforce[注4]では、AWSのリソース状況をAPIで取得してグラフ化し、そのグラフを閲覧できます。

これまでは、各プロジェクトにおけるインフラコストを明らかにして管理することは非常に困難な作業でした。しかし、Salesforceでプロジェクトの採算管理を行い、SalesforceとAWSをAPIで連携させることによって、個々のプロジェクトに対するリソースの仕入れコストを簡単に確認でき、コストの見える化を容易に実現できます。

✚ Which Instance?

Which Instance?[注5]は、リザーブドインスタンスの購入試算ができるサービスです（**図11.3**）。ユーザの利用状況に応じて、どのリザーブドインスタンスを購入するのが最適かなどを事前に確認し、試算できます。

注4　http://www.salesforce.com/
注5　http://whichinstance.com/

11.3 料金確認／料金試算ツール

図11.3　Which Instance?

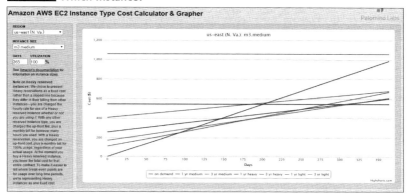

✚ Cloudability

Cloudability[注6]は、AWSの利用料金の可視化、アラートに特化したサービスとして提供されています。複数の異なるAWSアカウントの請求状況を一元管理することも可能です。

✚ Simple Monthly Calculator

Simple Monthly Calculator[注7]は、AWSが公式に提供する試算ツールでブラウザから利用できます。一度保存／共有用にURLを発行すると、それを削除する方法はありませんので、URL発行時の名前付けには留意してください。

✚ AWS Total Cost of Ownership(TCO) Calculator

AWS Total Cost of Ownership(TCO) Calculator[注8]は、オンプレミスまたは仮想化環境で同環境を用意した場合のコスト比較を行うことができます。稼働にかかるコストだけでなく、資産コストも算出できます。

注6　https://cloudability.com/
注7　http://calculator.s3.amazonaws.com/index.html
注8　https://awstcocalculator.com/

第11章 ビリング(Billing)

11.4 サポートとフォーラム

請求とは直接は関係ありませんが、障害などが発生した際に役立つサポート契約やフォーラムについて解説します。

AWSサポート

AWSサポート[注9]は、AWSが提供しているするサポート窓口で、以下の4種類が提供されています。

- ベーシック
- 開発者
- ビジネス
- エンタープライズ

AWSの各種サービスについて、AWSに在籍するエンジニアによるサポートが提供されています。AWSのリソースに関する問い合わせについては非常にすばやく、かつ詳しい回答を得られるため、本番環境でAWSを活用する場合は契約しておくことを推奨します。また、障害が発生した場合などでは、サポート契約がないと原因調査までに時間がかかる可能性もあるため、その点からもサポート契約は必須であると言ってよいでしょう。エンタープライズサポートにおいては、TAM(Technical Account Manager)がアサインされ、スピード、内容において非常に質の高いサポートを受けることが可能です。

AWS Forums

AWS Forums[注10]は、AWSのユーザによる掲示板サイトです。以下の約束ごとを守れるユーザであればいつでも好きに利用できます。

- Honesty
- Respect
- Productivity

注9　https://aws.amazon.com/jp/premiumsupport/
注10　https://forums.aws.amazon.com/

AWSサポートと異なり、AWSを利用するすべてのユーザが平等に投稿できる代わりに、正式な返答や返答の期限を要求することは難しくなります。あくまでユーザ同士の意見交換、知識共有の場として活用することが望ましいでしょう。

JAWS-UG

JAWS-UG[注11]は、日本国内におけるAWSのユーザグループの名称です。AWS Japan User Groupの頭文字をとって「JAWS-UG」と呼ばれています。各地、各ジェンダーで開催されており、参加は基本的に自由です。JAWS-UGの決まり事や共有ロゴはGitHub[注12]上で公開されています。

E-JAWS

E-JAWS(*Enterprise JAWS-UG*)は、エンタープライズ系のユーザ企業によって発足したコミュニティです。入会条件として企業規模や職種などが限定されており、特定のユーザ企業のみの参加が認められています。また、参加企業間ではNDAが締結されており、内部で公開された情報は基本的に外部には公表されません。

契約と公開情報

AWSを利用する前には、必ずAWSが公開する契約内容を確認しておく必要があります。いわばWebサービスを利用するときの利用規約と同意であり、各種リソースをより活用するためには必須と言えるでしょう。

日本のユーザは契約について軽視したり、ベンダー頼りにする傾向がありますが、どのようなベンダーを通すのか、ベンダーとどのような契約を交わすのかを問わず、AWSのリソースを利用する場合は、「必ず」AWSが公開する契約内容を確認、承認しておいてください。

AWSの各種規約／法務関連[注13]には、以下のものがあります。

注11　http://jaws-ug.jp/
注12　https://github.com/jaws-ug
注13　https://aws.amazon.com/jp/legal/

第11章 ビリング（Billing）

- AWS カスタマーアグリーメント
- AWS サービス条件
- AWS 適正利用規約
- AWS 商標使用ガイドライン
- AWS サイト規約
- AWS プライバシー規約
- AWS Tax Help

また、特にセキュリティやファシリティ面についての公開情報は以下のドキュメントで収集できます。

- Security at Scale: Governance in AWS[注14]
- Security at Scale; Logging in AWS[注15]
- AWS リスクおよびコンプライアンス[注16]

11.5 まとめ

　本章では、AWSの利用料金の考え方、利用方法、そしてAWSを利用するための契約についてを見てきました。AWSの利用料金の基本をよく知り、適切なコストで利用することがサービスのメリットをより多く享受することが可能になります。さらに最適コストでの運用を実現しましょう。

注14　https://media.amazonwebservices.com/AWS_Security_at_Scale_Governance_in_AWS.pdf
注15　https://media.amazonwebservices.com/AWS_Security_at_Scale_Logging_in_AWS.pdf
注16　http://media.amazonwebservices.com/jp/wp/AWS_Risk_and_Compliance_Whitepaper.pdf

索引

A

A 84
AAAA 84
ACL 143
Action 310
Address Record 84
All Upfront 330
Amazon Linux AMI 17
Amazon Machine Image 11
Amazon Relational Database Service 190
Amazon Resource Name 306
Amazon Simple Storage Service 140
Amazon Virtual Private Cloud 112
Amazon Web Services 2
Amazonマーケットプレイス 67
AMI 11
AMI ID 37
Anycast IPアドレス 76
ARN 306
Aurora 191
Auto Scaling 273
Auto Scalingグループ 277
autoscaling attach-instancesコマンド 302
autoscaling create-auto-scaling-groupコマンド 294
autoscaling create-launch-configurationコマンド ... 293
autoscaling delete-auto-scaling-groupコマンド 298
autoscaling delete-launch-configurationコマンド ... 298
autoscaling delete-notification-configurationコマンド ... 297
autoscaling detach-instancesコマンド 302
autoscaling enter-standbyコマンド 301
autoscaling exit-standbyコマンド 301
autoscaling put-notification-configurationコマンド ... 296
autoscaling put-scalingpolicyコマンド 295
autoscaling put-scheduled-update-group-actionコマンド ... 299
AWS 2
AWS API 35
AWS CLI 35
AWS Forums 336
AWS Policy Generator 311
AWSサポート 336
AWSシンプルアイコン 114
AWS管理ポリシー 311

B

BGP 127
BIND 76
bindtoroute53.pl 87
Border Gateway Protocol 127

C

Cannonical Name Record 84

Cassandra ... 61
CDN ... 170
CGW ... 126
Chef ... 73
CIDR ブロック ... 116
Cloudability ... 335
CloudFormation ... 71
CloudFormer ... 71
CloudFront ... 170
cloudfront get-distributionconfigコマンド ... 179
CloudFrontコマンド ... 176
CloudHSM ... 67
cloud-init ... 68
CloudTrail ... 322
CloudWatch ... 272
cloudwatch delete-alarmsコマンド ... 297
cloudwatch put-metric-alarmコマンド ... 295
CloudWatchアラーム ... 278
CNAME ... 84
Consolidated Billing ... 332
Contents Delivery Network ... 170
Cookie ... 266
Coordinated Universal Time ... 208
CRUD ... 30
cryptsetupコマンド ... 65
Customer GateWay ... 126

D

DBインスタンス ... 198
DBオプショングループ ... 194, 207
DBサブネットグループ ... 196
DBセキュリティグループ ... 192
DBパラメータグループ ... 193, 206
DBログ ... 240
DHCP ... 120
DNS ... 76
dnscurl.pl ... 88
DNSフェイルオーバー ... 92
DNSレコード ... 77
Domain Name System ... 76
dumpデータ ... 204

E

EBS ... 12
EBS-Backedインスタンス ... 49
EBS最適化オプション ... 58
EC2 ... 10
ec2 allocate-addressコマンド ... 40
ec2 associate-addressコマンド ... 40
ec2 attach-internet-gatewayコマンド ... 124
ec2 attach-vpn-gatewayコマンド ... 131
ec2 create-customer-gatewayコマンド ... 128
ec2 create-imageコマンド ... 41

索引

	ec2 create-subnetコマンド ... 119
	ec2 create-vpn-gatewayコマンド ... 129
	ec2 describe-instancesコマンド ... 41
	ec2 reboot-instancesコマンド ... 40
	ec2 stop-instancesコマンド ... 40
	ec2 terminate-instancesコマンド ... 41
	Effect ... 310
	EIP ... 23
	E-JAWS ... 337
	Elastic Beanstalk ... 69
	Elastic Block Store ... 12
	Elastic Compute Cloud ... 10
	Elastic IP Address ... 23
	Elastic Load Balancing ... 246
	Elastic Network Interface ... 20
	ELB ... 246
	elb configure-health-checkコマンド ... 256
	elb create-load-balancer-listenersコマンド ... 262
	elb create-load-balancerコマンド ... 256
	elb delete-load-balancer-listenersコマンド ... 263
	elb delete-load-balancerコマンド ... 258
	elb describe-instance-healthコマンド ... 259
	elb describe-load-balancer コマンド ... 259
	elb describe-load-balancer-attributesコマンド ... 259
	elb modify-load-balancer-attributesコマンド ... 257
	elb register-instances-with-load-balancerコマンド ... 258
	elb set-load-balancer-listener-ssl-certificateコマンド ... 263
	ENI ... 20
	EPEL ... 31
	Extra Packages for Enterprise Linux ... 31
F	Fluentd ... 182
	FQDN ... 191
	fstab ... 52, 60
	Fully Qualified Domain Name ... 191
G	General Purpose ... 13
	Geo Routing ... 79
	Google Authenticator ... 319
	GP2 ... 13
H	Hosted Zone ... 77
	Hosted Zone Id ... 180
	HTTP ... 15
	HVM ... 12
	HVM AMI ... 163
I	I/Oパフォーマンス ... 61
	IAM ... 306
	iam delete-server-certicateコマンド ... 264
	iam upload-server-certificateコマンド ... 262
	IAMポリシー ... 143
	Identity and Access Management ... 306

	IDS/IPS ... 67
	IDフェデレーション ... 326
	Input/Output Per Second ... 12
	Instance Store-Backed ... 11
	Instance Store-Backedインスタンス ... 50
	Internet GateWay ... 123
	IOPS ... 12, 58
	IPv6 Address Record ... 84
J	JavaScript Object Notation ... 42
	JAWS-UG ... 337
	JMESPath ... 42
	JSON ... 42
K	KeepAlive ... 264
L	LBR ... 78
	LifeCycleHook ... 292
	logrotate ... 181
M	Mail Exchange Record ... 84
	MFA ... 319
	Movable Type ... 161
	Multi Factor Authorization ... 319
	MX ... 84
	MyDNS ... 76
	MySQL ... 29, 191
N	Name Server Record ... 84
	named-compilezoneコマンド ... 88
	NATインスタンス ... 136
	Network Interface Card ... 20
	nginx ... 28
	NIC ... 20
	No Upfront ... 330
	Node.js ... 31
	NS ... 84
	nsupdateコマンド ... 76
O	OpsWorks ... 70
	Oracle ... 191
P	Partial Upfront ... 330
	Pointer Record ... 84
	PostgreSQL ... 191
	PTR ... 84
	Public IPアドレス ... 24
	Puppet ... 73
	PuTTY ... 26
	PV ... 12
R	RAID ... 58, 140
	RDP ... 27
	RDS ... 190
	rds copy-db-snapshotコマンド ... 231
	rds create-db-instance-read-replicaコマンド ... 222
	rds create-db-instanceコマンド ... 200

索引

rds create-db-parameter-groupコマンド ... 194
rds create-db-snapshotコマンド ... 229
rds create-db-subnet-groupコマンド ... 197
rds create-option-groupコマンド ... 195
rds delete-db-instanceコマンド ... 216
rds download-db-log-file-portionコマンド ... 241
rds modify-db-instanceコマンド ... 210
rds promote-read-replicaコマンド ... 225
rds reboot-db-instanceコマンド ... 213
rds restore-db-instance-from-db-snapshotコマンド ... 233
rds restore-db-instance-to-point-in-timeコマンド ... 235
RDSインスタンス ... 209
Record Set ... 77
Remote Desktop Protocol ... 27
resize2fsコマンド ... 54
Resource ... 310
Route 53 ... 76
route53 associate-vpcwith-hosted-zoneコマンド ... 108
route53 change-resource-record-sets コマンド ... 88, 91
route53 change-resource-record-setsコマンド ... 97
route53 create-health-checkコマンド ... 94
route53 create-hosted-zoneコマンド ... 82
route53 deletehosted-zoneコマンド ... 104
route53 get-changeコマンド ... 92, 104
route53 list-hosted-zonesコマンド ... 83
route53 list-record-setsコマンド ... 92
route53 list-resource-record-setsコマンド ... 90
Routing Policy ... 77
Routing Policy ... 77

S

S3 ... 140
s3 cpコマンド ... 148
s3 syncコマンド ... 160
s3api create-bucketコマンド ... 146
s3api get-bucket-aclコマンド ... 152
s3api get-bucket-lifecycleコマンド ... 186
s3api get-bucket-policyコマンド ... 158
s3api get-bucket-websiteコマンド ... 166
s3api get-object-aclコマンド ... 155
s3api list-bucketsコマンド ... 146
s3api put-bucket-aclコマンド ... 153
s3api put-bucket-lifecycleコマンド ... 186
s3api put-bucket-loggingコマンド ... 147, 169
s3api put-bucket-policyコマンド ... 157
s3api put-bucket-websiteコマンド ... 165
s3api put-objectコマンド ... 148
s3fs ... 162
Salesforce ... 334
Sender Policy Framework Record ... 84
Server Name Indication ... 171

343

Service Locator Record	85
serviceコマンド	28
Set ID	77
Simple Monthly Calculator	335
SNI	171
SNS通知	285
SOA	84
SPF	84
SRV	85
SSD	56
SSD（プロビジョンドIOPS）	56
SSH	15
SSL Termination	260
Start Of Authority Record	84

T

t2.micro	18
T2インスタンス	11
TeraTerm	26
Text Record	85
Tokyoリージョン	4
Trusted Advisor	333
TXT	85

U

Unified Threat Management	67
US Eastリージョン	4
UTC	208
UTM	67

V

VGW	129
Virtual GateWay	129
Virtual Private Network	66
VisualOps	73
VPC	112
VPC ID	117
VPCピアリング	134
VPN	66

W

WAF	67
Web Application Firewall	67
Which Instance?	334
WRR	79

X

xfs_growfsコマンド	55
xvdf	60

Z

Zone Apex	267

あ 行

アイドルセッション	268
アウトバウンド	15, 122
アクセスキー	322
アクセス制限	143
アタッチ	302
アベイラビリティゾーン	4, 191
アンチウィルス	67
一括請求	332

索引

	インスタンスストア	11
	インスタンスタイプ	10
	インスタンスの詳細設定	18
	インターネットVPN	112
	インターネットゲートウェイ	123
	インバウンド	15, 122
	エッジロケーション	5
	エラーログ	241
	エンドポイント	191
	オブジェクト	141
	重み付けラウンドロビン	79
	オンデマンドインスタンス	19, 330
か行	カスタムドメイン	267
	仮想ファイアウォール	65
	仮想プライベートネットワーク	112
	キーペア	14
	起動設定	277
	クロスアカウントアクセス許可	326
	コンピュートサービス	3
さ行	サインアップ	7
	サインイン	315
	サブネットID	37
	ジェネラルログ	241
	従量課金モデル	330
	準仮想化	12
	自動バックアップ	239
	自動マウント	60
	スケーリングポリシー	277, 284
	スケールアウト	246, 282
	スケールイン	247, 282
	スケジュールアクション	299
	スタンバイ	300
	ストライピング	58
	スナップショット	48, 229
	スポットインスタンス	19
	スロークエリ	241
	請求	332
	静的ウェブサイトホスティング	164
	静的ルーティング	127
	世界標準時	208
	セキュリティグループ	15, 205, 250, 280
	ゾーンファイル	77, 85
た行	タイムゾーン	207
	タグ	254
	多要素認証	319
	暖機	60, 268
	追加ボリューム	54
	ディストリビューション	170
	データ転送量課金モデル	329

345

な行	デタッチ	302
	テナンシー	116
	デフォルトVPC	114
	デプロイ	291
	トークン	319
	動的ルーティング	127
	特定時点への復元	235
	内部DNS	104
	ネームタグ	116
	ネットワークACL	121
は行	ハードウェア仮想マシン	12
	バケット	141
	バケットポリシー	143
	パスワードポリシー	315
	バックアップ	228
	秘密鍵	28
	ビリング	328
	ブラックリスト	121
	フルマネージドサービス	3
	ブロックデバイス	11
	ブロックデバイスマッピング	11
	プロビジョンドIOPS	13, 57, 227
	ヘルスチェック	77, 248
	ベンチマーク	64
	ポリシー	310
	ボリューム	12
	ボリュームディスカウント	331
ま行	マグネティック	56
	マネジメントコンソール	8
	マルチAZ配置	218
	メンテナンスウィンドウ	243
や行	ユーザデータ	20
	ユーザベースの権限	309
ら行	ライフサイクル	184
	リージョン	4, 191
	リードレプリカ	221
	リザーブドインスタンス	330
	リソースベースの権限	309
	リソースレコード	77
	ルートテーブル	124
	ルートテーブルID	124
	ルートデバイス	53
	レイテンシベースルーティング	78
	ローテート	181
	ロードバランシング	246
	ロール	323
	ログファイル	292

著者プロフィール

舘岡 守（たておか まもる）
バイク好きが高じてバイク便をやっていたこともあるインフラエンジニア。現在はAWS専業のSIerに勤務し、日々お客様の課題を解決するために走り回っている。本書5章と7章を担当。
Twitter @iara

今井 智明（いまい ともあき）
SIerから㈱東急ハンズに転職して、オンプレミスデータセンターからAWSへの移行に取り組む。現在は、ハンズラボ㈱に所属して、AWSとiOSを用いたPOSの開発に取り組んでいる。本書1章と2章を担当。
Twitter @NowTom

永淵 恭子（ながふち きょうこ）
通称ぎょり。自称「クラウドゆとり代表」としてCloud Integratorに勤務し、営業に従事。お客様の課題をクラウドへの愛と勇気で解決しようと日々奔走中。本書11章を担当。
Twitter @Nagafuchik

間瀬 哲也（ませ てつや）
個人向け名刺管理アプリのインフラを担当。少ないチーム人数をカバーするためにAWSを活用中。社内では口うるさい小舅的立ち位置。本書4章と6章を担当。
Twitter @matetsu

三浦 悟（みうら さとる）
cloudpackにてAWSを利用したサービスの設計や構築を行う。社内ツールの作成なども担当。本書3章と10章を担当。
Twitter @memorycraft

柳瀬 任章（やなせ ひであき）
オンプレミス環境のインフラエンジニアとしてキャリアをスタートさせるが、クラウドの登場を機に2008年頃からAWSの導入支援、環境構築といったことに取り組む。現在は、エンジニアとしての幅を広げるためにAWS上に構築された自社サービスの開発者として働いている。本書8章と9章を担当。
Twitter @oko_chang

装丁・本文デザイン	西岡 裕二
レイアウト	朝日メディアインターナショナル株式会社
本文図版	安達 恵美子
編集	春原 正彦（WEB+DB PRESS編集部）

WEB+DB PRESS plusシリーズ
Amazon Web Services実践入門

2015年12月15日　初版　第1刷発行
2018年10月19日　初版　第6刷発行

著者	舘岡 守、今井 智明、永淵 恭子、間瀬 哲也、 三浦 悟、柳瀬 任章
発行者	片岡 巌
発行所	株式会社技術評論社 東京都新宿区市谷左内町21-13 電話　03-3513-6150　販売促進部 　　　03-3513-6175　雑誌編集部
印刷／製本	港北出版印刷株式会社

● 定価はカバーに表示してあります。

● 本書の一部または全部を著作権法の定める範囲を超え、無断で複写、複製、転載、あるいはファイルに落とすことを禁じます。

● 造本には細心の注意を払っておりますが、万一、乱丁（ページの乱れ）や落丁（ページの抜け）がございましたら、小社販売促進部までお送りください。送料小社負担にてお取り替えいたします。

©2015 舘岡守、今井智明、永淵恭子、間瀬哲也、
アイレット株式会社、柳瀬任章

ISBN 978-4-7741-7673-4 C3055
Printed in Japan

┌─────────────────────────────┐
● お問い合わせ

本書に関するご質問は記載内容についてのみとさせていただきます。本書の内容以外のご質問には一切応じられませんので、あらかじめご了承ください。なお、お電話でのご質問は受け付けておりませんので、書面またはFAX、弊社Webサイトのお問い合わせフォームをご利用ください。

〒162-0846
東京都新宿区市谷左内町21-13
株式会社技術評論社
『Amazon Web Services実践入門』係
FAX　03-3513-6175
URL　https://gihyo.jp/（技術評論社Webサイト）

ご質問の際に記載いただいた個人情報は回答以外の目的に使用することはありません。使用後は速やかに個人情報を廃棄いたします。
└─────────────────────────────┘